经典战史回眸 兵器系列

海上堡垒

现代航母发展史

刘怡 著

WUHAN UNIVERSITY PRESS
武汉大学出版社

图书在版编目(CIP)数据

海上堡垒:现代航母发展史/刘怡著.—武汉:武汉大学出版社,2014.5

(经典战史回眸·兵器系列)

ISBN 978-7-307-13080-7

Ⅰ.海… Ⅱ.刘… Ⅲ.航空母舰—史料—世界 Ⅳ.E925.671

中国版本图书馆 CIP 数据核字(2014)第 068635 号

本书原由知兵堂文化传媒有限公司以繁体字版出版,经由知兵堂文化传媒有限公司授权本社在中国大陆地区出版并发行简体字版。

责任编辑:王军风 责任校对:汪欣怡 版式设计:马 佳

出版发行:**武汉大学出版社** (430072 武昌 珞珈山)

(电子邮件:cbs22@whu.edu.cn 网址:www.wdp.com.cn)

印刷:武汉中远印务有限公司

开本:720×1000 1/16 印张:23.5 字数:476 千字

版次:2014 年 5 月第 1 版 2014 年 5 月第 1 次印刷

ISBN 978-7-307-13080-7 定价:72.00 元

目　录

美国海军航空母舰

战后美国航母发展史：1945—2013

"三位一体"的挑战

1945年9月2日，第二次世界大战结束了。这一天航行在世界各大洋上的美国战舰总计超过1500艘，其主力舰中的主要舰种无疑是航空母舰。当时美国海军在役的和正在建造的有26艘"埃塞克斯"级、8艘"独立"级航空母舰，以及78艘护航航空母舰。此外还有崭新的3艘"中途岛"级重型航空母舰即将服役。

由于对日胜利已成定局，在终战前的几个月，美国海军取消了6艘"埃塞克斯"级航母、后续3艘"中途岛"级大型航母以及16艘"科芒斯曼特湾"级护航航母的订单，

还有两艘开工超过半年的"埃塞克斯"级航母（CV-35"报冤"号和CV-46"硫黄岛"号）直接停工。即使如此，预定将要继续完成的航母工程数量依旧惊人，它们包括7艘"埃塞克斯"级、3艘"中途岛"级、2艘"塞班"级以及9艘"科芒斯曼特湾"级；加上现有的军舰，美国海军在航母的数量和质量方面将超过其他列强的总和两倍以上。

但这种表面上的繁荣也有所缺陷。以舰队航母的主力"埃塞克斯"级而论，这种2.7万吨的快速航母设计于1940年，实际上是在美国最成功的条约型航母"约克城"级基础上放大而成的，体现的是二战初期的作战思路和防御观念，飞行甲板的防护比英式装甲航母脆弱。比"埃塞克斯"级大将近一倍的"中途岛"级也是在1942年就设计出来了，这些航母汲取了太平洋战争的教训，排水量增加到45000吨，增设了装甲甲板，各个舱室严格按照水密区划分。但是1942年在绘图板上设计

▲停泊在华盛顿州普吉特湾海军基地的"埃塞克斯"级航母，摄于1948年4月27日。自近向远依次为CV-9"埃塞克斯"号、CV-10"约克城"号、CV-14"提康德罗加"号、CV-16"列克星敦"号、CV-17"邦克山"号，远处为CV-31"好人理查德"号。

"中途岛"级的海军工程师们根本不可能预见到航空技术到二战末期所获得的巨大发展，以及防御一方为此需要而引入的新反制手段。美国海军原本预计战争至少要到1947年或1948年才会结束，在此之前不必变更既有的航母设计方案及建造进度，但随着战争提前结束，过去忽视的问题骤然凸显了，并且刻不容缓。

从1945年到1955年这十年间，除去继续完成那些二战遗产外，美国海军没有能够建成哪怕一艘全新的航空母舰（CVA-58在开工五天后被取消建造）。这一阶段，对航母工程的挑战和阻挠可以大致概括为"三位一体"：所谓"三位"，指的是主要大国核武器与弹道导弹技术的实用化、喷气式飞机全面取代活塞式飞机、海上强国间争夺制海的作战被"非对称作战"取代这三种军事领域的变化；"一体"，则是指以美国陆军航空兵为基础的独立空军的组建（1947年9月），及其对海军航空兵的打压和质疑——这种情况几乎在每一个拥有过航母的强国中都发生过。这组"三位一体"的挑战不仅改变了美国航母的技术面貌，还对航母在战后美国国家战略中的地位产生了深刻的影响。

在1945年时，原子弹还是美国的专属品，但美国海军将领已经开始关心核武器对海军主力舰特别是航母的毁伤力。1946年7月1日在比基尼环礁进行的"十字路口"核试验中，轻型航母"独立"号被2400米外爆炸的原子弹严重损毁，但舰体结构依然完整，没有沉没；7月25日的第二次核爆中，1927年完工的大型航母"萨拉托加"号被相距仅150米的另一颗原子弹摧毁了整个上层建筑和飞行甲板，随后依然在海面支撑了7个多小时。

1948年以完工程度52.3%的"报复"号航母舰体进行的水下核试验进一步证实：核武器对航母的确有着惊人的破坏力，但远没有到足以彻底否定航母的程度，核武器也难以长久而稳固地保持对海上交通线的控制，所以航母依然是必须的。1947年9月6日，CVB-41"中途岛"号还在加勒比海进行了

▲ "桑迪行动"：1947年9月6日，一枚缴获的德国V-2导弹从航行于加勒比海的"中途岛"号飞行甲板上成功发射。这次测试是为了验证在大型军舰上部署对地战术导弹的可能性。

从甲板发射德制V-2弹道导弹的试验，证实了航母也可以携带并部署远程制导武器，这无疑是对"航母无用论"的有效回击。

此后的1947年底，海军部决定报废1934年完工的CV-4"突击者"号和10艘护航航母，将另外3艘护航航母改回商船，包括"企业"号、9艘"埃塞克斯"级、6艘"独立"级和59艘护航航母在内的大批旧舰则封存起来备用，一线舰队保留3艘"中途岛"级、15艘较新的"埃塞克斯"级、2艘"塞班"级和少数护航航母，其中3艘"中途岛"级、3艘"埃塞克斯"级、2艘"塞班"级和4艘护航航母在大西洋（"中途岛"级因为宽度过大、无法轻易通过巴拿马运河在两洋间调动，只能集中部署在威胁更大的大西洋方向），5艘"埃塞克斯"级和3艘护航航母在太平洋，其余在换防或检修中。

大批航母退役的原因之一是战争结束后水兵大量复员。1945年7月1日时美国海军现役的有20艘"埃塞克斯"级或更老些的舰队航母、8艘"独立"级轻型航母和70艘以上的护航航母，以及40912架飞机；到1946年7月1日，在役的航母就只有10艘"埃塞克斯"级、1艘"独立"级和10艘护航航母了，外加24232架飞机，其中许多在机库中存放着。到当年秋天，大西洋舰队的"富兰克林·罗斯福"号（CVB-42，"中途岛"级）和"伦道夫"号（CV-15，"埃塞克斯"级）先后进入地中海，显示美国对希腊政府的支持。因为地中海逐步成为美苏对抗的重要前线之一，美国自1948年起长期在这里保留1－2艘航母和一个海军陆战营，1950

▲正从CV-47"菲律宾海"号上起飞赶赴朝鲜上空执行任务的F9F-2"黑豹"战斗机，这些飞机隶属于美国海军VF-93战斗机中队。VF-93作为第9舰载机大队（CVG-9）的一员于朝鲜战争期间的1952年12月15日至1953年8月14日在此战区执勤。

年这支特遣舰队正式命名为第6舰队，同一年还成立了用于西太平洋地区的第7舰队。

1946年7月21日，一架麦克唐纳XFD-1（FH-1的原型机）"鬼怪"式战斗机在"富兰克林·罗斯福"号上成功起降，成为世界上第二型完成航母起降测试的喷气式飞机（第一型是英国的"海吸血鬼"）。1948年5月，第一个"鬼怪"中队VF-17A部署到CVL-48"塞班"号上，但大部分航母仍在使用二战后期问世的沃特F4U"海盗"、格鲁曼F8F"熊猫"、柯蒂斯SB2C"地狱俯冲者"等活塞式飞机，只是电子设备更加先进。SB2C后来被长寿的道格拉斯AD"空中袭击者"（1962年9月以后改称A-1）所取代，后者虽然仍是一种活塞式飞机，但从AD-4B型起可以携带一枚740公斤重的小型原子弹，最大航程3200公里，这使得美国航母在1950年代初就具备了战术核打击能力。

舰载战斗机的更新换代则是从1949年夏天开始进行的，F4U和F8F被格鲁曼F9F"黑豹"和麦克唐纳F2H"女妖"（1962年9月以后改称F-2）这两种喷气式飞机所取代，到1950年夏天，大部分舰载战斗机中队已经实现喷气化。每艘航母还配备一个由2架西科斯基HO3S-1组成的直升机分队，负责对失事飞机人员的海上搜救。

为了更好地操作体积和重量更大、速度更快、需要更大燃料搭载空间的喷气式飞机，从1948年到1955年，有15艘"埃塞克斯"级航母进行了一系列现代化改装。首先进行的是SCB-27A改装，内容包括加固飞行甲板以使其能够使用重达4万磅（18吨）的喷气式飞机。其他改装内容还包括将舰艇改为封闭艏、改建新型舰岛、拆除老式高射炮、扩大航空燃料舱以及安装喷气导流板。CV-34"奥里斯坎尼"号是第一艘完成SCB-27A改装的航母。

1952年春天，安装蒸汽弹射器的英国

▲1952年10月20日，巡弋在朝鲜东岸元山上空的VF-11战斗机中队的F2H-2"女妖"战斗机。VF-11在朝鲜战争期间的1952年8月11日至1953年3月17日隶属于第101舰载机大队（CVG-101），驻扎在CV-33"奇尔沙治"号航母上。第101舰载机大队在1953年2月4日更名为第14舰载机大队（CVG-14）。

航母"英仙座"号在海上为美国费城海军船厂的海军工程师进行表演，这次表演给美国海军当局留下了深刻的印象，致使其当场决定采用蒸汽弹射器。美国海军在CV-19"汉考克"号（"埃塞克斯"级）上面安装了由英制蒸汽弹射器发展而来的C-11型弹射器，从1954年6月起进行了255架次的弹射起飞试验。之后美国海军对"埃塞克斯"级进行了SCB-27C改装，其内容包括换装C-11型蒸汽弹射器和载重量更大的升降机。

第一艘安装斜角甲板的美国航母CV-36"安提坦"号（"埃塞克斯"级）从1952年11月29日到翌年7月1日进行了广泛的试验，其间进行了4107次昼间和夜间起降，于是"埃塞克斯"级航母1955－1957年接受了代号为SCB-125的改装，在左舷加装了倾斜角为10.5度的斜角甲板。斜角甲板改装原来只打算用于"埃塞克斯"级，后来决定扩展到3艘"中途岛"级航母。后者在1953－1960年进行了代号为SCB-110的改装，一次性安装了蒸汽弹射器、斜角甲板和新型升降机。

虽然在航母上部署喷气式飞机和战术核武器的问题在1950年之前理论上已经获得解决，但美国海空军之间的矛盾还是不可避免要爆发，这就是"远程轰炸机与超级航母之争"。它又可以细分为两个阶段：第一阶段是对航母能不能搭载具有远程核打击能力的战略轰炸机的论证；第二阶段则涉及预算方面的倾轧：如果已经有了航程足够远、载弹量足够大的陆基超级轰炸机，那么建造能够搭载海基远程轰炸机的超级航母还有必要吗？

第一阶段的问题相对比较容易解决：1948年4月28日，一架最大航程6400公里的洛克希德P2V-2"海王星"巡逻机利用助推火箭从CVB-43"珊瑚海"号（"中途岛"级）上成功起飞，它可以携带一枚Mk.8型原子弹；第二年3月4日，另一架"海王星"带着4500公斤重的原子弹模型再度从停泊于弗吉尼亚外海的"珊瑚海"号上起飞，飞越整个美国领空、在西海岸完成投弹，随后重新东飞抵达马里兰州，完成了连续飞行7200公里的核打击模拟测试，这意味着"中途岛"级理论上可以对3500公里外的目标进行核弹轰炸。类似的测试飞行随后又进行了20多次，均取得成功，1950年4月21日的试验甚至使用了一颗真的Mk.8型原子弹（无核

▲一架生产序号为BuNo.122441的VP-8巡逻中队的P2V-3"海王星"巡逻轰炸机，摄于1949年。

▲康维尔B-36"和平缔造者"战略轰炸机，航程9700公里，载弹33吨，共生产384架，单架价格410万美元，1955年被B-52"同温层堡垒"轰炸机取代。画面左侧为一架波音B-29轰炸机，两者比较，B-36的巨大尺寸可见一斑。摄于德州卡斯威尔空军基地，1948年6月。

装药）。

继临时改装的"海王星"之后，1950年4月，专为航母起降设计的北美AJ-1"野人"重型轰炸机也在"珊瑚海"号上成功起飞，这是一种最大载弹量5400公斤的复合动力轰炸机，可以携带一枚Mk.3型或Mk.4型原子弹连续飞行2700公里，最大时速达758公里。1953年之后，"野人"和核武器周期性部署到地中海的"中途岛"级航母上，一旦美苏开战，AJ-1将携带原子弹从地中海方向进入苏联领空，进行近乎自杀的核攻击。

美国海军被使用舰载轰炸机进行远距离核打击的远景所驱动，从1946年底开始，竭力游说国会拨款在1955年前建造5艘排水量6.5万吨的"超级航母"，项目代号为CVB-X（CVB代表大型航母）。这是一种专为部署海基远程轰炸机而研制的航母，也是第一种专为喷气式飞机设计的航母。海

军造舰局为它选装了两侧对称的双斜角甲板和可伸缩的舰岛，烟囱像二战时的日本航母一样水平布置在舷侧，4部升降机3部在舷侧、1部在舰尾，弹射器也有4台之多。它可以起降重量4.5吨以上、翼展超过30米的大型飞机，因此不仅能够搭载现有的P2V及尚未试飞的AJ-1，将来还可以使用作战半径达3200公里的重型轰炸机ADR-42（道格拉斯A3D"空中战士"的前身），数量为24架；除轰炸机外还可搭载50架左右的喷气式战斗

▲詹姆斯·佛瑞斯特（1892－1949），民主党人，二战初期负责动员美国的军工生产。1944年弗兰克·诺克斯因心脏病暴卒后佛瑞斯特继任美国海军部长，1947－1949年任美国国防部长。

机和攻击机。

为了达成如此富有野心的目标，新航母的主尺度被设计得空前巨大——全长332.23米，比"埃塞克斯"级长整整60米，宽38.1米，28万马力的主机使其可以实现30节以上的高航速。美国海军在设计这一级航母时没有考虑其通过巴拿马运河的能力。由于其宽度过大，CVB-X也像"中途岛"级一样只能部署在大西洋，完全针对苏联这一假想敌。1948年8月10日，第一艘"超级航母"的建造合同被授予纽波特纽斯（Newport News）造船和干船坞公司，首舰以"合众国"命名，被认为是划时代的"核弹航母"；第二年的4月18日，建造预算高达1.89亿美元的CVA-58"合众国"号安放了第一根龙骨。

但在"合众国"号开工前十天，杜鲁门总统已经批准为空军采购39架B-36"和平缔造者"远程轰炸机，这种极限航程可达16000公里的昂贵飞机（第一批量产型的采购单价超过600万美元）的功能也是对苏核打击。国防部长路易斯·约翰逊认为，两种功能完全吻合、只是载具不同的武器平台没有必要同时发展，鉴于超级航母和超级轰炸机价格都极昂贵，它们很难一起通过国会的审查。空军参谋长范登堡和陆军参谋长布雷德利都指责CVA-58耗资过大、且与B-36功能重复，并认为对抗缺乏大型舰艇的苏联无需建造超级航母，远程核打击任务可以由空军独立完成。于是，在"合众国"号开工仅五天后的4月23日，杜鲁门批准约翰逊下令终止该舰的工程，4艘后续舰也一并取消。

海军部长约翰·沙利文辞职表示抗议，支持超级航母的前国防部长詹姆斯·佛瑞斯特正患神经衰弱住院，后于5月22日跳楼自杀，被认为也与CVA-58的流产有关。

海军作战部长路易斯·丹菲尔德上将出于不满，组织了35名资深军官在当年10月的国会听证会上对B-36项目集中攻讦，尽管最终未能"绝杀"B-36、也没能让CVA-58起死回生，但海军对空军垄断战略核打击能力的集中反抗却让政府和整个军事官僚系统陷入了一场混乱，史称"海军上将暴动"。丹菲尔德因此被迫提前离任。约翰逊则由于此举而被视为阿尔伯特·加勒廷的化身——后者是杰斐逊总统时期的美国财政部长（任职期为1801－1814年），在1802年削减国防预算的过程中曾把海军预算砍掉了50%，因此在海军中声名狼藉。加勒廷曾规定美国国防费用的最高限额不得超过300万美元，而约翰逊则规定这一数字不得超过150亿美元。美元符号后面的零发生了变化，但原则仍然相似，做法也很简单：想要节约开支，不相信需要保持海上防御，因此需要削减海军开支。

不过，站在今天的角度看，美国海军在CVA-58项目上的偏执多少显得有些意气用事。丹菲尔德的同僚们本能地意识到了核武器对大国军事战略乃至战争方式的颠覆（这一点在1949年苏联爆炸第一颗原子弹之后变得更加突出了），也非常确信海军应当且必须适应这种颠覆，但是他们选择了过于简单的回应方式——去和空军争抢远程核打击载具的独木桥，以己之短搏人之长。假设一个批次的B-36轰炸机与一艘"合众国"级的采购价大致相同,后者为了使远程核打击能力从理论变为现实,还要额外花钱去装备24架ADR-42轰炸机。而一旦美苏开战,超级航母唯一的优势在于其即时部署性,舰载轰炸机可以直接从地中海的母舰起飞轰炸苏联,但ADR-42的航程和有效载荷不可能超过岸基的B-36,核打击的效果以及飞机本身的生存性都值得怀疑。更何况轰炸机出发以后,巨大的母舰就成了鸡肋:它当然也可以搭载常规飞机执行制海和对地支援任务,但较小的"中途岛"级和"埃塞克斯"级在进行这

▲路易斯·丹菲尔德海军上将(1891—1972),二战期间任大西洋舰队司令英格索尔海军上将的参谋长,1945年任战列舰第9分舰队司令、海军人事局局长。1947年2月28日任美国海军太平洋舰队司令兼马绍尔群岛、马里亚纳群岛、加罗林群岛军事总督,同年年底出任海军作战部长,1949年"海军上将暴动"后于翌年退役。

类作战时明显更具效费比。更重要的是,在苏联还没有开发出可以直接攻击美国本土的远程武器及其载具之前,美苏冲突一定是先在欧亚大陆上爆发的,如果美国要追求对苏核打击的精确度和毁伤力,完全可以把B-36首先部署到西欧和英国、随后从那里的陆上基地发起空袭,而没有必要为了意义有限的"即时打击"效应就去建造几个大而无当的浮动机场。

说到底,1948年时的美国海军尚未厘清两个基本问题:在与苏联这样一个相当长时间里可能不会装备航母、战列舰等大型主力舰的陆上强国及其盟友作战时,海军需要扮演什么样的角色?航母在这种新型战争中又有何种功用?若不能全盘统筹这两个问题,则无法指望建造新航母的要求获得国会首肯;即使勉强上马,也很难与时俱进、在全寿命周期内都发挥最佳效率。与20世纪前40年几大海军强国彼此制衡、造舰竞赛往往因恐惧和"哥本哈根综合征"(指因为惧怕被对手施以先发制人的打击,自己抢先采取主动。得名于1807年英国军队对中立国丹麦海军舰队的预防性袭击)而起的情况相比,美国在成为无可匹敌的头号海上强国之后,对航母这种核心战舰的建造和使用采取了更慎重的态度,只有平衡了战略需求、技术先进度和经济性等多种因素的方案才有希望最终破茧而出。

朝鲜战争与多任务作战

为了平息"海军上将暴动",1949年8

月和10月，美国国会海军事务委员会主席卡尔·文森主持了两次听证会，大西洋舰队司令威廉·布兰迪和太平洋舰队第1特遣舰队司令杰拉尔德·博根被勒令退休。"海军上将暴动"无果而终之后，杜鲁门政府继续在海军预算方面采取大刀阔斧的削减政策。当年编纂的1951年度国防预算决定把一线航母的数量砍到4艘，后调整为6艘。由于大西洋方面的3艘"中途岛"级不可能停用，这意味着太平洋方向的"埃塞克斯"级将被减少到1至2艘，而美国在一线航母的数量上甚至将落到英国之后。

恰在卡尔·文森1949年8月主持第一次海军听证会时，苏联的第一枚原子弹试爆成功，而当年10月第二次听证会召开时，又传来了中华人民共和国成立的消息。在这种形势下，美国国家安全委员会奉命提供一份有关国家战略的详尽报告。这份报告（NCS-68号文件）称，鉴于苏联新获得的核能力和它在常规部队方面的现有优势，美国必须"重新武装和重建部队"，"迅速并持续地"加强常规军事力量。国家安全委员会评估重新武装的计划将耗费500亿美元。1950年4月12日，杜鲁门总统命令国家安全委员会制订关于"重新武装"的切实可行的详细计划。大约10周后，即6月25日清晨4时，朝鲜人民军越过北纬38度线南下，朝鲜战争爆发。美国航空母舰的命运就此改写，新的作战方式和舰艇设计思路也开始萌芽。

1950－1953年的朝鲜战争是美国海军自1897年以来第一次没有按照经典的"马汉式路线"（即借助主力舰队交战来争夺制海权，严格来说二战期间的美日海战仍是这一路线的继续，只是舰队基干由战列舰变成了航母）进行作战：朝鲜几乎没有海上力量，对美军主力舰也缺乏反制手段，美国海军航空兵承担的主要是对地火力支援和争夺制空权等任务。由于既定的预算削减，当1950年6月底杜鲁门命令美国海空军介入朝鲜半岛、随后又派舰队开入台湾海峡时，美国海军可以立即动用的舰队航母只有7艘，其中3艘"中途岛"级和CV-32"莱特"号在大西洋，CV-21"拳师"号、CV-45"福吉谷"号以及CV-47"菲律宾海"号在太平洋；在大西洋还有4艘训练用的轻型航母和2艘护航航母，在太平洋有2艘运输飞机用的护航航母。另外有4艘"埃塞克斯"级虽然列在舰艇名录上，实际却还在船厂进行改装。舰载机方面，以新成立的第7舰队唯一一艘航母"福吉谷"号为例，该舰混装有2个中队30架F9F-2B喷气式战斗机、2个中队28架F4U-4B活塞式战斗机和1个中队14架AD-4活塞式攻击机，舰载机种类和比例依然是参考二战末期的经验。

在1950年7月，"福吉谷"号和英国皇家海军的"凯旋"号是"联合国军"在朝鲜半岛仅有的两艘航母，它们游弋于东海和黄海，在空袭机场、铁路、工厂方面表现出色，也击落过几架朝鲜战斗机，证明了即使是在拥有远程陆基轰炸机（从冲绳起飞的B-29型轰炸机）的情况下，舰载航空兵在打击和压制战术目标方面依然具有独特的优势。进入8月，"菲律宾海"号、"拳师"号和2艘护航航母也加入了行动。9月15日，

▲1950年10—11月间，朝鲜战争爆发后不久停泊在日本佐世保港的"福吉谷"号（近处）和"莱特"号航母。

由"福吉谷"号、"菲律宾海"号、"拳师"号组成的TF77特混舰队（这也是第7舰队下属的航母特混舰队常用的一个代号）参加了对仁川登陆的支援行动，CV-32"莱特"号随后也从大西洋调来。

随着中国人民志愿军于1950年10月入朝参战，美军航母舰载机在朝鲜上空开始遭遇越来越多的空战，尤其是喷气式飞机空战，F9F"黑豹"的出动率因此明显上升；AD"空中袭击者"则重点破坏鸭绿江上的桥梁，但效果有限。当年12月，重新启封的CV-37"普林斯顿"号替换了回国检修的"拳师"号，1951年5月1日该舰曾派8架AD-4携带鱼雷破坏华川水库的大坝，这是二战后第一次空投鱼雷攻击。

由于从大西洋借调的"莱特"号需要归

还原编制，CV-31"好人理查德"号在1951年5月中启封并加入TF77；3个月后，结束SCB-27A改装的CV-9"埃塞克斯"号也抵达前线。后者因为增加了用于喷气式飞机起降的设备，混装有F9F"黑豹"和F2H"女妖"两种喷气式战斗机。此后美军在朝鲜东海岸长期保有TF77的3艘"埃塞克斯"级航母，定期进行轮换，主要执行破坏铁路和公路交通线、摧毁桥梁以及为从冲绳起飞的B-29护航等任务；其余的2到4艘护航航母及轻型航母CVL-29"巴丹"号则与英军航母一同在西海岸活动。

在朝鲜战争的最后20个月里，TF77的舰载机进行了1.3万多个架次的对地攻击出动，摧毁桥梁500多座、机车和车厢数百节。1952年6月23—24日，TF77还出动35架

"空中袭击者"和35架"黑豹"，与空军的F-84"雷电喷气"、F-80"流星"以及F-86"佩刀"一起摧毁了鸭绿江上的水丰电站，并对另外12个电厂进行了空袭。临近停战时，由于B-29的空袭目标日益向北推进，"女妖"和"黑豹"的护航任务也逐渐加重，并多次与"米格"机发生空战。"空中袭击者"的新型号AD-4N则成为专用夜战机，在雷达引导下进行夜间空袭和侦察。

到1953年7月停战为止，先后有11艘"埃塞克斯"级前往朝鲜参加过战斗，其中4艘是接受了SCB-27A改装、搭载2－3个喷气式战斗机中队的"新型"舰。三年多的战争中，总数达17艘的美国航母（包括轻型航母和护航航母）出动了超过25万架次的任务飞机，完成了全部空中任务的1/3，击落11架中国和朝鲜战斗机，己方在空战中仅损失5架（均为美方数字），最大的一次损失则是"拳师"号1952年8月6日的火灾，造成12架飞机报废。

事实雄辩地证明：核时代的到来并不意味着每一场战争都可以且必须用核武器加以解决，局部战争或者说"有限战争"在可见的将来依然是世界上最常见的冲突形式。而在这样的冲突中，只有舰载机可以不间断地执行对地支援和争夺制空权的任务，所以舰队航母依然不可或缺。

经历过1948－1949年的"核攻击高

▲被"普林斯顿"号舰载机炸毁的华川水库大坝。

▲一架美国海军第1舰载机大队（CVG-1）第6混成中队（VC-6）的AJ-1"野人"重型轰炸机在CVA-41"中途岛"号航母上升火待发，背景是两架VF-174战斗机中队的F9F-6"美洲狮"战斗机，摄于1954年12月27日至1955年7月14日间，"中途岛"号第一次大改装之前的世界巡航。

"埃塞克斯"级大多数舰一样在1952年10月重新分类为CVA，但在次年8月又将舰籍变更成了反潜航母（CVS），轻型航母CVL-28"卡伯特"号和CVL-29"巴丹"号（二者皆为"独立"级）则变更为反潜轻型航母（CVLS）。这种做法是沿用朝鲜战争初期的先例，当时美军为了防止太平洋地区的苏联柴电潜艇经对马海峡南下，在7艘"科芒斯曼特湾"级护航航母上各搭载了一个中队的TBM-3W/S"复仇者"鱼雷机执行反潜搜索和攻击任务，后来又更换成专用反潜机格鲁曼AF-2/3"守护者"（安装有APS-20搜索雷达），并把反潜用的护航航母增加到17艘。

烧"，到朝鲜战争结束之际，美国海军领导人对航母的使用和发展思路更趋理性了。部署在3艘"中途岛"级上的AJ-1"野人"被证明维护和操作极其烦琐，利用"野人"担当经常性海基核威慑平台的想法被打消了。此后第6舰队继续保留6架AJ-1和3架P2V-3C、第7舰队则保留3架AJ-1作为潜在的核打击工具，但飞机平时停放在陆上基地。24艘"埃塞克斯"级除去二战期间受过重伤的CV-13"富兰克林"号和CV-17"邦克山"号外，都已回到现役，按照1952年10月重新划定的分类代号，它们中的大多数和"中途岛"级一样改称CVA（攻击型航母）。

新的航母分类是以任务类型为标准的，而过去的CV（舰队航母）、CVL（轻型航母）和CVB（大型航母）则是以吨位大小来区分的。没来得及加装斜角甲板的CV-36"安提坦"号、CV-32"莱特"号和

吨位和尺寸更大的"埃塞克斯"级参与反潜作战后，翼展超过21米的双发反潜机S2F（1962年9月以后改称S-2）"追踪者"也可以在母舰上起降，这种尺寸巨大的飞机集成了AN/APS-38搜索雷达、磁性探测天线、探照灯、6个翼下挂架和可容纳总重2.2吨的鱼雷、深弹、火箭、水雷的内置弹舱，必要时甚至可以使用核深弹。除去搭载在CVS上以外，每艘CVA在1959年之后也会配备一个4架的S2F分队执行反潜和搜索任务，这种飞机累计生产了1284架，巴西和阿根廷

▲一架生产序号为BuNo.136431的格鲁曼S2F-1"追踪者"反潜机。TF-1"贸易者"舰载运输机和WF"跟踪者"预警机也是在同一机型平台上改装而来的，后改称C-1和E-1。

海军至今仍在使用它。与S2F搭配使用的是1954年量产的西科斯基HSS-1（1962年9月以后改称SH-34G）"海蝙蝠"（Seabat）反潜直升机，每艘"埃塞克斯"级反潜航母可以

美国主要航母分类

CV 舰队航母（1952年10月1日－1975年6月30日并入CVA）

CVB 大型舰队航母（1952年10月1日并入CVA）

CVA 攻击型舰队航母（1975年6月30日改称CV）

CVL 轻型舰队航母（用至1959年5月15日）

CVE 护航航母（用至1959年5月7日）

CVHE 直升机护航航母

CVAN 核动力攻击型舰队航母（1975年6月30日改称CVN）

CVN 核动力舰队航母

AVT 飞机运输舰/辅助飞机着陆训练舰

CVS 反潜支援航母/反潜航母（用至1974年）

CVT 训练航母（后改为AVT）

CVU 通用航母

▲美国海军HSS-1"海蝙蝠"反潜直升机，由1954年试飞的西科斯基S-58型直升机改装而来，另有HUS-1"海马"运输型（1962年9月以后改称UH-34），其陆军型号为CH-34"乔克陶"。英国韦斯特兰公司在其基础上开发出"威塞克斯"直升机。

携带16架AF、16架S2F和10架HSS-1。

随着"佛瑞斯特"级后续舰的完工和苏联潜艇数量的日渐增加，1956年之后，越来越多的"埃塞克斯"级转为CVS。1958年底在役的"埃塞克斯"级CVS有11艘之多，不过只要之前加装了斜角甲板和其他适于起降喷气式飞机的设备的航母，它们可以很方便地变更舰载机、改回执行CVA任务。二战前后完工的护航航母和轻型航母因为难以起降重量和体积越来越大的喷气式飞机，在1958年前后永久性退出了现役，其中几艘改为搭载直升机的LPH（Landing Platform Helicopter，直译为直升机登陆平台，一般翻译成两栖攻击舰）。1959－1961年，3艘没有安装斜角甲板的"埃塞克斯"级反潜航母"拳师"号、"普林斯顿"号与"福吉谷"号也被重新划定为LPH，每艘搭载30架直升机和1650名登陆部队。不过相对于LPH承担的登陆支援和辅助任务，正规航母改装的LPH其内部空间和燃料消耗还是显得过于奢侈了，所以美国海军从1959年起开始建造专门的"硫黄岛"级两栖攻击舰，"埃塞克斯"级当中转为LPH的只有上述3艘。

超级航母、新型飞机与核航母

尽管经过现代化改装的"埃塞克斯"级在朝鲜战争中被证明足以胜任应对局部冲突的任务，但它们的初始设计和空间安排毕竟是1940年的水平，在操作体积和重量越来越大的新型喷气式飞机时显得力不从心。美国海军需要一种专为喷气式飞机时代设计的新航母，它在吨位、主尺度和内部空间上将大大超过现有的"中途岛"级，所以又是一种"超级航母"。不过新的超级航母与夭折

型飞机。

"佛瑞斯特"号于1955年正式竣工，它是二战后世界上第一艘完全新建的航母，在它动工后的三年里，同型的CVA-60到CVA-62相继获得拨款开始建造，并沿用了此前退役的一批二战功勋航母的舰名，即"萨拉托加"号、"突击者"号与"独立"

▲"中途岛"号航母上的F9F-6"美洲狮"战斗机，隶属于美国海军第6舰载机大队（CVG-6）的VF-73战斗机中队，1954年1月8日至8月4日间部署于地中海。

的CVA-58已经是两种概念了：后者基本上是一个起飞重型海基轰炸机的浮动机场，而新航母虽然也拥有起飞重型攻击机实施核打击的能力，但主要任务类型将是传统的，是"以海为本"的。

第一艘新型超级航母CVA-59以老"合众国"号的支持者、因CVA-58夭折而自杀的佛瑞斯特命名，最初的设计也与老CVA-58类似，只是吨位和主尺度略小（6万吨）。不过当该舰的舰体于1952年在纽波特纽斯船厂开工后，海军造舰局根据朝鲜战争的经验对原始设计进行了修改，舰岛和一体化烟囱改为固定于右舷的常规样式，斜角甲板只设在左舷，角度增大到10.1度，4台升降机全部布置在舷侧，可以搭载超过75架新

号。到1959年1月为止，这4艘"佛瑞斯特"级航母全部建成。美国海军计划最终建造12艘该级航母，再加上3艘现代化改装后的"中途岛"级，构成作战舰队的中坚。

作为第一型专为喷气式飞机建造的超级航母，"佛瑞斯特"级的燃料携带量比现代化改造后的"埃塞克斯"级多70%，航空燃料多300%，军械多154%。它们每艘通常搭载4个喷气式战斗机中队和1个AD"空中袭击者"中队，主力战斗机除了在朝鲜战争后期已经出场的F9F-2/5"黑豹"和F2H-2/3"女妖"之外，还有"黑豹"的升级版F9F-6"美洲狮"（1962年9月以后改称F-9）。后者虽然沿用了F9F的编号，实际上却是一种全新设计的后掠翼飞机，最大时速

1041公里，可以挂带4枚AIM-9A"响尾蛇"红外制导空空导弹执行制空任务，也可以搭载Mk.12型战术核弹。

但使攻击机中队全面喷气化的尝试却遭遇了挫折——1954年开始部署的沃特F7U-3"弯刀"是一种机首后倾、可进行超音速飞行的双发无尾机，挂有4枚刚刚研发成功的AAM-N-2"麻雀I"空空导弹；但"弯刀"在气动力外形、发动机可靠性、机械结构和起落架强度方面存在相当严重的问题，列装仅三年就退出了一线，暗示了喷气式舰载机的发展不可能一蹴而就。

朝鲜战争后入役的第一批新型喷气式战斗机是北美的FJ-2/3（1962年9月以后改称F-1）"狂怒"，它们是在空军的F-86"佩刀"基础上改进而来的，目的是为了压制苏联的MiG-15，这也是"佛瑞斯特"级正式搭载的第一型战斗机。北美公司后来又在FJ-3的布局和发动机基础上重新设计了机翼、开发出一款新飞机，这就是1958年开始上舰的FJ-4。它沿用了"狂怒"的绰号，翼下挂架增加到6个，除空空导弹外还可携带AGM-12"小斗犬"空地导弹和战术核弹，实际上主要作为攻击机使用。

前后上舰的新型战斗机还包括道格拉斯公司的F4D（1962年9月以后改称F-6）"天光"和麦克唐纳公司的F3H（1962年9月以后改称F-3）"恶魔"，两者都是为了搭载AN/APG-51B雷达和"麻雀"导弹而研发的。三角翼的"天光"是道格拉斯公司与麦克唐纳公司合并前生产的最后一型战斗机，它在1955年2月23日创造了仅用56秒爬升到1万英尺高空的纪录，是当时世界上爬升速度最快的舰载机；"恶魔"则是F2H"女妖"的后继型号，也是当时美国海航唯一一种全天候战斗机。

总的来看，美国在1950年代开发的一系列舰载喷气式战斗机带有很强的试验性质。它们有一些共同点，比如几乎都有空中加油能力、追求高速度、可以携带战术核武器，但除此之外在布局和功用上可谓五花八门。F4D"天光"和F9F-6"美洲狮"的后继型号F11F"虎"（美国海军第一种超音速战斗

1950年代中期　▲正在从航母甲板上起飞的沃特公司F7U-3"弯刀"战斗机。

▲一架VF-121战斗机中队的北美FJ-3M"狂怒"战斗机正巡弋于南加州上空。VF-121隶属于第12舰载机大队(CVG-12)驻扎在CVA-16"列克星敦"号航母上，1957年4月19日至10月17日间部署于西太平洋。

▲1957年4月10日，一架美国海军VF-61战斗机中队的F3H-2M"恶魔"战斗机正从CVA-42"富兰克林·罗斯福"号航母上起飞。

▲CVA-42"富兰克林·罗斯福"号航母上的美国海军陆战队VMF(AW)-114全天候战斗机中队的F4D-1"天光"战斗机。VMF(AW)-114隶属于第1舰载机大队(CVG-1)，1959年2月13日至9月1日间部署于地中海。

▲CVA-62"独立"号航母（"佛瑞斯特"级）上的F11F-1"虎"战斗机，隶属于美国海军第43攻击中队（VA-43，1973年6月1日改称VF-43），摄于1960年2月18日。远处为一架F4D"天光"战斗机。

机，1962年9月以后改称F-11）实际上属于高速截击机，为了追求理论速度和爬升率牺牲了航程以及格斗性能，结果被证明很不适合制空作战，它们在母舰上服役的时间都未超过7年；F3H"恶魔"则因第一批量产型发动机性能不过关、事故频发而获得了"寡妇制造者"的恶名。

这种情况直到1957年沃特F8U"十字军战士"（1962年9月以后改称F-8）开始上舰才有所改善，这是一种成熟的超音速战斗机（在试飞中创造过1634.173公里的时速纪录），也是美国海航最后一种昼间战斗机。1960年前后，"十字军战士"几乎成为美军一线航母战斗机中队和海军陆战队航空兵的

标配，最终生产了1219架；法国海军也购买了42架，用于装备"克莱蒙梭"级中型航母。

与战斗机"百花齐放"、复杂纷乱的局面相比，舰载攻击机的喷气化脉络更为清晰，因为海军高层在朝鲜战争前后实际上只想要一大一小两种飞机，大的用于进行核打击（F7U-3"弯刀"就是一种不成功的尝试），小的接替活塞式的AD"空中袭击者"执行各种常规战术任务。前一种飞机是道格拉斯公司的A3D（1962年9月以后改称A-3）"空中战士"，于1956年正式上舰，这种翼展超过22米、最大起飞重量达37吨的巨型飞机（绰号"白鲸"）是美国航母曾经

▲两架隶属于美国海军VF-33战斗机中队的F-8E"十字军战士"超音速战斗机正在加力，准备从世界上第一艘核动力航母CVAN-65"企业"号上起飞，摄于1964年2月8日至10月3日间。此时，VF-33在第6舰载机联队（CVW-6）编制内执行"海轨行动"。1963年12月20日美国海军所有舰载机大队升格为联队，缩写由CVG变更为CVW。

▲一架隶属于美国海军VAH-6重型攻击机中队的A3D-2"空中战士"攻击机，正准备降落在CVA-61"突击者"号航母（"佛瑞斯特"级）上，摄于1958年4月23日。

▲越战期间集结于越南水域的A-4F"天鹰"攻击机机群，这些战机隶属于第21舰载机联队（CVW-21）辖下各攻击机中队，驻扎在CVA-19"汉考克"号航母上，画面中NP-501、NP-505、NP-510属VA-55中队，NP-316属VA-212中队，NP-416属VA-164中队，装备的是Mk.82和Mk.83常规炸弹。摄于1972年5月25日。

搭载过的最大舰载机，可以携带5.8吨常规炸弹或一枚原子弹飞行3380公里。1950年代末，每艘"佛瑞斯特"级和"中途岛"级都拥有一个装备7－10架A3D的重型攻击机中队，它们替代了操作不便的AJ（1962年9月以后改称A-2）"野人"重型轰炸机，那些作为攻击型航母使用的"埃塞克斯"级也搭载有4架这种飞机。在"中途岛"号调往太平洋之前，"埃塞克斯"级上的A3D是第7舰队仅有的舰载核打击工具；而"白鲸"的

1955年一枚"天狮星"导弹从CVA-19"汉考克"号航母甲板上发射的情景。

电子侦察改型EA-3B甚至一直在海军中服役到1991年。

较小的那种战术攻击机则是1956年上舰的A4D（1962年9月以后改称A-4）"天鹰"，这种4.75吨重的小飞机翼展只有8.38米，不需要折叠机翼，最大航程可达3220公里，既能挂载空地导弹执行火力支援任务，也能携带4枚"响尾蛇"导弹参与空战，还可以携带B-57或B-61型核弹执行核打击任务。"天鹰"的总产量高达2960架，它的功能是如此多元化，以至于美国海航甚至改变了始于二战的母舰战斗机中队与攻击机中队数量之比为3:1或4:1的传统，用更多"天鹰"来替代战斗机。1960年代以后，"佛瑞斯特"级和"中途岛"级通常装备6个舰载机中队，其中战斗机中队2个（"十字军战士"1个，"恶魔"或"天光"1个），攻击机中队4个（"天鹰"3个，"空中战士"1个）；"埃塞克斯"级的5个中队里则有3个中队装备"天鹰"，另外2个装备"十字军战士"和"恶魔"。每舰至少有2架"空中战士"和2架"天鹰"随时待命准备核攻击。

当然，1950年代始终是一个被核恐慌以及核野心笼罩的时代，巡航导弹的发展再度为"航母无用论"创造了舆论环境，美国海军也又一次尝试把这种新武器部署到航母上。1952年1月，CV-37"普林斯顿"号在甲板上试射了一枚SSM-N-8"天狮I"亚音速巡航导弹。这种外观像小飞机的武器可以把一枚W-5或W-27型核弹头投射到925公里之外。相对于有人驾驶飞机，"天狮星"具有可全天候攻击、探测更困难等优点，海军

因此决定在5艘"埃塞克斯"级CVA、CVA-42"富兰克林·罗斯福"号以及CVA-60"萨拉托加"号上部署这种武器。有人甚至设想把一些旧的"埃塞克斯"级改造成专门发射导弹的"核攻击航母"（某种程度上这是CVA-58的思想遗产，也是日后的"武库舰"计划的先声），装载400枚正在开发的"天狮星Ⅱ"超音速巡航导弹。

不过，随着可以在潜艇上发射的"北极星"弹道导弹在1960年试射成功，发射工序复杂、隐蔽性不强的"天狮星"很快就被淘汰了，装载在航母上的导弹也被运回岸上。说到底，航母的独特优势在于它可以在最短时间内部署到某一地区、出动舰载机夺取制空权和制海权，摧毁敌方海上及陆上目标；在无人战斗机技术实用化之前，任何想彻底淘汰常规舰载机，或者用航母执行层次过高的任务的想法都有投机之嫌。

到1958年初，美国一线攻击型航母数量变更为15艘，其中6艘在大西洋（2艘"佛瑞斯特"级、1艘"中途岛"级、3艘"埃塞克斯"级），6艘在太平洋（1艘"佛瑞斯特"级、1艘"中途岛"级、4艘"埃塞克斯"级），3艘在维修或训练；此外"中途岛"级CVA-43"珊瑚海"号和"埃塞克斯"级CVA-34"奥里斯坎尼"号退出现役进行加装斜角甲板的改造，最新的"佛瑞斯特"级CVA-62"独立"号则在舾装。

在1958年7月的黎巴嫩危机中，第6舰队的CVA-60"萨拉托加"号、CVA-9"埃塞克斯"号以及改为CVS-12的"黄蜂"号派出攻击机为登陆贝鲁特的海军陆战队

提供了掩护，CVA-59"佛瑞斯特"号和CVA-15"伦道夫"号随后也前往地中海增援。一个月后，第二次台海危机（金门炮战）爆发，第7舰队的CVA-19"汉考克"号与CVA-38"香格里拉"号马上进入战备状态，同时CVA-16"列克星敦"号和反潜航母CVS-37"普林斯顿"号紧急赶往日本进行支援。正在本土西海岸巡航的CVA-41"中途岛"号于8月底抵达珍珠港，随后和调自地中海的"埃塞克斯"号一起加入第7舰队的航母特混编队TF77，保持严阵以待的姿态。

美国海军本来计划建造12艘"佛瑞斯特"级航母，平均造价2亿美元。到1958年黎巴嫩和金门危机爆发时，前4艘"佛瑞斯特"级已基本完工，加装舰空导弹的CVA-63和CVA-64（"小鹰"号与"星座"号，它们通常划分为独立的一级，即"小鹰"级，共4艘：CVA-63、CVA-64、CVA-66、CVA-67）也获得拨款、准备开工。但国会在审核1958财年列入的CVA-65"企业"号航母时出现了问题。众议院拨款委员会主席、民主党人克拉伦斯·坎农认为，既然UGM-27"北极星"潜射导弹已经在1956年开始研发，那么海军继续建造航母就是一种浪费。这类论调在某种程度上和海军里的"导弹狂热病"、"核武器狂热病"构成一种恶性循环——大部分议员不是海军专家，他们总是根据一种武器能否对苏联造成直接和严重的毁伤来断定有没有必要为项目拨款。

▲1956年，行进中的CVA-9"埃塞克斯"号航母。1956年7月16日至1957年1月26日间，"埃塞克斯"号搭载第11舰载机大队（CVG-11）部署于西太平洋地区。

一些海军高层为了继续采购航母，竭力迎合及取悦这种论调，宣称航母也能部署大型轰炸机和远程导弹；但他们同时还要为潜艇和其他项目争取经费，这个时候议员们就会质疑先前的航母工程的意义。海军部不得不起而攻击当时导弹的技术缺陷，同时辩称航母在全面战争中并没有人们所想像的那么脆弱，他们认为要维护美国的国家安全，海军一线航母至少要达到12艘CVA、9艘CVS和3艘训练舰（"中途岛"级改装）的规模，为此在接下来的十年内还要新建6艘

▲阿利·伯克海军上将（1901—1996），二战时任驱逐舰分队指挥官，以高速著称。1943年圣乔治角海战时，因DD-512"斯潘塞"号驱逐舰锅炉水管堵塞，只好将舰队速度从以往的34节降至31节，因此获得"31节伯克"的绰号。1955年任海军作战部长，与英国的蒙巴顿勋爵和苏联的戈尔什科夫几乎在同一时期领导本国海军抵抗空军要求独占国防预算的企图（伯克是唯一一位任期长达6年、而非通常的4年的美国海军作战部长）。

"佛瑞斯特"级同型舰。在"核海军之父"海曼·里科弗（Hyman George Rickover）海军中将的影响下，海军作战部长阿利·伯克（Arleigh Albert Burke）还决定超级航母将从CVA-65起全面采用核动力，即核动力攻击型航母（CVAN）。

但众议院拨款委员会继续攻讦海军。坎农指出：苏联正在导弹和潜艇技术方面迅速超越美国，美国需要做的是集中力量弥补薄弱环节，而不是把资金用在缺乏比较价值的领域。不过，参议院对海军建造第七艘超级航母的要求表示了支持，他们同意拨款2.6亿美元建造"企业"号，并额外拿出1亿美元为其加装核推进设备。作为妥协，CVAN-65只是一艘核动力试验舰，而1961财年开工的第八艘超级航母CVA-66"美国"号依然按照"小鹰"级的初始设计建造。

实际上即使CVA-62"独立"号在1959年如期完工，美国海军一线航母的数量依然捉襟见肘：由于1958－1961年的柏林危机，地中海的第6舰队需要同时保有2艘超级航母和1艘其他正规航母（"中途岛"级或"埃塞克斯"级），加上西太平洋局势依旧紧张，第7舰队至少也要有3艘"埃塞克斯"级，这意味着部署在海外的航母数量在6艘左右，而包括4艘"佛瑞斯特"级在内的可用母舰总共只有14艘，海军不得不推迟"埃塞克斯"级改为CVS的速度。直到1961年秋"小鹰"号与"星座"号相继服役后，这种状况才得到缓解，一线CVA的数量增加到16艘，维持了两洋舰队的实力。

战后美国海军主要固定翼舰载机型号

生产商	型号	绰 号	1962年后新编号
北美	FJ-1	狂怒（Fury）	
	FJ-2/3	狂怒（Fury）	F-1
	FJ-4	狂怒（Fury）	F-1E
	AJ	野人（Savage）	A-2
	XA2J	超级野人（Super Savage）	
	A3J	民团团员（Vigilante）	A-5
道格拉斯	F3D	空中骑士（Skyknight）	F-10
	F4D	天光（Skyray）	F-6
	AD	空中袭击者（Skyraider）	A-1
	A2D	天鲨（Skyshark）	
	A3D	空中战士（Skywarrior）	A-3
	A4D	天鹰（Skyhawk）	A-4
格鲁曼	F6F	地狱猫（Hellcat）	
	F7F	虎猫（Tigercat）	
	F8F	熊猫（Bearcat）	
	F9F	黑豹（Panther）	
	F9F-6	美洲狮（Cougar）	F-9
	XF10F	美洲豹（Jaguar）	
	F11F	虎（Tiger）	F-11
	F-14	雄猫（Tomcat）	F-14
	AF	守护者（Guardian）	
	A2F	入侵者（Intruder）	A-6
	S2F	追踪者（Tracker）	S-2
	TF	贸易者（Trader）	C-1
	C-2	灰猎犬（Greyhound）	C-2
	WF	跟踪者（Tracer）	E-1
	W2F	鹰眼（Hawkeye）	E-2

生产商	型号	绰 号	1962年后新编号
麦克唐纳	FH	鬼怪（Phantom）	
	F2H	女妖（Banshee）	F-2
	F3H	恶魔（Demon）	F-3
麦克唐纳/道格拉斯	F4H (AH)	鬼怪Ⅱ（Phantom Ⅱ）	F-4
	F/A-18	大黄蜂（Hornet）	F/A-18
	AV-8B	鹞Ⅱ（Harrier Ⅱ）	AV-8B
	A-12	复仇者Ⅱ（Avenger Ⅱ）	A-12
沃特	F4U (AU)	海盗（Corsair）	
	XF5U	飞行烙饼（Flying Flapjack）	
	F6U	私掠船（Pirate）	
	F7U (A2U)	弯刀（Cutlass）	
	F8U	十字军战士（Crusader）	F-8
	A-7	海盗Ⅱ（Corsair Ⅱ）	A-7
洛克希德/马丁	S-3	北欧海盗（Viking）	S-3
	F-35	闪电Ⅱ（Lightning Ⅱ）	F-35

1.格鲁曼C-1舰用运输机和E-1预警机是S-2反潜机的改装型号；格鲁曼E-2预警机是C-2舰用运输机的改装型号。

2.表中舰载机以喷气式飞机为主，为体现各公司命名系统的连续性，列出一些战后初期仍在服役的二战螺旋桨战机。

3.美国海空军飞机在1962年前的编号系统是首字母为飞机用途（F=战斗机，A=攻击机），第二位数字为公司研发序号，第三位字母为公司代码（波音公司为B、道格拉斯公司为D、格鲁曼公司为F、麦克唐纳公司为H、诺斯罗普公司为T、洛克希德公司为V、沃特公司为U等）。试制机型在编号前加X。

4.1962年9月后美军更换飞机编号系统，统一以机种代码加列装序号编排，如F-4、F-8、F-14、A-5等，试制机型则在编号前加Y。

5.本表仅列出美国海军装备的飞机，空军飞机如F-15、A-10等不予列出。

6."鹞Ⅱ"是麦道公司与英国霍克·西德利和BAE公司联合研发的项目，AV-8B为美方编号。

从古巴到越南

一种吊诡的情况颇令后人感到意味深长：自从1953年苏联试爆第一颗氢弹起，美国人就设想下一场战争将是双方全面动用核武器的毁灭性对抗；作为海军作战舰队的基干，航母也必须适应这种战争类型。从夭折的CVA-58到巨大的A3D舰载攻击机，大部分海航兵器的开发是基于"核打击第一"的目标，因此造成了极大的混乱和浪费。比如用于核攻击的轰炸机在执行常规任务时往往既笨重又费油，它们的任务类型决定了不可能生产太多，不能执行多种任务更进一步压缩采购量，其结果是飞机单价越来越高，实际使用的年头却很少。与之相较，美国除了在1958－1961年第二次柏林危机以及1962年的古巴导弹危机中曾经与苏联剑拔弩张、一度处在核战争的边缘外，其余时间主要还是应对像朝鲜战争那样的局部冲突，这意味着舰载航空兵的主力应当是可以执行多种任务的战斗机和攻击机。就像1949年的"海军上将暴动"期间一些清醒的观察家指出的那样：航母的核打击力很有价值，但更重要的是其常规职能。

在古巴导弹危机爆发之前，CVA-63与CVA-64已经如期竣工。第一艘核动力超级航母CVAN-65"企业"号则于1961年11月25日正式服役，它的最终造价高达4.45亿美元，相当于两艘普通的"佛瑞斯特"级。由于费用大大超支，"企业"号在完工时没有安装任何自卫武器，几年后才配备了RIM-7"海麻雀"（Sea Sparrow）点防御导弹系统。它的其余技术特征与"佛瑞斯特"级和"小鹰"级大致类似，不过加装了新型的AN/SPS-32和AN/SPS-33相控阵搜索雷达，独特的雷达天线基阵使"企业"号的舰岛变成了一座圆锥顶的四方形"大厦"，这也是该舰最突出的识别特征。

1964年11月更换过新的核燃料之后，"企业"号理论上可以马不停蹄地运行15年再进行下一次燃料更换。当年夏天，该舰与CGN-9"长滩"号核动力导弹巡洋舰以及DLGN-25"班布里奇"号核动力导弹驱逐领舰一起进行了代号"海轨行动"的环球航

▲1961年10月，舾装中的CVAN-65"企业"号核动力航母正在进行海上试航，即将于次月25日正式服役，方形圆锥顶的舰岛，使其显得异常独特。

行，6057名官兵在64天时间内没有停靠任何港口，于1964年10月胜利返回东海岸。这意味着美国海军第一次拥有了真正意义上的全球快速部署航母。

不过，核动力航母无限制的航程只是理论上的。在一支完整的核动力特混舰队里，除了母舰以外的大部分舰船仍属于常规动力型（"长滩"号和"班布里奇"号属于例外），需要按时补给燃料和检修；航母上的5000余名舰员和航空人员也需要定期补给和上岸休整。"企业"号的高昂建造成本还给后续舰的建造带来了巨大压力——在确定CVA-66仍将采用常规动力之后，国会在1962年财年根本没有列入新的超级航母的建造预算。已经编列计划的第九艘超级航母CVA-67整整往后推了两年，直到1964年10月才开工，且依然采用常规动力。

"佛瑞斯特"级、"小鹰"级和"企业"号的大批入役也带来了舰载机领域的大规模革新，一批专为超级航母设计的新飞机陆续量产上舰，其中的代表作是1958年首飞的麦克唐纳-道格拉斯F4H-1（1962年9月以后改称F-4）"鬼怪Ⅱ"。作为一型专为制空作战设计的超音速全天候战斗机，"鬼怪Ⅱ"在1961年11月22日创造了时速2584公里的世界纪录，其爬升率和升限也是当时的舰载机之冠。第一批F4H-1没有安装机炮，只挂载6枚"麻雀"空空导弹或4枚"麻雀"加4枚"响尾蛇"，最大载弹量接近6吨。由于它们的服役，美军超级航母在1962年后不必再同时保留F8U"十字军战士"和F3H"恶魔"（或F4D"天光"）两种型号的战斗机（"十字军战士"只能在白昼作战，后两种飞机则可执行全天候任务），只用"鬼怪

▲1981年5月1日，驻扎在CV-43"珊瑚海"号航母上的第14舰载机联队（CVW-14）的机群正在作起飞前的准备，远处的一架是隶属于VF-21战斗机中队的F-4N"鬼怪Ⅱ"，近处的一架是隶属于VA-97攻击机中队的A-7E"海盗Ⅱ"。此时，"珊瑚海"号正准备前往西太平洋，执行它的下一次部署任务。

Ⅱ"就可以执行大部分空战任务；不过5艘较小的"埃塞克斯"级CVA不能使用"鬼怪Ⅱ"，依然搭载两个中队的"十字军战士"。

在"鬼怪Ⅱ"量产前后，美国海航终于明确了航母与其他武器系统在未来战争中的定位，不再强求舰载攻击机一定要执行远程核打击任务。1961年6月开始服役的北美A3J（1962年9月以后改称A-5）"民团团员"因此成为美国最后一种专为投放核弹而设计的重型舰载攻击机，战斗型"民团团员"只生产了59架，后续型号变更为电子侦察机RA-5C。

接替A-1"空中袭击者"和A-4"天鹰"执行常规对岸和对舰攻击任务（"天鹰"虽好，但不能全天候作战，后来被转移到CVS上）的则是格鲁曼公司的A-6"入侵者"，它在1963年2月交付使用，与"鬼怪Ⅱ"（1960年12月正式服役）一起构成了1960－1970年代美军航母舰载机联队

的主力。为了对抗高速喷气式轰炸机和反舰导弹的威胁，1964年航母上还开始部署E-2A"鹰眼"早期预警机。反潜用机中，S-2"追踪者"发展到了航程更远的S-2D和S-2E，SH-34"海蝙蝠"直升机则被SH-3"海王"所取代。"海王"也是10艘"埃塞克斯"级CVS的标准配置，这些军舰加装

▲一架第1重型攻击机中队（VAH-1）的A-5A"民团团员"正从CVA-60"萨拉托加"号航母上起飞。VAH-1隶属于第7舰载机联队，当时驻扎在CVA-62"独立"号航母上。远处是一架UH-2A"海妖"多用途运输直升机。摄于1964年5月，"长角牛行动"期间。

▲1962年12月19日，一架出借给美国国家航空和太空管理局（NASA）进行测试的A-5A，于次年12月20日归还给美国海军。A-5攻击机被认为是美国历史上最漂亮的两种军用飞机之一（另一型是同为北美公司生产的XB-70"女武神"）。

▲1996年7月22日，CVN-73"乔治·华盛顿"号核动力航母上的VA-34攻击机中队的A-6E"入侵者"正在作最后一次起飞执勤，"乔治·华盛顿"号即将结束这次长达6个月的部署地中海和波斯湾的行动，之后将带着VA-34回国换装F/A-18C"大黄蜂"战斗攻击机，同时单位名将改为第34战斗攻击机中队（VFA-34）。

航母上起飞的测试和侦察飞行。

越南的情况就完全不同了。它不像古巴危机，因为苏联没有正面出兵；也不像朝鲜战争，因为南北越在战争的中前期一直处于对峙状态。美国对北越进行的很像是一种军事上的"隔离"，目标是不让越共势力控制整个中南半岛，但在手段方面一直受到政治力

了声呐，在太平洋和大西洋各有5艘。

1962年10月下旬，古巴导弹危机爆发，肯尼迪总统下令成立TF136和TF135两支特遣舰队，前者是"隔离"部队，由3艘已经改为CVS的"埃塞克斯"级航母CVS-9"埃塞克斯"号、CVS-15"伦道夫"号和CVS-18"黄蜂"号组成，任务是阻止运送导弹部件的苏联货船靠近古巴海岸；CVAN-65"企业"号、CVA-62"独立"号和CVA-60"萨拉托加"号3艘超级航母组成的TF135则是打击部队，一旦苏联舰船强行冲破封锁线、或者古巴军队袭击关塔那摩的美军，TF135将立即派出飞机进行空袭。苏联政府最终让步，"隔离"行动以胜利告终。值得一提的是，中央情报局在这次行动中认识到了航母可以用于高空侦察机的运输和起飞，1963－1969年，先后有好几架U-2侦察机进行了从

量的掣肘和牵制。在1964年8月2日"北部湾事件"之前，第7舰队的航母只是偶尔出动舰载机执行侦察任务，窥探北越的军事部署情况，纯军事任务主要由从陆上基地起飞的直升机和轰炸机去执行。

北部湾事件后，约翰逊总统命令TF77的CVA-64"星座"号和CVA-14"提康德罗加"号对北越鱼雷艇基地进行空袭，这是美军航母舰载机第一次在越南上空作战，有1架A-4E和1架A-1"空中袭击者"被击落。这是一种新情况：北越的防空火力比当年的朝鲜人要强得多，后期还会有为数众多的MiG-21战斗机参战，而美国已经有十多年没经历过真正意义上的战争了。CVA-61"突击者"号和CVS-33"奇尔沙治"号随后也赶往北部湾，使TF77的实力增加到3艘CVA加1艘CVS。1965年2月，新抵达越

南的CVA-43"珊瑚海"号、CVA-19"汉考克"号和"突击者"号一起进行了代号"火镖"的空袭行动，与空军一起轰炸同海的北越军事基地，在两次出击中损失了4架飞机。

为了摧毁越共的军事进攻能力和国家经济，从1965年3月到1968年11月，美军出动大批海空军飞机对越南北方进行代号"滚雷行动"的集中轰炸。这一时期加入TF77进行轮换的航母（始终保持随时有3艘CVA和1艘CVS可用的状态，CVS实际上作为正规航母使用）都参与了这一作战，后期还进行了海上布雷；许多封存起来的二战护航航母也重新启用，前往越南充当飞机运输舰。在"滚雷行动"的第一年，10艘航母就出动了5.7万架次飞机，被防空导弹、高炮和战斗机击落100余架，82名飞行员战死或失踪。

1966年之后，由于MiG-21战斗机的出现，发生空战的频率越来越高，到1968年底"滚雷行动"结束时，美国海空军和南越空军总计损失了938架飞机，有1034名飞行员战死、被俘或失踪。作战期间还发生了几次伤亡惨重的意外：CVA-34"奥里斯坎尼"号在1966年10月26日发生弹药爆炸，损失4架A-4和2架直升机，死44人；"佛瑞斯特"号在1967年7月29日因机载火箭异常发射而燃起大火，报废21架飞机、不同程度受损41架，134名官兵丧生，该舰花费7200万美元大修了7个月才复原，并由此在美国海军中获得了"森林大火"（"佛瑞斯特"与英语森林谐音）、"打火机"等不雅的绰号。1969年1月14日，返回越南前在夏威夷参加演习的"企业"号也发生了与"佛瑞斯特"号一模一样的事故，这一次大火摧毁了15架飞

▲ 这是CV-61"突击者"号的第24次也是最后一次执勤，时间是在1992年8月1日至1993年1月30日，主要部署在印度洋，舰上搭载的是第2舰载机联队（CVW-2），其间执行了对伊拉克禁飞区监视的"南方守望行动"（9—12月），接着在12月剩余的时间里支援了联合国在索马里的人道主义救援任务的"重拾希望行动"。12月19日，"突击者"号将任务交接给"小鹰"号随即开始返航圣迭戈港，并于1993年7月10日正式除役。

机、烧死28人，"大E"不得不花费5600万美元进行维修和改装。

"滚雷行动"无果而终后，1971年2月，美国和南越地面部队进入老挝，实施代号"兰山719"的进攻行动，"汉考克"号派出A-4提供支援，被苏联S-75防空导弹（北约代号：SA-2）击落数架。到了第二年，超级航母上的F-4"鬼怪Ⅱ"在空战中取得了不少战果。不过新上任的尼克松总统已经决定"以战促和"、将美国军事力量逐步撤出越南，所以1972年的空袭（"后卫行动"）基本上以空军的B-52为主力，航母上的A-6"入侵者"和A-7"海盗Ⅱ"则承担布雷封锁任务，它们在越南接收苏联援助物资的12个主要港口外布下近8000枚水雷，使海防港一度瘫痪。

由于越战中的高强度出动，1972年10月，在"小鹰"号航母上爆发了闻所未闻的水兵暴动事件。当年10月12日至13日夜间，舰上5000多名官兵中，约有200人发生了骚动，时间长达9小时之久。结果有60人需要立即治疗，3人伤势严重，立即空运到岸上的医院。当时"小鹰"号已经在太平洋上连续不断地巡弋8个月之久，再加上当时美国国内对越战的支持率降到最低点，种种紧张因素结合到一起，导致了这次事件。4天后停泊在菲律宾苏比克湾的另一艘舰队油船上也发生了类似的骚乱，不过持续时间较短。

紧接着，11月3日，在总统选举日前夕，"星座"号航母上也发生了严重的对抗事件，持续时间竟然长达6天之久。电视直播了"星座"号水兵抗议和握着拳头敬礼的

▲2008年5月12日，完成最后一次任务出航的CV-63"小鹰"号航母返回横须贺母港，37岁的"小鹰"号完成了历史使命，于5月28日离开横须贺回国退役，它的职务将由CVN-73"乔治·华盛顿"号核动力航母接替。

▲1975年4月29日，参与"频繁之风行动"的"汉考克"号航母，派遣海军陆战队的直升机到西贡撤侨。与此同时南越军官兵也争相驾驶军用直升机甚至定翼机，携带家属，逃往近海的美国舰队，以躲避势如破竹的北越军队。由于事态紧急且难民人数众多，舰上水兵往往要将多余的直升机推入大海，以腾出更多空间起降运送难民的飞机。次日西贡失守，越南战争正式结束。

成和平协议（27日签署）；三年后的1975年4月29日，在西贡被越共攻克的同一天，"企业"号、"中途岛"号、"珊瑚海"号和"汉考克"号驶向越南外海，起飞CH-46和CH-53直升机撤出了西贡城内的900名美侨、外交人员以及600名南越军民。这次代号为"频繁之风"的撤侨行动也是美军航母在越南战场的最后一次出动。总计有17艘攻击航母和5艘反潜航母参加了这场将近11年的漫长战事，其中"埃塞克斯"级是最后一次参加大规模军事行动。

画面，令尼克松总统大发雷霆。他命令海军作战部长小埃尔莫·朱姆沃特将所有抗议者立即开除军籍，但朱姆沃特告诉总统这不符合法律程序，只有军事法庭经过长期调查取证和审讯后才有权开除水兵的军籍。经过调查，发现航母上的对抗事件是由于长时间连续工作导致的精疲力竭和失望情绪造成的，真正触犯海军条例的只有几起逾假不归的事件，这种情况不可能导致开除军籍。

"小鹰"号和"星座"号事件反映了当时美国公众对武装力量的不信任感和怨恨感在海军中的投射，当时在海军内部和社会上，由于长期越战、加上中东石油危机，导致美国人的国民士气和生活水平都处于低潮，迫使美国政府不得不加速结束越南战争。

1973年1月23日，美国和北越在巴黎达

标准化核航母时代

事实上，假如越南战争没有扩大，"尼米兹"级核动力航母计划可能随着"企业"号后续舰的难产而不了了之，而美国海军一线航母的数量也会下降到惊人的地步。肯尼迪政府的国防部长罗伯特·麦克纳马拉在1963年的国会听证会上指出，一艘核动力航母的建造成本比一艘设计完全相同的常规动力航母高三分之一以上，这种经济方面的考虑是CVA-66和CVA-67继续采用常规动力的主要原因。但海军原计划在1969年底淘汰全

▲1962年4月13日，约翰·肯尼迪总统在白宫会见来访的伊朗国王巴列维，一旁作陪的是国防部长罗伯特·麦克纳马拉（右）。

部"埃塞克斯"级攻击航母，并准备在之后十年里逐步裁汰3艘"中途岛"级航母，这意味着到1979年，美军一线航母将只剩下4艘"佛瑞斯特"级、4艘"小鹰"级和"企业"号，9艘航母无论如何都是不够用的；而如果要建造后续舰的话，动力之争就必须有一个结论。

所幸麦克纳马拉在1964年之后果断地修改了他的结论。事实和研究证明，核动力航母在耐用性和全寿命周期内的经济性要超过常规动力航母，并且永远不用担心国际石油市场的动荡。1966年，国防部将海军在1970年代的一线兵力重新设定为攻击型航母15艘（原计划是13艘），其中4艘为核动力，加上4艘"佛瑞斯特"级、4艘"小鹰"级和3艘再度接受现代化改造的"中途岛"级。这

一调整意味着"中途岛"级将继续服役至1979年以后，同时在1970年代会开工3艘新的核动力航母。

为了降低运行费用，国防部决定新航母将至少服役30年以上，并且舰载机的种类要削减，用更多的多功能飞机来代替那些1950年代开发的旧式战斗机和攻击机（它们中的许多只能执行单一任务，装备数量又不多，给后勤保障带来不必要的压力）。第一艘新型核动力航母CVAN-68获得了5.44亿美元的拨款（实际造价为6.35亿美元），它在1972年下水，三年后正式服役，其9.1万吨的满载排水量为当时之冠。CVAN-69和CVAN-70原计划以每隔两年一艘的速度开工，实际上因为严重超支，到1975年和1980年才相继下水，前者耗资8亿美元，后者则是第一艘

"10亿美元航母"。这就是美国海军在20世纪后25年以及21世纪初的标准型航母"尼米兹"级。

需要指出的是，原定在1976年裁撤的两艘"埃塞克斯"级"汉考克"号和"奥里斯坎尼"号是如期退役的，因为CVAN-70没能在1979年如期完工，美军在1970年代后期的实际航母兵力是13－14艘，比预定的少1－2艘。伴随越南战争接近尾声，中东地区重新成为美苏对抗的前沿。地中海的第6舰队在1960年代后期保有2艘超级航母（"佛瑞斯特"级或"小鹰"级）加1艘CVS的基本兵力，必要时还可获得增援。

1973年10月第四次中东战争爆发后，美军在肯尼迪遇刺（1963年11月22日）后首次进入全球戒备状态。CVA-42"富兰克林·罗斯福"号、CVA-62"独立"号以及临时调来增援的CVA-67"约翰·肯尼迪"号与开入地中海的苏联舰队发生对峙，后者包括直升机航母"莫斯科"号、25艘其他水面舰艇、16艘潜艇和38艘运输/补给船，后来又获得更多潜艇和驱逐舰的增援。美国空军的B-52战略轰炸机和陆军第82空降师一度做好了战争准备，一旦苏联公开出兵帮助阿拉伯国家，美国就将投入海陆空三军进行反击。

不过事实证明，苏联海军只是为了阻止全面反攻中的以色列彻底摧毁埃及军队，他们不会直接出兵，也不会使用核武器，美苏舰队的对峙在一个多星期后自然化解。此后第6舰队继续保有2艘航母，另外在太平洋和印度洋地区部署2－3艘。因为"埃塞克斯"级CVS已经在1974年全部退出现役，其余的

CVA在1975年统一把编号修改成了CV（核动力航母为CVN），这意味着美国海军将以通用航母平台执行多种作战任务，过去经常由"埃塞克斯"级担当的反潜、两栖支援、运输等任务现在部分转移给了两栖攻击舰LPH和LHA。

但CVS的谢幕和CVN-68型标准核动力航母的高造价也带来了一个问题：苏联潜艇的威胁在1970年代之后已经成为美国海军的心腹大患，CVS的退役意味着没有一种专门的载机舰来操作大型的S-3A"北欧海盗"喷气式反潜机（它可以携带2枚AGM-84"鱼叉"空舰导弹）；而核动力航母的价格又太贵，这使得它们不可能建造很多，也没有哪位海军上将敢用昂贵的超级航母去执行专门的反潜任务。于是，1970－1974年出任海军作战部长的朱姆沃尔特上将提出了一种"制海舰"方案。这是一种1万吨左右的小型航母，搭载17架"海王"反潜直升机和3架新研制的"鹞Ⅱ"（Harrier II）式垂直/短距起降战斗机，设计使命是为无航母伴随的小型舰队提供空中支援。

朱姆沃尔特设想的这种制海舰没有弹射器，单价在1亿美元左右，仅相当于"尼米兹"级的十分之一，但美国国会审计总署拒绝在1974年财年为该项目拨款，原因是这种军舰虽然便宜，但是"鹞Ⅱ"式飞机的研发费用却大大超支。审计总署还认为单独建造一种反潜航母是对既有的"通用化、多任务化"国防采购方针的反动。"核海军之父"里科弗也排斥这种小航母。朱姆沃尔特离任后，他的继任者詹姆士·霍洛维三世（James

▲VX-30"寻血猎犬"中队的一架S-3B"北欧海盗"反潜机。该机涂装为中途岛海战时的涂装，以纪念美国海军航空兵成立100周年。佛罗里达州杰克逊维尔海军航空站，2010年11月4日。

（"宙斯盾"系统则得到保留）。

任何战争结束后，海军在军舰和人员数量上多少会有所减少。但是在战争尚在进行时就出现这种情况则是闻所未闻的，越南战争当中就出现了这样的情况。在越战爆发之前5到10年的时间里，美国海军曾牺牲常规舰艇经费用于建造核动力军舰。但那时第二次世界大战后封存的军舰仍处于完好状态，解封后完全能够满足需要。

Lemuel Holloway III）在里科弗的影响下彻底终止了制海舰项目。这一构想后来在欧洲生根开花，成为西班牙、意大利等国轻型航母的设计渊源。

其他搭载直升机和"鹞Ⅱ"式飞机的小型航母方案也在这一时期先后夭折，比如参议院军事委员会相当欣赏的直升机驱逐舰DDH（这是一种在"斯普鲁恩斯"级（Spruance class）驱逐舰船体上加装滑跃式飞行甲板的设计）。而霍洛维和里科弗也在推动一个奇特的"核动力导弹攻击巡洋舰"（CSGN）项目——这是一种和苏联的"基辅"级很类似的1.8万吨级航空巡洋舰，安装有开发中的"宙斯盾"（Aegis）作战系统、"标准"舰空导弹发射架和"战斧"（Tomahawk）巡航导弹，搭载6架"鹞Ⅱ"式和3架直升机。但国防部长詹姆士·施莱辛格（James Rodney Schlesinger）对核动力巡洋舰的高昂运营成本极度不满，也怀疑"宙斯盾"系统的价值，最终否决了CSGN项目

▲小埃尔莫·朱姆沃尔特（1920－2000），1968年任驻越海军司令，1970－1974年任美国海军作战部长。为纪念其对海军建设的贡献，美国海军将最新的DDX导弹驱逐舰（预计2015年3月开始服役）命名为"朱姆沃尔特"级。

可是，为了掩盖越南战争真正的战费支出，约翰逊政府和尼克松政府都大量削减海军造舰费用，把节约下来的钱投入越战，这种做法到越战结束时导致了自食苦果：第二次世界大战后退役的封存老舰就要达到适用期的极限，而且由于约翰逊和尼克松削减经费，已经没有可用于替代它们的新军舰。这样，到1978年，美国海军现役的水面舰艇和潜艇数量分别减少到217艘和119艘。在十年的时间里，美国海军航母的数量从31艘减少到21艘，巡洋舰从34艘减至26艘，两栖舰艇从77艘减至36艘，常规潜艇从72艘减至10艘，驱逐舰则由227艘减至64艘。

在美国的军舰一艘接一艘地被送入拆船厂时，苏联通过20多年持续不断的努力，却拥有了一支庞大的全球海军。苏联舰队已经两次向全世界展示了它巨大的潜在力量：在1970年和1975年的"海洋"及"海洋Ⅱ"演习中，黑海、地中海、波罗的海，以及太平洋、大西洋、印度洋和北冰洋的舰队都采取了协调一致的行动，参加两次演习的军舰都超过了200艘，包括新出现的"基辅"级航空母舰。"海洋"演习证明苏联海军能够迅速地在全球各个海域展开战斗，一旦下达命令，它就会勇往直前地投入战斗。到1978年，美国的军舰总数只有436艘，而苏联军舰的数量却多达740艘。

在美国海军的21艘航母中，有两艘是崭新的、巨型的"尼米兹"级航母，其全长超过1000英尺，满载排水量超过9万吨，能够搭载90多架飞机和直升机。CVN-68"尼米兹"号和CVN-69"德怀特·艾森豪威尔"号

几乎能够执行从控制海洋、搜索潜艇到派遣空中力量深入敌人领土的任何任务。但是，它们和同级的第三艘军舰CVN-70"卡尔·文森"号由于越南战争而推迟了服役时间："尼米兹"号原定于1971年服役，后续各舰以每两年1艘的速度服役。但"尼米兹"号的第一笔拨款直至1966年才批准，因此该舰直到1975年才服役，"德怀特·艾森豪威尔"号的服役时间也相应往后拖了4年，而"卡尔·文森"号到1978年才只建成了一半。它们的造价也随着美元贬值而不断上涨："尼米兹"号用了18.81亿美元，"德怀特·艾森豪威尔"号轻松地突破了20亿美元大关。

尽管造价昂贵，但美国海军还是计划建造第四艘"尼米兹"级航母。但是国会对此毫不同意，在1977年宣布不再为第四艘"尼米兹"级拨款。卡特总统接受了这一决定，而且没有提出任何疑问。一年后，卡特宣布修改福特政府提出的1979－1984年五年造舰计划，决定只建造70艘舰艇，而非原先设想的156艘。对于国会来说，这一削减太大，以致它改变了想法，迅速投票批准建造第四艘"尼米兹"级航母，作为修改后的卡特政府造舰计划的增补部分。但是卡特总统同样迅速地否决了这项决议。

在卡特总统任期内，美国政府、国会和海军围绕核动力航母项目发生了正面冲突。卡特总统针对核动力航母的高昂价格和财政方面的紧张，提出把一线航母削减到6艘，并否决了国会在1979财年列入的第四艘"尼米兹"级航母CVN-71的建造预算。当

▲2008年4月23日，太平洋上空，由CVN-68"尼米兹"号航母上起飞的2架F/A-18"大黄蜂"战斗机，拦截了一架正飞往关岛安德森空军基地部署的隶属于第96远征轰炸中队的B-52战略轰炸机。

时海军中还有一派常规航母的拥趸，他们提出一个中型常规航母（简称为CVV）的方案。CVV相当于"中途岛"级的升级版，排水量达到4.5万吨，可以搭载60-65架舰载机，造价约为15亿美元（1979年价格）。它是常规航母派用来抵制"尼米兹"级的后手，一旦CVN-71最终流产，CVV很可能获得拨款，未来美国海军的中坚力量就有可能是常规航母。

CVV计划关系到建设美国海军的目的以及由此而来的海军的构成。卡特政府的国防部长哈罗德·布朗曾宣布政府对海军战时主要目标的看法，即保护美国与欧洲之间的海上交通线。因此，控制海洋、而不是投送海基空中力量，应被置于优先位置。而控制海洋不需要大型航空母舰，因此造价高昂的"尼米兹"级航母就可以放弃。美国海军很快听出了这个计划的弦外之音：如果海军战

时所需做的一切只是保护大西洋海上通道，那么卡特总统关于建立一支以CVV中型航母为核心的小型舰队的建议就是无懈可击的。但是把这一论点颠倒过来就可以发现，一支以CVV为核心的海军，只能扮演保护海上通道的角色。如果CVV计划被接受，美国海军到20世纪末的所有舰只将不超过420艘，除了保护海上通道外，不可能承担战时其他重要的任务，甚至不可能完成和平时期的既定任务。

在卡特总统的最后两年任期内，海军与政府关于未来航母的争议相持不下，有关海军的决策成为下一轮总统选举的重要议题。1979年发生了伊朗伊斯兰革命和阿富汗危机等一系列挑逗美国鹰派的事件，并在当年11月4日达到高潮：伊朗的一伙激进学生冲入美国驻德黑兰大使馆，并扣押外交人员充作人质，要求送回流亡美国的前国王巴列维。

▲2008年7月23日，CVN-69"德怀特·艾森豪威尔"号在诺福克海军船厂完成了一次为期6个月的改进后，在大西洋进行方向舵摆动检查。

四天之后，美国参议院军事委员会在"核海军之父"里科弗以及海军作战部的支持下，强行通过在1980财年拨款建造CVN-71的预算案，同时宣布永久性终结CVV项目。这意味着核动力、标准化、通用化将作为美国超级航母的建造方针继续推行下去。

另一个重要的变化发生在1976年，国防部把航母从核打击力量中排除了出来，由陆基弹道导弹、核潜艇和战略轰炸机去执行核攻击任务，这意味着航母可以更好地担当属于它自己的制海、制空和对地支援任务。在这方面，1974年服役的F-14"雄猫"可变后掠翼战斗机（搭载有AN/AWG-9雷达和AIM-54"不死鸟"空空导弹）表现相当优异，它们直到2006年才退出现役；1978年问世、至今仍在服役的F/A-18"大黄蜂"则是国会喜欢的那种轻型多用途战斗机，它比"雄猫"要便宜得多。

进入1980年代后，美国在强硬的共和党总统罗纳德·里根的领导下，结束了长达15年的混乱、失败和士气沮丧，美苏冷战也迎来了最后的高潮。里根政府的海军部长小约翰·莱曼为消除越南战争后预算削减对武装力量的影响，提出了"600艘海军"的构想，要求恢复美国在主力舰方面的数量优势，以对抗急速膨胀的苏联红海军。"600艘海军"构想的核心之一是把海军一线航母由13－14艘提升到15艘。为了达到这一目标，莱曼与纽波特纽斯船厂签署了将两艘航母建造权捆绑出售的合同，再用这个总金额大大降低的方案去游说国会，最终国会在1983年和1988年两次为航母工程拨款，相当于总共新建了4艘"尼米兹"级，这就是1988－1996年才相继下水的CVN-72到CVN-75（"亚伯拉罕·林肯"号、"乔治·华盛顿"号、"约翰·斯坦尼斯"号、"哈里·杜鲁门"号）。这意味着美国到2000年为止至少会有9艘核动力航母，其中8艘为"尼米兹"

级。

不过莱曼把一线航母数量增加到15艘的设想没能真正实现。他打算启封"奥里斯坎尼"号，但该舰需要彻底检修，效费比太低。美国海军在1987－1990年的航母总数一直是13－14艘。1990－1992年，服役近半个世纪的3艘"中途岛"级退役（其中CV-42"富兰克林·罗斯福"号则早在1977年即退役），随后"佛瑞斯特"级也逐步离开一线。因为"尼米兹"级后续舰的建造时间较长，美国在20世纪最后十年里的航母数量保持在12艘，"小鹰"号、"星座"号、"约翰·肯尼迪"号这3艘常规动力航母一直服役到21世纪。

不过，随着戈尔巴乔夫在1985年上台，美苏关系开始趋向缓和，美军航母更多地还是用于地区冲突和进行北约联合作战。

▲1981－1987年担任美国海军部长的小约翰·莱曼。

1980年4月24－25日（当时还是卡特总统任内），在解救被伊朗扣押的美国人质的"鹰爪行动"中，"尼米兹"号派出了8架RH-53D直升机去装运解救人质的突击队，不过行动因为天气原因取消，1架直升机与运输机相撞坠毁，另有4架直升机因故障被抛弃。不过第二年的8月19日，当2架利比亚苏-22攻击机试图在锡德拉湾进行挑衅时，"尼米兹"号的F-14轻松将它们击落，史称"第一次锡德拉湾事件"。之后，美国航母继续在地中海参与实战，1983年12月，为报复当年10月黎巴嫩真主党分子对贝鲁特机场的恐怖袭击（炸死241名美军和58名法军），"独立"号和"约翰·肯尼迪"号空袭攻击了叙利亚军队在黎巴嫩的防空导弹阵地，损失1架A-6E和1架A-7E。

为惩戒在欧洲多次恐怖主义活动中表现"活跃"的利比亚，1986年初，第6舰队的"珊瑚海"号、"萨拉托加"号和"美国"号组成TF60，越过利比亚在锡德拉湾单方面划定的"死亡线"，向对方宣示实力。3月24日晚，从"美国"号和"萨拉托加"号起飞的A-6E用"石眼"集束炸弹击沉了一艘靠近美国舰队的利比亚导弹快艇，击毁苏制轻型护卫舰"艾因-扎奎特"号，A-7E"海盗Ⅱ"攻击机则用AGM-88"哈姆"反辐射导弹摧毁了对方引导防空导弹的岸基雷达。25日白天，"珊瑚海"号的A-6E又重创另一艘苏制轻型护卫舰"伊安米拉"号，结束了这次代号"草原烈火"的示威行动。

但此后利比亚继续支持极端势力攻击

▲ 为达成小约翰·莱曼提出的"600艘海军"的目标，美国在1980年代解封了4艘"衣阿华"级战列舰。图为与"珊瑚海"号并排航行的BB-62"新泽西"号战列舰，摄于1969年越南战争期间，"新泽西"号随即于当年12月17日退役；1982年12月28日，因应莱曼的"600艘海军"计划再度启封，并一直服役到1991年2月8日才最终永久退役。

欧洲国家，并于1986年4月5日在西柏林一家舞厅策划了爆炸案，英美两国遂决定联合对利比亚进行空袭。英军从本土机场派出18架F-111F攻击机，第6舰队则从"珊瑚海"号和"美国"号派出15架A-6E、6架A-7E和6架F/A-18，于1986年4月15日凌晨对的黎波里和班加西的几个军事目标发动空袭，摧毁14架MiG-23战斗机、3－5架Il-76运输机、2架直升机和少数地面目标，但未能炸死利比亚领导人卡扎菲，英军一架F-111被击落。此后在1989年1月4日，"约翰·肯尼迪"号的2架F-14A再度于锡德拉湾上空击落2架接近的利比亚MiG-23战斗机，此即"第二次锡德拉湾事件"。

苏联解体前夕的1990年8月2日，伊拉克入侵科威特，当时正在印度洋和东地中海活动的"独立"号、"德怀特·艾森豪威尔"号两艘航母第一时间赶往阿拉伯半岛。至1991年1月17日"沙漠风暴行动"开始前，美军在红海已经集结了"美国"号、"约翰·肯尼迪"号、"萨拉托加"号和"西奥多·罗斯福"号4艘航母，在波斯湾则有"中途岛"号与"突击者"号，舰载机共计400余架。在42天的空袭中，它们总计出动了2万架次的攻击队，投下1万吨以上弹药，击落3架伊拉克飞机，己方损失7架，出击架次占整个空袭总架次的24%（美军在沙特有陆上基地，航母舰载机担负的空袭任务相对较轻）。这也是开工于二战时期的"中途岛"号最后一次参与实战，一年后它正式退役，

▲2005年一艘驳船将退役的A-6攻击机运到墨西哥湾，准备沉入海中充作人工渔礁。

结束了二战航母在美国海军中的服役史。一同成为历史的还有A-7E"海盗Ⅱ"重型攻击机，它是A-4"天鹰"最称职的后继型号。1997年，A-6"入侵者"也完成了历史使命，一线航母改由F-14和F/A-18来执行对岸、对舰攻击任务，这符合从1970年代开始的舰载机功能多元化、种类精简化的总体趋势。在1992－1995年的波黑战争、1993年的索马里战争与1996年的第三次台海危机中，美军航母依然活跃，在制空作战和常规威慑方面表现优良。

进入21世纪的美国航母

历史并不重复其自身。尽管威胁最大的对手苏联海军在1991年之后已经土崩瓦解，但进入21世纪，美国航母在技术和战略上依旧面临新的挑战。在阿富汗和伊拉克的"反恐战争"就是一个例子：2001年10－12月对阿富汗的空袭，动用了"卡尔·文森"号、"企业"号、"小鹰"号3艘航母，2003年进攻伊拉克的"自由伊拉克行动"则出动了5艘航母，舰载机成功地扫荡了对手本来就弱不禁风的防空系统，但没有能够统领全局。面对为数众多但部署分散、以游击战方式弥补技术差距的武装分子，美军不得不投入地面部队，进行漫长而低效的清扫。

另一方面，伴随"佛瑞斯特"级和"小鹰"级的老化裁汰，海军一线航母的完全核动力化已经成为定局。但将近10万吨的"尼米兹"级在当今世界显得曲高和寡，昂贵的造价使其建造只能以极其缓慢的速度继续进行：里根政府任内列入计划的八号舰CVN-75"哈里·杜鲁门"号直到1998年才告完工，造价已经升至45亿美元；而2009年1月服役的十号舰CVN-77"乔治·布什"号的造价达到了惊人的62亿美元。伴随着最后两艘常规动力航母"约翰·肯尼迪"号和"小鹰"号在2007年与2009年相继退役,美国海军在21世纪第一个十年结束时的航母数量下降到了11艘(10艘"尼米兹"级和"企业"号),而久经沙场的"大E"也已在2012年12月1日宣布退役,这意味着"尼米兹"级已经成为了美国现役唯一一型航母。到2015年之前,美军将始终维持10艘一线航母的兵力,这是1951年以来的最低谷。

为"尼米兹"级准备继承者一事从1990年代初就开始筹划了。设在诺斯罗普－格鲁曼(Northrop Grumman)的纽波特纽斯船厂的航母改革中心认为,首舰开工于1968年的"尼米兹"级本质上只是"佛瑞斯特"级的大型化和核动力化版本,而"佛瑞斯特"级的设计体现的是1950年代初的技术水平和造舰风格。尽管这一平台具有开放性、通用性等优点,但下一代航母必须确立令其他国家望尘莫及的技术优势,用前沿性的科技成果证明美国在超级航母方面独一无二的地位。结果,新航母CVN-78级预定将集成隐形外观设计、新型核反应堆、电磁弹射器等全盘革新的理念。

由于采用众多新技术,CVN-78仅研发阶段费用就超过10亿美元,不出所料地被国防部直接"枪毙"了——说到底,"尼米兹"级在30年前就确立了美国在超级航母领域"独孤求败"的地位,苏联解体之后,几乎不可能有哪个国家从系统的水平上超越"尼米兹"级。这个系统不光是指单独的舰载机、电子设备、船壳、动力设备和弹射器,更重要的是以上这些要件组合起来之后的相互适应和匹配,以及母舰在全寿命周期内的运行成本。而美国在陆军和空军装备方面还有许多待更新的项目,哪一项都比航母具有更高的优先度和更紧迫的资金需求。更何况21世纪初的美国连续经历经济动荡,不可能像1950年代那样无休止地为航母花钱,最终的结果必然是妥

▲1994年5月1日,波斯湾部署期间,美国海军第14舰载机联队的机群飞越其母舰CVN-70"卡尔·文森"号上空,这些飞机隶属于VF-11和VF-31战斗机中队的F-14D"雄猫"、VS-35反潜中队的S-3B"北欧海盗"、VFA-113和VFA-25战斗攻击机中队的F/A-18C(N)"大黄蜂"、VAQ-139战术电子战中队的EA-6B"徘徊者"、VA-196攻击机中队的A-6E"入侵者",带头的是VAW-113舰载空中预警中队的E-2C"鹰眼"。

▲21世纪的美国航母——CVN-78"杰拉尔德·福特"号。

协。

于是,在小布什政府任内上马的"21世纪未来CVN项目"就成了一个多少有些尴尬的"分段"工程:2009年开工的CVN-78"杰拉尔德·福特"号将是CVN-77"乔治·布什"号的技术升级版本,它的飞行甲板、舰岛和核反应堆采用了新设计,蒸汽弹射器将为当今世界独一无二的电磁弹射器所取代,拦阻设备和搜索雷达也是新产品。但"杰拉尔德·福特"号在吨位和主尺度上与"尼米兹"级基本一致,它不可能搭载更多的飞机(虽然型号可能更新),弹药装载量和航速也没有超过"尼米兹"级,这意味着CVN-78在几项"硬性"指标上没有超过"尼米兹"级,它的问世主要是

和平时期财政压力的结果。"杰拉尔德·福特"号的最终花费将在100亿美元左右,相当于4艘最新型两栖攻击舰,预定于2015年完工服役(已延至2016年初),随后还将建造两艘同型舰CVN-79"约翰·肯尼迪"号与CVN-80"企业"号,分别在2020年和2025年入役,届时将替换"尼米兹"号与"德怀特·艾森豪威尔"号,而美国的一线航母将长期维持在10-11艘的水平。

▲主体结构已经完工、即将下水的CVN-78"杰拉尔德·福特"号核动力航空母舰。摄于2013年10月11日,纽波特纽斯船厂干船坞。

二战后美国海军航母列表

舰队航母

埃塞克斯级

CV/CVA/CVS-9 "埃塞克斯" 号

CV/CVA/CVS-10 "约克城" 号(M)

CV/CVA/CVS-11 "勇猛" 号(M)

CV/CVA/CVS-12 "大黄蜂" 号(M)

CV/CVA/CVS-13/AVT-8 "富兰克林" 号

CV/CVA/CVS-14 "提康德罗加" 号

CV/CVA/CVS-15 "伦道夫" 号

CV/CVA/CVS/CVT-16/AVT-16 "列克星敦" 号(M)

CV/CVA/CVS-17/AVT-9 "邦克山" 号

CV/CVA/CVS-18 "黄蜂" 号

CV/CVA-19 "汉考克" 号

CV/CVA/CVS-20 "本宁顿" 号

CV/CVA/CVS-21/LPH-4 "拳师" 号

CV/CVA-31 "好人理查德" 号

CV/CVA/CVS-32/AVT-10 "莱特" 号（战后服役）

CV/CVA/CVS-33 "奇尔沙治" 号（战后服役）

CV/CVA-34 "奥里斯坎尼" 号（战后服役）

CV-35 "报复" 号（战后终止建造）

CV/CVA/CVS-36 "安提坦" 号

CV/CVA/CVS-37/LPH-5 "普林斯顿" 号（战后服役）

CV/CVA/CVS-38 "香格里拉" 号

CV/CVA/CVS-39 "尚普兰湖" 号

CV/CVA/CVS-40/AVT-12 "塔拉瓦" 号（战后服役）

CV/CVA/CVS-45/LPH-8 "福吉谷" 号（战后服役）

CV-46 "硫黄岛" 号（战后终止建造）

CV/CVA/CVS-47/AVT-11 "菲律宾海" 号（战后服役）

CV-50 （战后取消建造）

CV-51 （战后取消建造）

CV-52 （战后取消建造）

CV-53 （战后取消建造）

CV-54 （战后取消建造）

CV-55 （战后取消建造）

中途岛级

CVB/CVA/CV-41 "中途岛" 号(M)

CVB/CVA/CV-42 "富兰克林·罗斯福" 号

CVB/CVA/CV-43 "珊瑚海" 号

CVB-44 （战后取消建造）

CVB-56 （战后取消建造）

CVB-57 （战后取消建造）

合众国级

CVA-58 "合众国" 号（取消建造）

佛瑞斯特级

CVA/CV-59 "佛瑞斯特" 号(R)

CVA/CV-60 "萨拉托加" 号(R)

CVA/CV-61 "突击者" 号(R)

CVA/CV-62 "独立" 号(R)

小鹰级

CVA/CV-63"小鹰"号(R)

CVA/CV-64"星座"号(R)

CVA/CV-66"美国"号（2005年作为靶舰击沉）

企业级

CVAN/CVN-65"企业"号（拆解中，预计2015年完成）

约翰·肯尼迪级

CVA/CV-67"约翰·肯尼迪"号(R)

尼米兹级

CVAN/CVN-68"尼米兹"号（现役）

CVN-69"德怀特·艾森豪威尔"号（现役）

CVN-70"卡尔·文森"号（现役）

CVN-71"西奥多·罗斯福"号（现役）

CVN-72"亚伯拉罕·林肯"号（现役）

CVN-73"乔治·华盛顿"号（现役）

CVN-74"约翰·斯坦尼斯"号（现役）

CVN-75"哈里·杜鲁门"号（现役）

CVN-76"罗纳德·里根"号（现役）

CVN-77"乔治·布什"号（现役）

杰拉尔德·福特级

CVN-78"杰拉尔德·福特"号（在建）

CVN-79"约翰·肯尼迪"号（第二代，在建）

CVN-80"企业"号（第二代，计划）

【注1】舰名后带有M字样的是退役后改为博物馆的航母，带有R字样的是退役后封存的航母，其余未注明者为已经拆解或作为靶舰击沉而永久除籍的航母。

【注2】"埃塞克斯"级的CV-13"富兰克林"号与CV-17"邦克山"号在战时舰体严重受损，自1947年起就处于封存状态。虽然它们的编号也相继变更为CVA、CVS和AVT，但始终没有启封再入役，直到1960—1970年代解体。

【注3】"埃塞克斯"级航母中，CV-35"报复"号和CV-46"硫黄岛"号，以及CV-50至CV-55六舰在战后取消建造；"中途岛"级的CVB-44、CVB-56和CVB-57也在战后取消建造，但因已列入预算，故保留舰号序列。

【注4】美国海军官方分类中将"约翰·肯尼迪"号单独列为一级，但也有资料将其列入"小鹰"级，或有将"小鹰"级和"约翰·肯尼迪"级均列为"佛瑞斯特"级航母之下的小改进亚型。

【注5】"尼米兹"级航母中，CVN-71至CVN-75这五艘航母也被列为"西奥多·罗斯福"级，CVN-76和CVN-77则被列为"罗纳德·里根"级，但都属于"尼米兹"级中的亚型，美国海军官方则仍将其统一称为"尼米兹"级。

轻型航母

独立级

CVL-22"独立"号（战后报废）

CVL-23"普林斯顿"号（二战中战沉）

CVL-24"贝劳伍德"号（租与法国）

CVL-25/AVT-1"考本斯"号

CVL-26/AVT-2"蒙特雷"号

CVL-27"兰利"号（租与法国）

CVL-28/AVT-3"卡波特"号（租与西班牙）

CVL-29/AVT-4"巴丹"号

CVL-30/AVT-5"圣哈辛托"号

塞班级

CVL-48/AVT-6/AGMR-2"塞班"号

CVL-49/AVT-7/CC-2"莱特"号

【注6】"独立"级轻型航母一共建造9
艘，CVL-23"普林斯顿"号已在1944年的
莱特湾海战中战沉，CVL-22"独立"号战
后作为1946年"比基尼核试爆"的靶舰而报
废。另7艘"独立"级和2艘"塞班"级轻
型航母在朝鲜战争爆发后启封服役，其中
CVL-24"贝劳伍德"号和CVL-27"兰利"
号根据《共同防御援助法案》在启封整修
后直接租借给法国；CVL-28"卡波特"号
战后历经两度退役在1965年再度启封翻修后
于1967年租借给西班牙，详见后文法、西两
国航母章节的介绍。

护航航母

博格级

CVE/CVHE-9"博格"号

CVE/CVHE/CVU-11/AKV-40"卡德"号

CVE/CVHE-12"科帕希"号

CVE/CVHE/CVU-13/AKV-41"科尔"号

CVE/CVHE-16"拿骚"号

CVE/CVHE-18"阿尔塔马哈"号

CVE/CVHE-20"巴恩斯"号

CVE/CVHE/CVU-23/AKV-42"布雷
顿"号

CVE/CVHE/CVU-25/AKV-43"科罗
坦"号

CVE/CVHE-31"威廉亲王"号

桑加蒙级

CVE-26"桑加蒙"号

CVE/CVHE-27"苏万尼"号

CVE/CVHE-28"切南戈"号

CVE/CVHE-29"桑提"号

卡萨布兰卡级

CVE/CVHE-57"安齐奥"号

CVE/CVU-58"科雷吉多尔"号

CVE/CVU-59"米森湾"号

CVE/CVU-60"瓜达尔卡纳尔"号

CVE/CVU-61"马尼拉湾"号

CVE/CVU-62"纳托马湾"号

CVE/CVU-64"的黎波里"号

CVE/CVU-66"白平原"号

CVE/CVHE-69"卡桑湾"号

CVE/CVHE-70"方肖湾"号

CVE/CVU-74/AKV-24"奈汉塔湾"号

CVE/CVHE-75/AKV-25"霍加特湾"号

CVE/CVU-76/AKV-26"卡达珊湾"号

CVE/CVHE-77/AKV-27"马尔库斯
岛"号

CVE/CVHE-78/AKV-28"萨沃岛"号

CVE/CVU-80"佩卓夫湾"号

CVE/CVU-81/AKV-29"鲁戴尔德湾"号

CVE/CVHE-82"萨吉诺湾"号

CVE/CVU-83"萨金特湾"号

CVE/CVU-84"沙姆洛克湾"号

CVE/CVHE-85"希普利湾"号

CVE/CVU-86/AKV-30"锡特克湾"号

CVE/CVHE-87"斯蒂马尔湾"号

CVE/CVU-88"埃斯佩兰斯角"号

CVE/CVU-89/AKV-31"塔坎尼斯湾"
号

CVE-90/CVHA-1/LPH-6"忒提斯湾"号

CVE/CVU-91 "望加锡海峡" 号

CVE/CVU-92 "温丹湾" 号

CVE/CVU-94/AKV-32 "隆加角" 号

CVE/CVU-97/AKV-33 "荷兰迪亚" 号

CVE/CVU-98/AKV-34 "夸贾林" 号

CVE/CVU-100/AKV-35 "布干维尔" 号

CVE/CVHE-101/AKV-36 "马塔尼考" 号

CVE/CVU-104 "蒙达" 号

科芒斯曼特湾级

CVE/CVHE-105/AKV-37 "科芒斯曼特湾" 号

CVE-106/LPH-1/AKV-38 "布洛克岛" 号

CVE-107/AKV-39 "吉尔伯特群岛" 号

CVE-108/AKV-8 "库拉湾" 号

CVE/CVHE-109/AKV-9 "格洛斯特角" 号

CVE-110/AKV-10 "萨勒诺湾" 号

CVE/CVHE-111/AKV-11 "韦拉湾" 号

CVE-112/AKV-12 "锡博内" 号

CVE/CVHE-113/AKV-13 "普吉特湾" 号

CVE-114/AKV-14 "伦多瓦" 号

CVE-115/AKV-15 "贝罗科" 号

CVE-116/AKV-16 "巴东海峡" 号

CVE/CVHE-117/AKV-17 "塞多尔" 号

CVE-118/AKV-18 "西西里" 号

CVE-119/AKV-19 "克鲁兹角" 号

CVE-120/AKV-20 "民都洛" 号

CVE/CVHE-121/AKV-21 "拉包尔" 号

CVE-122/AKV-22 "帕劳" 号

CVE/CVHE-123/AKV-23 "提尼安" 号

【注7】二战中美国海军大量服役的护航航母在战后大批退役，但有一些舰龄较短、维护较好的航母在二战结束后并未退役，而是作为训练舰、直升机起降试验舰、飞机运输舰、小艇修理舰等辅助舰种，继续使用到1960年代后。二战中战沉的护航航母不在此列表当中。

两栖攻击舰

硫黄岛级

LPH-2 "硫黄岛" 号

LPH-3 "冲绳" 号

LPH-7 "瓜达尔卡纳尔" 号

LPH-9 "关岛" 号

LPH-10 "的黎波里" 号

LPH-11 "新奥尔良" 号

LPH-12 "仁川" 号

塔拉瓦级

LHA-1 "塔拉瓦" 号

LHA-2 "塞班" 号

LHA-3 "贝劳伍德" 号

LHA-4 "拿骚" 号

LHA-5 "贝里琉" 号

美国级

LHA-6 "美国" 号（在建）

LHA-7 "的黎波里" 号（在建）

黄蜂级

LHD-1 "黄蜂" 号

LHD-2 "埃塞克斯" 号

LHD-3 "奇尔沙治" 号

LHD-4 "拳师" 号

LHD-5 "巴丹" 号

LHD-6 "好人理查德" 号

LHD-7 "硫黄岛" 号

LHD-8 "马金岛" 号

【注8】LPH、LHA、LHD均为第二次中东战争以后由直升机航母发展而来的两栖攻击军舰，带有飞行甲板和船坞，可携带直升机、垂直起降飞机及登陆艇，执行两栖突击和进攻任务。只因其外观与航母相近而列入本文，虽有时也被称为直升机母舰，但严格说来并不属于航母。

舰种代号

CV 舰队航母

CVB 大型舰队航母

CVL 轻型舰队航母

CVA 攻击型舰队航母

CVS 反潜支援航母/反潜航母

CVAN 核动力攻击型舰队航母

CVN 核动力舰队航母

CVT 训练航母

CVE 护航航母

CVHE 直升机护航航母

CVU 通用航母

AKV 飞机运输舰

AVT 飞机运输舰/辅助飞机着陆训练舰

LPH 两栖攻击舰（直升机）

LHA 两栖攻击舰（通用）

LHD 两栖攻击舰（多用途）

SCS 制海舰

CVV 中型航母

VSS 垂直/短距起降飞机支援舰

埃塞克斯级（Essex class）舰队航母

单看完工时的数据，1940年设计的"埃塞克斯"级只能说是一种优秀但不吸引眼球的"后条约航母"。它们是美国在"海军假日"结束后第一批按照全新设计建造的航母，基本上是CV-5"约克城"级的放大，在防护结构尤其是飞行甲板的保护方面似乎不如英、日两国的装甲航母。但"埃塞克

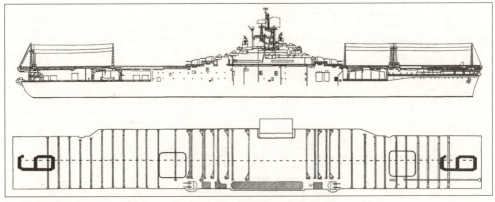

▲ "埃塞克斯"号航母结构图，1943年状态。当时仍为直通式甲板。

斯"级有两大优点：一是继承了美国航母追求全甲板攻击的传统，飞行甲板面积和机库空间相当富余，这为该型舰日后多次改装、包括搭载新型喷气式飞机提供了可能；至于甲板防护不足、开放舰不能承受高海况等弱点，在现代化改装中可以及时弥补。作为对比，英国的"光辉"级和"怨仇"级装甲航母虽然在完工时以优良的防护著称，但机库空间狭小、装甲盒与舰体结构融合的设计很难做出调整，结果进入喷气机时代，这几艘舰龄不满十年的准新舰无法搭载高度和体积增加的喷气式飞机，只能白白淘汰。二是它们采用了标准化、通用化的设计思路，不仅方便了战时快速建造，日后进行改造和再武装也十分方便。从后来的使用情况看，"埃塞克斯"级的设计合理度和系统的余裕度值得称道，后来的"佛瑞斯特"级超级航母也借鉴了这一思路。

1945年二战结束之际，"埃塞克斯"级已经建成17艘，9艘还在施工或舾装，最终建成的总数为24艘，是人类历史上单型产量最大的一款主力战舰。1943－1945年，它

们是美国快速航母特混舰队（FCTF）的基干，战后又成为喷气式时代初期美国海航的主力航母。从1948年到1955年，有15艘"埃塞克斯"级进行了代号SCB-27A或SCB-27C的现代化改装，前者的内容包括加固飞行甲板、改装封闭舰和新型舰岛、拆除老式高射炮、扩大航空燃料舱以及安装喷气导流板，后者则包括换装新的蒸汽弹射器和载重量更大的升降机。1955－1957年，以上15艘航母除了CV-39，又接受了代号SCB-125的改装，在左舷加装了斜角甲板。8艘改为CVS的本型舰在1960年还进行了代号FRAM（舰队重建与现代化升级项目）的改造，安装舰首声呐整流罩和其他新设备，并继续服役至1974年。

从太平洋战争、朝鲜战争、古巴导弹危机到越南战争，"埃塞克斯"级作为美国海军航空兵的主力奋战达30年之久，直到最新的"尼米兹"级核动力航母开始服役才彻底淘汰。此后还有多艘本型舰作为训练航母和飞机运输舰继续发挥余热。今天，有4艘"埃塞克斯"级（"约克城"号、"勇猛"号、"大黄蜂"号、"列克星敦"号）作为博物馆舰保存下来，退役后一直没有解体的"奥里斯坎尼"号则在2006年作为靶舰击沉，成为人工渔礁。

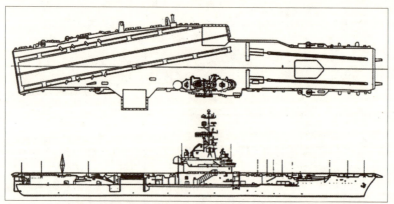

▲SCB-27C/125A改装之后的"奥里斯坎尼"号，更换成了蒸汽弹射器和斜角甲板。

SCB-27A改装后

排 水 量	标准28404吨，满载40600吨
主 尺 度	273.8（全长）/249.7（水线长）×30.9×9.1米
动 力	4台"威斯汀豪斯"式蒸汽轮机，8座"巴布科克－威尔考克斯"式燃油锅炉，功率150000马力，航速30节，续航力15000海里/15节
舰 载 机	常用约80架
弹 射 器	2座液压弹射器
升 降 机	3部
火 力	8门Mk.12型127毫米L/38高炮，28门76毫米L/50高炮（双联×14）
电子设备	SPS-6型对空雷达（后更换为SPS-12及SPS-29），SPS-8型对空雷达（最初为SX型，后更换为SPS-30），SC或SR型航空管制雷达；SQS-23型声呐（仅CVS装备）
编 制	2905人

SCB-27C改装后

排 水 量	标准30580吨，满载43060吨
主 尺 度	272.7（全长）/250.0（水线长）×31.4×9.2米
动 力	4台"威斯汀豪斯"式蒸汽轮机，8座"巴布科克－威尔考克斯"式燃油锅炉，功率150000马力，航速29.1节，续航力15000海里/15节
舰 载 机	常用约80架
弹 射 器	2座C-11型蒸汽弹射器
升 降 机	3部
火 力	4门Mk.12型127毫米L/38高炮
电子设备	SPS-12型对空雷达，SPS-8型对空雷达（后更换为SPS-37A及SPS-30），SR型航空管制雷达（后更换为SPS-12）
编 制	舰员2585人，航空人员960人

"埃塞克斯"号（USS Essex，CV/CVA/CVS-9）

建造厂：纽波特纽斯造船厂

1941.4.28开工，1942.7.31下水，1942.12.31服役

1948.9－1951.2接受SCB-27A改装，1952.10.1改为攻击型航母，1955.3－1956.3接受SCB-125改装，1960.3.8改为反潜航母，1962.3.25接受FRAM改装

1969.6.30退役，1975.6出售解体

舰名由来：埃塞克斯郡位于今马萨诸塞州，是北美独立运动最早爆发的新英格兰地区之名城。第一代"埃塞克斯"号系1799年下水的炮舰，本舰为同名第四代

旗语/无线电代码：NAGO

战术无线呼叫代码：Banknote

"约克城"号（USS Yorktown，CV/CVA/CVS-10）

建造厂：纽波特纽斯造船厂

1941.12.1开工，1943.1.21下水，1943.4.15服役

1951.2－1953.1接受SCB-27A改装，1952.10.1改为攻击型航母，1955.3－1955.10接受SCB-125改装，1957.9.1改为反潜航母，1967.2.24接受FRAM改装

1970.6.27退役，1975.10作为南卡罗来纳州的纪念舰保存至今

舰名由来：原定舰名为"好人理查德"号，1942年9月为纪念战沉的第一代"约克城"号航母CV-5而改名。本舰为第四代同名舰

旗语/无线电代码：NWKJ

战术无线呼叫代码：Ocean Wave

"勇猛"号（USS Intrepid，CV/CVA/CVS-11）

建造厂：纽波特纽斯造船厂

1941.12.1开工，1943.4.26下水，1943.8.16服役

1951.9－1954.6接受SCB-27C改装，1952.10.1改为攻击型航母，1956.1－1957.5接受SCB-125改装，1962.3.31改为反潜航母，1965.4接受FRAM改装

1974.3.15退役，1982.4作为纽约市的纪念舰保存至今

舰名由来：第一代"勇猛"号系美国海军1803年在的黎波里俘获的柏柏尔人帆船。本舰为同名第四代

绰号：好战的I（Fighting I）

旗语/无线电代码：NBQK

战术无线呼叫代码：Atlas

▲1960年代的"埃塞克斯"级航母"列克星敦"号。它在1961年装备全套雷达设备后成为反潜航母CVS-16，但仍只在墨西哥湾作为飞机训练舰使用。注意右舷甲板上仍设有开放式炮塔，装备的是Mk.24型127毫米L/38高炮，直到1969年才移除。

"大黄蜂"号（USS Hornet，CV/CVA/CVS-12）

建造厂：纽波特纽斯造船厂

1942.8.3开工，1943.8.30下水，1943.11.29服役

1951.6－1953.10接受SCB-27A改装，1952.10.1改为攻击型航母，1955.8－1956.8接受SCB-125改装，1958.7.12改为反潜航母，1964.4接受FRAM改装

1970.6.26退役，1989.7作为纪念舰保存至今，停泊于加州旧金山阿拉米达海军航空站

舰名由来：原定舰名为"奇尔沙治"号，1943年1月为纪念战沉的第一代"大黄蜂"号航母CV-8改为现名。本舰为同名第八代

旗语/无线电代码：NBGC

战术无线呼叫代码：Juno

"富兰克林"号（USS Franklin，CV/CVA/CVS-13/AVT-8）

建造厂：纽波特纽斯造船厂

1942.12.7开工，1943.10.14下水，1944.1.31服役

1947.2.17退役，1952.10.1改为攻击航母，1953.8.8改为反潜航母，1959.5.15改为飞机运输舰

1966.8出售解体

舰名由来：美国海军前四代"富兰克林"号是纪念美国国父之一、北美独立运动的重要倡导者和领袖本杰明·富兰克林。本舰为同名第五代，这也是美国海军第一艘用人名命名的航母（CV-1"兰利"号为试验舰）

绰号：大本（Big Ben）

旗语/无线电代码：NFBM

"提康德罗加"号（USS Ticonderoga，CV/CVA/CVS-14）

建造厂：纽波特纽斯造船厂

1943.2.1开工，1944.2.7下水，1944.5.8服役

1951.7－1954.12接受SCB-27C改装，1952.10.1改为攻击型航母，1955.11－1957.2接受SCB-125改装，1969.10.21改为反潜航母

1973.9.1退役，1974.8.15出售解体

舰名由来：原定舰名为"汉考克"号，1943年5月改为现名。提康德罗加要塞位于尚普兰湖地区，北美独立战争中于1775年被佛蒙特州民兵攻克。本舰为第四代同名舰

旗语/无线电代码：NBMU

战术无线呼叫代码：Panther

▲1968年7月31日，离开珍珠港正赶赴越南战场的"埃塞克斯"级航母CVA-19"汉考克"号，这次的部署任务将从1968年7月18日直到1969年3月3日。

"伦道夫"号（USS Randolph, CV/CVA/CVS-15）

建造厂：纽波特纽斯造船厂

1943.5.10开工，1944.6.28下水，1944.10.9服役

1951.6－1953.7接受SCB-27A改装，1952.10.1改为攻击型航母，1955.7－1956.2接受SCB-125改装，1959.3.31改为反潜航母，1960.8接受FRAM改装

1969.2.13退役，1975.5出售解体

舰名由来：纪念北美独立战争前第一届大陆会议主席佩顿·伦道夫（1721－1775）。本舰为同名第二代

旗语/无线电代码：NWBD

战术无线呼叫代码：Johnstown

"列克星敦"号（USS Lexington, CV/CVA/CVS/CVT/AVT-16）

建造厂：伯利恒钢铁公司福尔河船厂

1941.7.15开工，1942.9.23下水，1943.2.17服役

1952.10.1改为攻击型航母，1951.7－1955.9接受SCB-27C/125改装

1962.10.1改为反潜航母，1969.1改为训练航母

1991.11.8退役，1992.6.15作为纪念舰保存至今，停泊于得克萨斯州

舰名由来：原定舰名为"卡波特"号，1942年6月改为现名，以纪念在珊瑚海海战中沉没的第一代"列克星敦"号航母CV-2。本舰为同名第六代

绰号：蓝鬼（The Blue Ghost）、列克斯夫人（Lady Lex）

旗语/无线电代码：NBGV

战术无线呼叫代码：Spartan

"邦克山"（USS Bunker Hill, CV/CVA/CVS-17/AVT-9）

建造厂：伯利恒钢铁公司福尔河船厂

1941.9.15开工，1942.12.7下水，1943.5.24服役

1947.1.9退役，1952.10.1改为攻击航母，1953.8.8改为反潜航母，1959.5改为飞机运输舰，1973.5出售解体

舰名由来：邦克山位于波士顿郊区，系1775年北美大陆军击败英军的著名战役发生地，该舰为第二代。但第一代"邦克山"号是一战时征用的布雷船，因此也可将CV-17算作第一代

绰号：度假快车（Holiday Express）

旗语/无线电代码：NBAP

战术无线呼叫代码：Expose

"黄蜂"号（USS Wasp, CV/CVA/CVS-18）

建造厂：伯利恒钢铁公司福尔河船厂

1942.3.18开工，1943.8.17下水，1943.11.24服役

1948.9－1951.9接受SCB-27A改装，1952.10.1改为攻击型航母，1955.5－1956.12接受SCB-125改装，1956.11.1改为反潜航母，1963.7.23接受FRAM改装

1972.7.1退役，1973.5出售解体

舰名由来：原定舰名为"奥里斯坎尼"号，1942年11月改为现名，以纪念战沉的第一代"黄蜂"号航母CV-7。本舰为同名第九代

旗语/无线电代码：NALJ

"汉考克"号（USS Hancock，CV/CVA-19）

建造厂：伯利恒钢铁公司福尔河船厂
1943.1.26开工，1944.1.24下水，1944.4.15服役
1951.7－1954.3接受SCB-27C改装，1952.10.1改为攻击型航母，1955.8－1956.11接受SCB-125改装，1975.6.30重新定级为舰队航母
1976.1.30退役，1976.9.1出售解体
舰名由来：原定舰名为"提康德罗加"号，1943年5月改为现名，以纪念美国国父之一、第二届大陆会议主席和独立宣言首位签署者约翰·汉考克（1737－1793）。本舰为同名第五代
旗语/无线电代码：NWLD
战术无线呼叫代码：Rampage

"本宁顿"号（USS Bennington，CV/CVA/CVS-20）

建造厂：纽约海军船厂
1942.12.15开工，1944.2.28下水，1944.8.6服役
1950.10－1952.11接受SCB-27A改装，1952.10.1改为攻击型航母，1954.7－1955.4接受SCB-125改装，1959.6.30改为反潜航母，1962.9.14接受FRAM改装
1970.1.15退役，1994.1.12出售解体
舰名由来：本宁顿镇位于今佛蒙特州，系北美独立战争中1777年本宁顿战役的发生地。第一代"本宁顿"号系美西战争中的炮舰，本舰为同名第二代
旗语/无线电代码：NUBR
战术无线呼叫代码：Big Boy

▲1956年下半年，行进中的"埃塞克斯"级航母CVA-31"好人理查德"号。1956年8月16日至1957年2月28日CVA-31搭载CVG-21舰载机大队部署于西太平洋。

"拳师"号（USS Boxer，CV/CVA/CVS-21/LPH-4）

建造厂：纽波特纽斯造船厂
1943.9.13开工，1944.12.14下水，1945.4.16服役
1952.10.1改为攻击型航母，1955年11月15日改为反潜航母，1959.1.30改为两栖攻击舰
1969.12.1退役，1971.2出售解体
舰名由来：美国海军传统舰名，沿用自独立战争中俘获的英国军舰"拳师"号。本舰为同名第五代
旗语/无线电代码：NXOP

"好人理查德"号（USS Bon Homme Richard，CV/CVA-31）

建造厂：纽约海军船厂
1943.2.1开工，1944.4.29下水，1944.11.26服役
1952.7—1955.11接受SCB-27C/125改装，1952.10.1改为攻击型航母
1971.7.2退役，1992.3出售解体
舰名由来：源自法文词Bonhomme Richard。美国国父之一的本杰明·富兰克林于1732—1758年以"穷人理查德"为笔名在费城连载长篇评论集《穷人理查德年鉴》，影响广泛，此书译为法文时以"好人理查德年鉴"为名。1779年法王路易十六向抗英的大陆军赠送"杜拉斯"号巡航舰时，为了向富兰克林表达推崇之意以"好人理查德"命名，后成为美国海军传统舰名。本舰为同名第三代
绰号：邦尼迪克（Bonnie Dick）
旗语/无线电代码：NHCL

▲1963年5月15日，"埃塞克斯"级航母CVS-33"奇尔沙治"号航行在中途岛东南海域执行回收"水星—宇宙神9"太空计划的"信仰7"号飞船太空舱及其宇航员戈登·库珀的任务，水兵们在航母甲板上拼出"水星-9"的字样迎接"信仰7"号，右舷跟随行动的是DD-445"弗莱彻"号驱逐舰。

"莱特"号（USS Leyte，CV/CVA/CVS-32/AVT-10）

建造厂：纽波特纽斯造船厂
1944.2.21开工，1945.8.23下水，1946.4.11服役
1952.10.1改为攻击型航母，1953.8.8改为反潜航母
1959.5.15退役并改为飞机运输舰，1970.9出售解体
舰名由来：原定舰名为"皇冠角"号（USS Crown Point），1945年5月为纪念前一年10月的日美莱特湾海战而改名
旗语/无线电代码：NHRB
战术无线呼叫代码：Rugby

"奇尔沙治"号（USS Kearsarge，CV/CVA/CVS-33）

建造厂：纽约海军船厂
1944.3.1开工，1945.5.5下水，1946.3.2服役
1950.1－1952.3接受SCB-27A改装，1952.10.1改为攻击型航母，1956.1－1957.1接受SCB-125改装，1958.10改为反潜航母，1961.11.1接受FRAM改装
1970.2.13退役，1974.2出售解体
舰名由来：第一代"奇尔沙治"号系以新罕布什尔州的奇尔沙治山命名。南北战争中的"奇尔沙治"号曾是联邦军的著名巡航舰，此后数代战舰均沿袭该名。本舰为同名第四代（第三代CV-12后更名为"大黄蜂"号）
旗语/无线电代码：NTIL
战术无线呼叫代码：Wildcat

"奥里斯坎尼"号（USS Oriskany，CV/CVA-34）

建造厂：纽约海军船厂
1944.5.1开工，1945.10.13下水，1947.8.12接受SCB-27A改装，1950.9.25服役
1952.10.1改为攻击型航母，1956.7－1959.3接受SCB-27C/125A改装，1975.6.30重新定级为舰队航母
1976.9.30退役，2006.5.17作为靶舰击沉于墨西哥湾
舰名由来：奥里斯坎尼村位于今纽约州，系1777年萨拉托加战役的主战场之一
绰号：强大的O（Mighty O）
旗语/无线电代码：NTBI
战术无线呼叫代码：Child Play

"安提坦"号（USS Antietam，CV/CVA/CVS-36）

建造厂：费城海军船厂
1943.3.15开工，1944.8.20下水，1945.1.28服役
1952.9－1952.12加装试验型斜角甲板，1952.10.1改为攻击型航母，1953.8.1改为反潜航母
1963.5.8退役，1974.2.28出售解体
舰名由来：安提坦市位于今马里兰州，系美国南北战争中1862年安提坦战役的发生地。本舰为同名第二代
旗语/无线电代码：NHCY

◀1976年3月3日，结束最后一次部署任务回到加利福尼亚州阿拉米达美国海军航空站的CV-34"奥里斯坎尼"号，它是"埃塞克斯"级最后一艘服役的航母，也是"埃塞克斯"级最后一艘退役的一线航母，1975年9月16日到1976年3月3日结束最后一次部署任务后，从西太平洋返国退役，完成了它的历史使命，当时舰上搭载的是CVW-19舰载机联队，舰尾可见数架F-4"鬼怪Ⅱ"战斗机和A-6"入侵者"攻击机。

"普林斯顿"号（USS Princeton，CV/CVA/CVS-37/LPH-5）

建造厂：费城海军船厂
1943.9.14开工，1945.7.8下水，1945.11.18服役
1952.10.1改为攻击型航母，1954.1改为反潜航母，1959.3.2改为两栖攻击舰
1970.1.30退役，1971.5出售解体
舰名由来：原定舰名为"福吉谷"号，1944年11月21日改为现名，以纪念在一个月前莱特湾海战中沉没的第一代"普林斯顿"号航母CVL-23。本舰为同名第五代
旗语/无线电代码：NHRN
战术无线呼叫代码：Bullhorn

"香格里拉"号（USS Shangri-La，CV/CVA/CVS-38）

建造厂：诺福克海军船厂
1943.1.15开工，1944.2.24下水，1944.9.15服役
1952.7－1955.2接受SCB-27C/125改装，1952.10.1改为攻击型航母，1969.6.30改为反潜航母
1971.7.30退役，1988.8.9出售解体
舰名由来：香格里拉系詹姆斯·希尔顿小说《消失的地平线》中虚构的世外桃源。罗斯福总统在1942年空袭东京的行动后曾声称攻击队是自香格里拉起飞的，为纪念这次空袭，美国海军特将CV-38命名为"香格里拉"号
绰号：东京特快（Tokyo Express）
旗语/无线电代码：NTIF
战术无线呼叫代码：All Star

"尚普兰湖"号（USS Lake Champlain，CV/CVA/CVS-39）

建造厂：诺福克海军船厂

1943.3.15开工，1944.11.2下水，1945.6.3服役

1950.8－1952.9接受SCB-27A改装，1952.10.1改为攻击型航母，1957.8.1改为反潜航母

1966.5.2退役，1972.4.28出售解体

舰名由来：尚普兰湖位于美国和加拿大交界处，控制着通往哈德逊河的交通线。独立战争和1812年英美战争中，双方军舰曾在湖上展开水战。本舰为同名第二代

绰号：冠军（Champ）

旗语/无线电代码：NTCR

战术无线呼叫代码：Nighthawk

"塔拉瓦"号（USS Tarawa，CV/CVA/CVS-40/AVT-12）

建造厂：诺福克海军船厂

1944.3.1开工，1945.5.12下水，1945.12.8服役

1952.10.1改为攻击型航母，1955.1.10改为反潜航母

1960.5.13退役，1968.10.3出售解体

舰名由来：纪念1943年11月美国海军陆战队攻克塔拉瓦环礁之役

旗语/无线电代码：NKDT

战术无线呼叫代码：Charger

▲1955年7月，部署于西太平洋的"埃塞克斯"级序列最后一艘航母CVA-47"菲律宾海"号。

"福吉谷"号（USS Valley Forge，CV/CVA/CVS-45/LPH-8）

建造厂：费城海军船厂

1943.9.14开工，1945.7.8下水，1946.11.3服役

1952.10.1改为攻击型航母，1954.1.1改为反潜航母，1961.7.1改两栖攻击舰

1970.1.16退役，1971.10出售解体

舰名由来：福吉谷位于今宾夕法尼亚州，系北美独立战争中1777—1778年冬大陆军的主要越冬宿营地

旗语/无线电代码：NKEU

战术无线呼叫代码：Bear Cat

"菲律宾海"号（USS Philippine Sea，CV/CVA/CVS-47/AVT-11）

建造厂：伯利恒钢铁公司福尔河船厂

1944.8.19开工，1945.9.5下水，1946.5.11服役

1952.10.1改为攻击型航母，1955.11.23改为反潜航母

1958.12.28退役，1959.5.15改为飞机运输舰，1971.3.23出售解体

舰名由来：纪念1944年6月美日菲律宾海海战（即马里亚纳海战）

旗语/无线电代码：NTMU

战术无线呼叫代码：Cashew

中途岛级（Midway class）舰队航母

如果说"埃塞克斯"级是美国海军在二战时期的标准舰队航母，那么4.5万吨级的"中途岛"级就是为获取战后的海上优势而开发的重型舰队航母。除去日本那艘短命的"信浓"号（标准排水量62000吨）外，3艘"中途岛"级是1945年之前海军强国建造的最大航空母舰，不过因为战争提前结束，后续3艘同型舰的计划被取消了。在1955年"佛瑞斯特"号服役之前，它们是美国海军最强大的航母，其中至少有1艘常驻地中海，搭载重型攻击机执行核打击值班任务。

飞机进入喷气式时代后，3艘"中途

岛"级在1954－1957年先后接受了耗资4800万美元、代号SCB-110的大规模现代化改装（"珊瑚海"号接受的是SCB-110A），安装封闭式舰艏、新型舰桥、147米长的斜角甲板、3台C-11型蒸汽弹射器和透镜着舰装置，加高后的主桅上安装了SPS-8和SPS-12型对空雷达，航空燃料搭载量也有所增加。为减轻重量，部分高射炮和水线装甲被拆除，常用舰载机减少为80架。1960年代中期的几次改装继续扩大了甲板面积，使之可以起降沉重的F-4"鬼怪Ⅱ"战斗机，不过因为舰载机体积持续变大，1970年代以后载机量下降到65架左右。

从1960年代到1970年代，"中途岛"级始终是美国海基核打击力量的组成部分以及海航常规攻击部队的主力。"佛瑞斯特"

级超级航母服役后，地中海的"中途岛"级调到太平洋，在越南战争中表现活跃。1966－1970年，"中途岛"号还接受了代号为SCB-101的现代化改装，耗资达2.02亿美元。美国海军原计划在1979年之前退役这三艘军舰，不过因为"尼米兹"级后续舰的预算纠纷，海军决定将"中途岛"号与"珊瑚海"号的服役期延长十年，只淘汰现代化程度最低

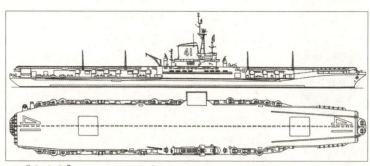

▲ "中途岛"号，1945年状态。

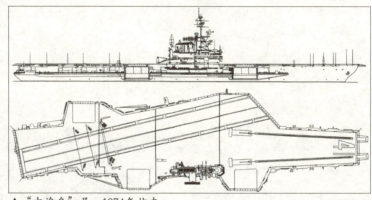

▲ "中途岛"号，1974年状态。

的"富兰克林·罗斯福"号（1977年1月12日在意大利与一艘利比里亚货船相撞，尚未修复）。1986年起，两舰上的F-4"鬼怪Ⅱ"

逐步被更先进的F/A-18"大黄蜂"取代。1990年4月"珊瑚海"号退役，在1993年作为当时被拆毁的最大海军舰艇开始解体，至

SCB-110改装后	
排 水 量	标准42710吨，满载62614吨
主 尺 度	297.9（全长）/277.4（水线长）×36.9×10.5米
动 力	4台"威斯汀豪斯"式蒸汽轮机（"富兰克林·罗斯福"号为GE式），12座"巴布科克－威尔考克斯"式燃油锅炉，功率212000马力，航速30.6节，续航力15000海里/15节
舰 载 机	常用约80架，越战后减少为65架
弹 射 器	2座C-11型蒸汽弹射器（"珊瑚海"号3座）；（"中途岛"号1970年后）2座C-13型蒸汽弹射器
升 降 机	3部
火 力	10门Mk.16型127毫米L/54高炮，18门76毫米L/50高炮（双联×9）；（"中途岛"号1992年时）2座8单元"海麻雀"舰空导弹发射装置，2座"密集阵"近防炮
电子设备	SPS-12型对空雷达，SPS-8型对空雷达（后更换为SPS-37A/43A和SPS-30；1980年加装SPS-48型三坐标对空雷达）
编 制	4060人

"中途岛"号（USS Midway，CVB/CVA/CV-41）

建造厂：纽波特纽斯造船厂
1943.10.27开工，1945.3.20下水，1945.9.10服役
1952.10.1改为攻击型航母，1954.7－1957.11接受SCB-110及斜角甲板改装，
1966－1970年接受SCB-101改装，1975.6.30改为舰队航母
1992.4.11退役，2004年起作为加州圣迭戈的海上博物馆保存至今
舰名由来：纪念1942年6月的美日中途岛海战
旗语/无线电代码：NIIW
战术无线呼叫代码：School Boy

▲1991年8月10日，"中途岛"号的水兵们在母舰的飞行甲板上排成告别字样，向这个自从1973年起就成为它母港的横须贺美国海军基地诀别。此去"中途岛"号将回国退役，所留职务由CV-62"独立"号航母接替。

◀2004年1月10日，"中途岛"号抵达它的最后驻泊地——圣迭戈海军码头，随即开始改造，于当年6月7日起作为海上博物馆对外开放迄今。

"富兰克林·罗斯福"号（USS Franklin D. Roosevelt，CVB/CVA/CV-42）

建造厂：纽约海军船厂

1943.12.1开工，1945.4.29下水，1945.10.27服役

1952.10.1改为攻击型航母，1953.10－1956.5接受SCB-110及斜角甲板改装，1975.6.30改为舰队航母

1977.10.1退役，1978.5.3出售解体

舰名由来：原定舰名为"珊瑚海"号，1945年5月8日被杜鲁门总统改为现名，以纪念二战胜利前夕去世的美国总统富兰克林·罗斯福（1882－1945）

绰号：爱出风头的弗兰克（Swanky Franky）、FDR（Foo-De-Roo）、罗西（Rosie）

旗语/无线电代码：NFDR

战术无线呼叫代码：Riptide

"珊瑚海"号（USS Coral Sea，CVB/CVA/CV-43）

建造厂：纽波特纽斯造船厂

1944.7.10开工，1946.4.2下水，1947.10.1服役

1952.10.1改为攻击型航母，1956.7－1960.3接受SCB-110A及斜角甲板改装，1975.6.30改为舰队航母

1990.4.26退役，1993.5.7出售解体

舰名由来：纪念1942年5月美日珊瑚海海战。原定舰名可能为"莱特"号，1945年5月改为此名

绰号：永恒的战士（Ageless Warrior）

旗语/无线电代码：NIJA

战术无线呼叫代码：Mustang

▲1966年9月12日，越战期间，北部湾，一艘舰队油船AO-64"托洛瓦纳"号正在为"富兰克林·罗斯福"号航母和DD-666"布莱克"号驱逐舰加油。照片由海湾上空的一架UH-2"海妖"直升机拍摄。

2000年才告完成。老而弥坚的"中途岛"号则在最后的服役时间里参加了海湾战争,与最新型的"西奥多·罗斯福"号核动力航母并肩作战。1992年4月11日"中途岛"号最终退役,随后在圣迭戈改造为世界上最大的航母博物馆,于2004年对外开放。

▲1966年7月,首途前往西太平洋越南战场的"珊瑚海"号航母,此行是它在这个战场的第二次部署任务,它将搭载CVW-2舰载机联队从1966年7月29日到1967年2月23日在该海域执勤。照片从DD-877"帕金斯"号驱逐舰上拍摄。

▲1982年3月23日,"珊瑚海"号航母正准备穿越金门大桥回到旧金山湾内的母港阿拉米达海军航空站,它刚交卸西太平洋的部署任务回国休整。

合众国级(United States class)攻击型舰队航母

从本质上看,这种夭折的攻击型航母是一系列标新立异思想的产物,它的双斜角甲板、可伸缩式舰岛以及专用作重型攻击机载具的部署思路都显得极为激进,最初的一个设计案甚至连机库也没有,24架重型轰炸机全部系留在甲板上。最终开工的方案结构更类似普通航母,但双斜角甲板和可伸缩式舰岛依然得到保留,内部空间也异常庞大,可搭载各型飞机70余架。如果没有出现后来的意外,该型舰可能最终建成5艘。不过从技术角度看,"合众国"号的夭折自有其意义:它的设计特点在后来的"佛瑞斯特"级上都得到了体现,并且更加成熟稳妥,而单纯把航母当成重型轰炸机浮动机场的思路被抛弃了。试想如果"合众国"号真的建成,它也许会在几年之内就成为一个累赘——海基核轰炸的成功率和精确度远不及陆基飞机,而专为重型攻击机采纳的许多设计对常规飞机来说又太奢侈了。

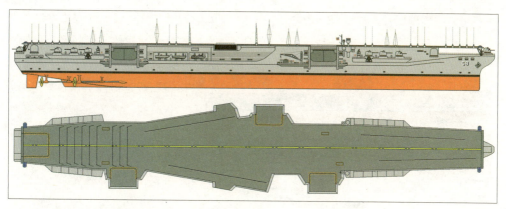

▲拥有双斜角甲板和伸缩式舰岛的"合众国"号。

排 水 量	标准66434吨，满载83249吨
主 尺 度	331.7（全长）/314.0（水线长）×38.1×10.5米
动 力	4台"威斯汀豪斯"式蒸汽轮机，8座"巴布科克－威尔考克斯"式燃油锅炉，功率280000马力，航速33节，续航力12000海里/20节
舰 载 机	常用约70架
弹 射 器	4座液压弹射器
升 降 机	4部
火 力	8门Mk.16型127毫米L/54高炮，16门76毫米L/50高炮（双联×8），20门"厄利孔"20毫米机炮
电子设备	SPS-6型对空雷达，SPS-8型对空雷达
编 制	4127人

"合众国"号（USS United States，CVA-58）（中止建造）

建造厂：纽波特纽斯造船厂

1949.4.18开工，1949.4.23工程取消

舰名由来：以美国国名命名。本舰为同名第三代，第二代"合众国"号CC-6是因《华盛顿条约》而被取消的"列克星敦"级战列巡洋舰

佛瑞斯特级（Forrestal class）舰队航母

这是美国海军第一种实用型超级航母，也是第一种在完工时就安装了蒸汽弹射器和斜角甲板的航母。它的基本设计、外观、封闭舱、机库构造乃至升降机布局成为后来所有超级航母的样板，如果说"埃塞克斯"级是二战时代的标准型航母，那么"佛瑞斯特"级就是战后美军的标准型超级航母。1980年代该型舰（"突击者"号除外）进行了的现代化改装，将服役期延长了15年，各舰改造顺序为："萨拉托加"号1980－

1983年，"佛瑞斯特"号1983－1985年，　　　"独立"号1985－1988年。不过因为苏联在1991年解体，美军减少了一线航母的数量，前三艘"佛瑞斯特"级遂提前退役，只有第7舰队的"独立"号继续部署在日本，一直使用到1998年。四艘该级舰的舰体如今依然保存完整，但"佛瑞斯特"号已于2013年10月售出准备拆解，其余三舰美国海军也已最终决定将其陆续出售拆解。

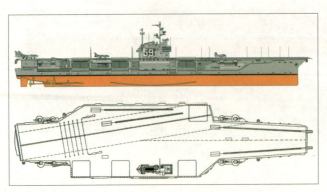

▲ "佛瑞斯特"级航母线图。

排 水 量	标准61163吨，满载78509吨
主 尺 度	316.7（全长）/301.8（水线长）×39.4×10.3米
动 　 力	4台"威斯汀豪斯"式蒸汽轮机，8座"巴布科克－威尔考克斯"式燃油锅炉，功率280000马力（"佛瑞斯特"号260000马力），航速33节；载燃油8570吨，续航力12000海里/20节
舰 载 机	常用约90架
弹 射 器	2座C-7型加2座C-11型蒸汽弹射器（"突击者"号、"独立"号为4座C-7型）
升 降 机	4部
火 　 力	（完工时）8门Mk.16型127毫米L/54高炮；（海湾战争时）3座8单元"海麻雀"舰空导弹发射装置，3座"密集阵"近防炮
电子设备	SPS-12型对空雷达，SPS-8型对空雷达（后加装SPS-29，SPS-12更换为SPS-37A/43A，SPS-8更换为SPS-30，"海麻雀"单独配有SPS-58型火控雷达）
编 　 制	舰员2764人，航空人员1912人

佛瑞斯特号（USS Forrestal，CVA/CV/AVT-59）

建造厂：纽波特纽斯造船厂

1952.7.14开工，1954.12.11下水，1955.10.1服役

1983.1－1985.4进行延寿改装，1992年改为辅助飞机起落训练舰，1993.9.11退役

舰体目前搁置于费城的"樟脑丸基地"，已于2013年10月出售，将拖往德州布朗斯维尔解体

舰名由来：以曾任海军部长和首任国防部长的詹姆斯·佛瑞斯特（1892－1949）命名，他是CVA-58项目的支持者

绰号：森林大火（Forest Fire）、Firestal、打火机（Zippo）、FID

旗语/无线电代码：NJVF

战术无线呼叫代码：Handbook

◀ 1988年8月6日，"佛瑞斯特"号航母正在通过苏伊士运河，水兵们在飞行甲板上拼出了"108"的字样，标志着本舰已在海上连续执勤108天。

▲ 1989年4月29日，"佛瑞斯特"号航母由2艘拖船护送正在通过哈德逊河口的韦拉札诺海峡大桥进入纽约港，准备参加在此地举行的一年一度的海军传统节日"舰队周"，水兵们在舰首甲板上拼出"我爱纽约"的字样，以示友好。

"萨拉托加"号（USS Saratoga，CVA/CV-60）

建造厂：纽约海军船厂
1952.12.16开工，1955.10.8下水，1956.4.14服役
1980.10－1983.1进行延寿改装，1994.8.20退役
舰体目前搁置于罗德岛州纽波特港，预定出售并在德州布朗斯维尔解体
舰名由来：以美国独立战争中的1777年萨拉托加大捷命名。本舰为同名第六代，上一代"萨拉托加"号CV-3是二战中的著名航母
旗语/无线电代码：NJRS
战术无线呼叫代码：Fairfield

▲1991年3月28日，数以百计的军人家属在岸边等待"萨拉托加"号航母靠岸，迎接舰上的亲人回家。该航母及其战斗群在波斯湾连续执行完"沙漠盾牌"行动和"沙漠风暴"行动回到佛罗里达州梅波特海军基地休整。

◀1985年12月16日，"萨拉托加"号在印度洋英国属地迪戈加西亚岛上的美军基地，这是该基地首次驻泊大型航母。

"突击者"号（USS Ranger, CVA/CV-61）

建造厂：纽波特纽斯造船厂
1954.8.2开工，1956.9.29下水，1957.8.10服役
1993.7.10退役
舰体目前搁置于华盛顿州布雷默顿的"樟脑丸基地"，虽然"突击者"号未进行延寿改装，但却保留后备舰的舰籍一直到2004年3月，预定出售解体
舰名由来：Ranger又译游骑兵，系纪念北美独立战争中担当侦察和游击战任务的游骑兵部队。本舰为同名第十代，上一代"突击者"号CV-4是美国海军的早期航母
旗语/无线电代码：NHKG
战术无线呼叫代码：Gray Eagle

◀1991年6月8日，"突击者"号航母的舰员们排列在各甲板边缘上准备登陆休假，他们刚执行完"沙漠盾牌"行动和"沙漠风暴"行动回到加州圣迭戈北岛美国海军航空站。

◀1992年4月21日，"突击者"号航母参加B-25空袭东京纪念活动，两架B-25老飞机在1500名宾客的见证下从模拟"大黄蜂"号航母的"突击者"号上起飞。1942年4月18日，16架B-25"米切尔"轰炸机从CV-8"大黄蜂"号航母上起飞轰炸日本本土，称为"杜立特空袭"。

▲1993年3月8日，刚从波斯湾执勤完毕回国的"突击者"号航母搭载第2舰载机联队（CVW-2）抵达珍珠港，三艘港口拖船YTB-814、YTB-781、YTB-815正将其推入停靠位置，之后它将继续驶回母港圣迭戈即行退役。

"独立"号（USS Independence，CVA/CV-62）

建造厂：纽约海军船厂
1955.7.1开工，1958.6.6下水，1959.1.10服役
1985.2－1988.6进行延寿改装，1998.9.30退役
舰体目前搁置于华盛顿州布雷默顿的"樟脑丸基地"，预定出售解体
舰名由来：以北美独立命名。本舰为同名第六代，上一代"独立"号CVL-22是二战时的轻型航母
绰号：INDY
旗语/无线电代码：NNQN
战术无线呼叫代码：Gun Train

▲1979年12月12日，大西洋海面，正在返国休整途中的"独立"号航母，水兵们在飞行甲板上拼出了本舰绰号的字样。"独立"号刚结束它在地中海的第14次部署任务，甲板上可见第6舰载机联队（CVW-6）辖下的各式飞机。

▲1991年8月23日，夏威夷珍珠港海军基地，美国海军航空母舰"中途岛"号（左）刚从日本抵达本港，它随后将继续驶往加州圣迭戈北岛美国海军航空站，并在那里退役。右边停泊的是"独立"号航母，它将前往日本横须贺美国海军基地接替"中途岛"号原来的职务。上方远处是港内著名岛屿福特岛，白色的船型建筑物则是战列舰"亚利桑那"号纪念馆。

小鹰级（Kitty Hawk class）舰队航母

从外观和技术指标上看，4艘"小鹰"级属于"佛瑞斯特"级的小规模改进版本。左舷的飞机升降机由斜角甲板前方挪到了最后方，右舷的3部升降机中，2号升降机原本位于舰岛之后，现在挪到了前方。所以"小鹰"级的舰岛比"佛瑞斯特"级要靠后，并且多了一根小的格子桅（在舰岛后方），顶端安装有测高雷达。另外"小鹰"级完工时正值美军舰空导弹技术实用化，所以每艘都安装了2座双联装"小猎犬"舰空导弹发射架。4艘同型舰中，"小鹰"号和"星座"号的烟囱为矩形，"美国"号为方形，"约翰·肯尼迪"号的具有一定右倾角度，这是分辨它们的重要特征之一。

从某种程度上说，"小鹰"级是"经济学家的航母"：如果美国国防部在CVN-65之后就决定将一线航母全部核动力化，那么CV-66和CV-67也许将成为"企业"号的同型舰，而"小鹰"号和"星座"号将成为美国最后的常规动力航母。不过1960年代初正值美国国防政策和对外路线重新"定焦"，海军预算受到极大影响，在核动力航母建造成本极高的现实下，国防部与国会不得不寻求妥协，继续建造纸面成本较低的常规航母（虽然全寿命运营费未必低廉），这才使得"美国"号和"约翰·肯尼迪"号变成了"最后的常规航母"。不过在"尼米兹"级大批量产之后，这些当初为省钱而建造的常规动力航母地位就很尴尬了——如果继续保留，势必加重后勤负担；但"尼米兹"级数量毕竟太少，为维持一线兵力，又不得不对"小鹰"级进行延寿改装（1987－1996年，"美国"号因经费不足在1996年提前退役）。进入21世纪，"小鹰"级终于油尽灯枯，于2009年退役完毕。鉴于CV-78及其后续舰已经决定继续采用核动力，"小鹰"级或许也将成为美国常规动力航母的绝唱。

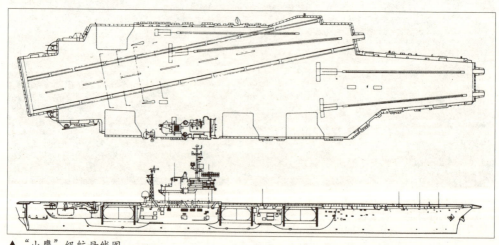

▲ "小鹰"级航母线图。

排 水 量	标准60005吨，满载80945吨
主 尺 度	319.4（全长）/301.8（水线长）×39.4×11.4米
动 力	4台"威斯汀豪斯"式蒸汽轮机，8座"福斯特－惠勒尔"（Foster Wheeler）式燃油锅炉，功率280000马力，航速33.6节，续航力12000海里/20节
舰载机	常用约90架
弹射器	4座C-13型蒸汽弹射器（"美国"号和"约翰·肯尼迪"号为3座C-13型加1座C-13-1型）
升降机	4部
火 力	（完工时）2座双联装"小猎犬"舰空导弹发射架，"约翰·肯尼迪"号多3座8单元"海麻雀"舰空导弹发射装置；（1990年代）3座8单元"海麻雀"舰空导弹发射装置，3座"密集阵"近防炮
电子设备	SPS-37A型对空雷达，SPS-39型对空雷达，SPS-8B型对空雷达（仅"小鹰"号和"星座"号，"美国"号为SPS-30型；"约翰·肯尼迪"号无火控雷达，以SPS-48型三坐标对空雷达替代SPS-39），SPS-43A型对空雷达（"美国"号与"约翰·肯尼迪"号完工时即有，前两艘随后加装），SPG-55型火控雷达（"约翰·肯尼迪"号无）；SQS-23型声呐（仅装备"美国"号）
编 制	舰员3306人，航空人员1379人

小鹰号（USS Kitty Hawk，CVA/CV-63）

建造厂：纽约造船公司

1956.12.27开工，1960.5.21下水，1961.4.29服役

1988.1－1990.8进行延寿改装，2009.5.12退役

目前以后备舰状态封存于华盛顿州布雷默顿的"樟脑丸基地"，2015年之前不会出售或改为他用

舰名由来：得名自北卡罗来纳州戴尔县的凯蒂霍克，是1903年莱特兄弟第一次进行飞机试验的地方。第一代"小鹰"号AKV-1是货轮改装的飞机运输舰，本舰为同名第二代

绰号：战斗猫（Battle Cat）

旗语/无线电代码：NZFF

星座号（USS Constellation，CVA/CV-64）

建造厂：纽约海军船厂

1957.9.14开工，1960.10.8下水，1961.10.27服役

1990.7－1993.3进行延寿改装，2003.8.6退役

舰体目前搁置于华盛顿州布雷默顿的"樟脑丸基地"，未来将在德州布朗斯维尔解体

舰名由来：以美国国会对星条旗的赞誉"群星组成的新星座"命名。1797年服役的第一代"星座"号是美国海军第一艘参加实战并俘获敌舰的功勋舰，本舰为同名第四代

绰号：科尼（Connie）

旗语/无线电代码：NNUL

战术无线呼叫代码：War Chief

▲2003年3月17日，升降作业中的"小鹰"号航母，一架第27攻击战斗机中队的F/A-18C"大黄蜂"战斗攻击机正从右舷一号升降机被移上飞行甲板。此时，"小鹰"号正搭载第5舰载机联队（CVW-5）在波斯湾支援伊拉克的"南方守望"行动和阿富汗的"持久自由"行动。

▲2006年8月18日，作为美国海军唯一永久前沿部署航母的"小鹰"号正在澳大利亚外海第7舰队责任区，演示力量投放和海上控制。

▲2006年11月23日，在南中国海完成年度演习的"小鹰"号航母正驶入香港的维多利亚港进行访问和休整。

▲2007年4月12日，在横须贺港第7舰队的舰队行动中，驻防在"小鹰"号航母上的第5舰载机联队（CVW-5）机群执行编队飞行演练正飞越日本第一高峰富士山，由左及右：E-2CNP"鹰眼"早期预警机、C-2A"灰猎犬"舰用运输机、EA-6B"徘徊者"电子作战机、F/A-18F"超级大黄蜂"战斗攻击机、F/A-18E"超级大黄蜂"战斗攻击机，最右2架为F/A-18C（N）"大黄蜂"夜间战斗攻击机。

▲1979年5月间，一架隶属于第9舰载机联队（CVW-9）VF-211战斗机中队的F-14A"雄猫"战斗机拦截并护送一架苏联Il-38巡逻机通过"星座"号航母上空。1978年9月26日至1979年5月17日期间，CVW-9随其母舰"星座"号部署于西太平洋和印度洋。

◀2003年8月7日，加州圣迭戈北岛海军航空站，"星座"号航母的退役仪式，水兵们列队在国歌声中向母舰及观礼群众致敬。之后，"星座"号将拖往华盛顿州布雷默顿的"樟脑丸基地"存放。"星座"号服役将近42年，共完成21次部署任务，退役前的最后一次部署任务曾参与支援"伊拉克自由"行动。

"美国"号（USS America，CVA/CV-66）

建造厂：纽波特纽斯造船厂

1961.1.9开工，1964.2.1下水，1965.1.23服役

1996.8.9退役

2005.5.14作为靶舰进行各种武器试验后，经可控放水凿沉于哈特勒斯角以东160海里的大西洋

舰名由来：第一代"美国"号是1782年完工的74门炮风帆战列舰，也是美国海军第一艘风帆战列舰，但该舰在法国完工后就移交给了法国海军。本舰为同名第三代。已于2013年11月5日试航、即将入役的两栖攻击舰LHA-6也以"美国"号为名

绰号：大A（The Big "A"）

旗语/无线电代码：NUSA

战术无线呼叫代码：Courage

"约翰·肯尼迪"号（USS John F. Kennedy，CVA/CV-67）

建造厂：纽波特纽斯造船厂

1964.10.22开工，1967.5.27下水，1968.9.7服役

1994—1996年进行延寿改装，2007.8.1退役

目前以后备舰状态封存于费城的"樟脑丸基地"，未来可能在罗德岛的普罗维登斯作为海上博物馆

舰名由来：以1963年被暗杀的美国第35任总统约翰·肯尼迪（1917—1963）命名，"杰拉尔德·福特"级二号舰CVN-79将继续采用这一舰名。美国海军另有一艘驱逐舰DD-850"小约瑟夫·肯尼迪"号，这是以肯尼迪总统的长兄、1944年战死的海航飞行员小约瑟夫·肯尼迪上尉命名的

绰号：大约翰（Big John）

旗语/无线电代码：NJFK

战术无线呼叫代码：Eagle Cliff

▲1981年5月5日，"美国"号航母正在通过苏伊士运河前往印度洋。

▲1982年6月1日，正在诺福克海军船厂干船坞进行整补的"美国"号航母，接下来将驶往西印度群岛执行短期训练任务。

▲1996年5月下旬，进港准备参加年度"舰队周"庆祝活动的"约翰·肯尼迪"号航母，正在通过纽约世界贸易中心（9·11袭击前），水手们在甲板上排字向纽约市民传达了一个信息。

▲2002年8月3日，执行完在阿富汗的"持久自由行动"作战支援任务的"约翰·肯尼迪"号航母，返国途中经停西班牙的塔拉戈纳港，舰员列队在船舷上进港，甲板上的机群隶属于第7舰载机联队（CVW-7）。

▲2006年5月2日，在"约翰·肯尼迪"号航母上举行的消防训练，使用的是一架外观仿真的战斗机。背景可见舰岛右缘具有一定倾斜角度的烟囱为本舰独有的识别特点。

企业级（Enterprise class）核动力航母

作为美国海军第二艘核动力水面舰船（第一艘是"长滩"号导弹巡洋舰），1961年11月完工的"企业"号在宽泛意义上也可视为"佛瑞斯特"级家族的一员。它的主尺度、飞行甲板外形、升降机和弹射器布局与"小鹰"级几乎没有区别，只是方方正正的舰岛显得格外醒目。原定要建造6艘同型舰，但首舰"企业"号完工时的价格已经相当于两艘"佛瑞斯特"级，海军、国防部和国会不得不达成妥协，继续建造较便宜的"小鹰"级。所以"企业"级仅有一艘同型舰，并且直到1975年"尼米兹"号服役为止

都是美国海军唯一的核动力航母。

围绕"企业"号发生的一系列争议基本都是与核动力舰艇的运行成本有关的。赞成核动力的一方认为，核航母可以比常规航母更快、更灵活地部署到战区，不受燃料补给影响，战术运用也更自由；由于不须搭载燃油，内部空间可以容纳更多弹药和航空燃料，增加舰载机的部署时间和出动率；在一个核燃料更换周期内，核航母的出勤率也比常规航母更高。反对者则指出，核动力航母虽然有一定的优越性，但一支特混舰队中的大部分舰艇仍以常规动力驱动，需要定期补给燃料，核航母既不可能为它们加油、又不可能远离它们独自行动，这使得核动力的优越性近乎被抵消；而核航母在造价方面的昂贵实在过于突出，以如此惊人的财政支出换

取有限的优越性是不值得的。加之当时的核航母还有许多不完善之处（比如"企业"号上的第一代舰用核反应堆输出功率过小，不得不安装了8座之多，结果舰体中部全部为动力装置所占据，使得该舰成为世界上最长的航母），"企业"号成为海军、船厂、国防部乃至国会反复争论的焦点，也是当时美国海军最具知名度的舰船之一。

在超过半个世纪的海上生涯中，"企业"号曾四次更换核燃料，没有发生过任何一次与动力装置有关的事故，这在无形中展示了核动力的安全性，而"尼米兹"级的量产也旁证了海军和国会对"企业"号先行者尝试的首肯。而作为一艘作战舰艇，"大E"参加了从越南战争到2003年伊拉克战争的历次重大对外战事，厥功至伟。该舰在2008－2009年进行了耗资4.5亿美元的延寿改装，原计划继续服役到2015年CVN-78完工，但出于经费考虑，美国海军最终决定在2012年12月将"企业"号退役。到这时为止，该舰是美国海军中服役时间第二长的战舰，位居1798年完工的"宪法"号护卫舰之后。目前该舰以后备役状态保存于弗吉尼亚州的诺福克海军基地，未来将在拆除

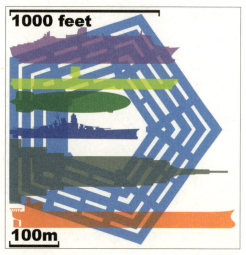

▲2008年1月15日，"企业"号航母和其他舰船及部分建筑物的长度比较图，由上至下：五角大楼（浅蓝底图，431米）、英国皇家邮轮"玛丽皇后"二号（粉色，345米）、"企业"号航母（黄色，342米）、"兴登堡"号飞船（绿色，245米）、"大和"号战列舰（深蓝，263米）、纽约帝国大厦（灰色，443米）、"诺克·耐维斯"号超级油轮（红色，458米）。

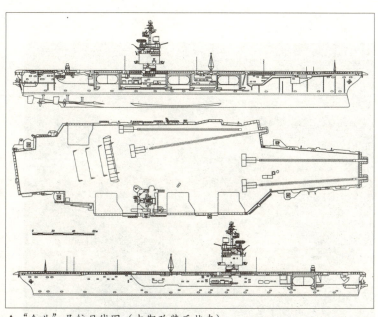

▲"企业"号航母线图（中期改装后状态）。

排 水 量	轻载71277吨，满载94781吨
主 尺 度	342.4（全长）/317.1（水线长）×40.4×11.3米
动 力	8座"威斯汀豪斯"式A2W型核反应堆，4座"威斯汀豪斯"式蒸汽轮机，功率280000马力，航速32节
舰 载 机	常用约90架
弹 射 器	4座C-13型蒸汽弹射器
升 降 机	4部
火 力	（1967年加装）3座8单元"海麻雀"舰空导弹发射装置；（1990年代）3座8单元"海麻雀"舰空导弹发射装置，3座"密集阵"近防炮
电子设备	SPS-32型对空雷达，SPS-33型对空雷达（1968年加装SPS-12）
编 制	舰员3325人，航空人员1891人，另有71名陆战队员

"企业"号（USS Enterprise，CVAN/CVN-65）

建造厂：纽波特纽斯造船厂

1958.2.4开工，1960.9.24下水，1961.11.25服役

2008.4－2010.4年进行延寿改装，2012.12.1退役

目前以后备舰状态封存于诺福克海军基地，未来将在拆除核反应堆后解体

更换燃料：1964年、1970年、1979－1982年、1990－1994年

舰名由来：Enterprise是美国海军始自独立战争时代的传统舰名。本舰为同名第八代，上一代"企业"号CV-6是二战时期的功勋航母

绰号：大E（The Big E）

旗语/无线电代码：NIQM

战术无线呼叫代码：Climax

◄1964年6月18日，地中海，由"企业"号核动力航母、"长滩"号核动力导弹巡洋舰（中）和"班布里奇"号核动力导弹驱逐舰组成的世界第一支核动力特遣舰队，正赶赴"海轨行动"的起点摩洛哥拉巴特，执行为期65天（7月31日至10月3日）的测试核动力水面舰艇性能的环球巡航，其间不做任何补给。水兵们在"企业"号飞行甲板上拼出了爱因斯坦的"质能等价"物理公式，作为核动力的标记。

▲1998年12月17日晨，在伊拉克前线支援"沙漠之狐行动"的"企业"号核动力航母，刚执行完首波空中打击任务，正退往波斯湾最南端的泊区。注意舰岛上的大"E"字。

▲2001年5月16日，世界第一艘核动力航母"企业"号在法国航母R91"戴高乐"号（右）的伴随下驶入这次预定执勤的部署区地中海。"戴高乐"号是目前法国海军的旗舰、西欧最大的军舰、法国第一艘核动力水面舰艇、美国海军以外建造完成的第一艘也是迄今唯一的一艘核动力航母。

核燃料后解体，不过舰岛可能保存下来作为纪念馆。为纪念该舰，"杰拉尔德·福特"级的三号舰CVN-80将沿用"企业"号这一舰名。

▲2007年7月7日，弗吉尼亚州诺福克海军基地。正在由拖船协助离港的"企业"号核动力航母，准备前往波斯湾执勤，这趟部署任务预计到12月19日完成，为期6个月。

▲2010年5月12日，经过26个月翻修的"企业"号航母正在大西洋上进行试航及飞机起降训练。刚降落的这架F/A-18F"超级大黄蜂"战斗攻击机隶属于第1舰载机联队（CVW-1）辖下的VFA-211战斗攻击机中队，此后它们会在这里驻防超过2年。"企业"号将在2011年初搭载CVW-1航向地中海及波斯湾，执行它的第21次部署任务。图中可见本舰方形舰岛的独特外观。

▲2013年6月20日，走向最后航程的世界第一艘核动力航母"企业"号正被拖往纽波特纽斯造船厂准备拆解并除籍，以让位给新一代"企业"号核动力航母CVN-80。

尼米兹级（Nimitz class）核动力航母

1942年以来，美国海军中一共有过三型标准航母："埃塞克斯"级是二战时代的快速舰队航母，在太平洋战场和战后初期扮演了舰队中坚的角色，服役时间达30年以上；"佛瑞斯特"级与其准同型舰"小鹰"级是喷气式时代的标准型超级航母，在"冷战"中期和地区冲突中表现优异，服役时间超过40年；而"尼米兹"级就是美国的核动力标准型航母。它们最终建成10艘，是二战后量产最多的一型航母，也是21世纪前25年里美国海军最重要的水面战舰。

从技术上看，"尼米兹"级相当于换用核动力的放大版"小鹰"级，不过它的A4W型核反应堆的输出功率比"企业"

号上的旧型号提升显著，只需安装2座，所以内部空间比"企业"号明显宽裕，主尺度也比"大E"小一些。与"佛瑞斯特"级和"小鹰"级相比，"尼米兹"级在攻击力、反应速度和活动时间方面优势十分明显，困扰它们的依然是1960－1980年代反复讨论的老问题——造价。1968年开工的首舰"尼米兹"号即创下建造总费用18.8亿美元的惊人价格，因为这个原因，后续各舰预算的批准变成了拉锯战：CVN-70与CVN-69的开工时间隔了六年，CVN-74与CVN-73隔了五年。到2009年1月十号舰"布什"号服役时，首舰"尼米兹"号已经服役了将近34年，相当于每三年半才能开工一艘（这还是在美国经济的相对繁荣时期）。

因为工期拉得很长，每一艘新造的"尼米兹"级都会对电子设备和其他细节做一定修改，以提升战斗力，排水量也逐步攀升到10万吨以上。不过工期长、改进多造成价格上涨也是不言而喻的，1989年完工的"林肯"号造价已达34亿美元，2009年完工的"布什"号则整整花费了62亿美元。

到2013年为止，美国海军已经退役了全部常规动力航母，停用了"企业"号，但最新的"杰拉尔德·福特"级在2025年之前最多也只会建成3艘，这意味着10艘"尼米兹"级在相当长一个时期内将成为美国仅有的一线航母。到今天为止，10艘军舰中只有前三艘已经更换过燃料棒，这意味着"尼米兹"级的平均服役时间可能超过50年，将一直使用到21世纪中叶，延续了"埃塞克斯"级和"佛瑞斯特"级的长寿传统。未来的改进将集中于电子设备和舰载机，比如以测试中的X-47B无人战斗机替换部分有人驾驶战斗机，并以新一代战斗机F-35"闪电Ⅱ"逐步代替F/A-18E/F"超级大黄蜂"。

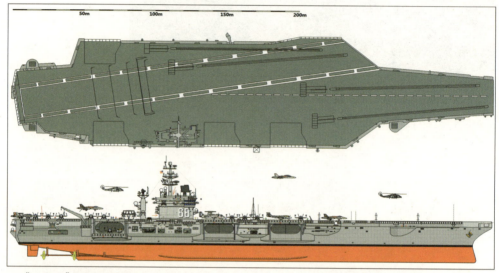

▲ "尼米兹"号核动力航母，2007年状态。

◀2013年7月10日，大西洋弗吉尼亚州外海，一架从帕塔克森特河美国海军航空站起飞的X-47B无人战斗机实施首次海上航母拦截索降落试验，成功降落在"乔治·布什"号核动力航母上。

◀2012年12月27日，驻泊在全世界最大海军基地——诺福克的数艘美国海军核动力航母，其中四艘属"尼米兹"级，由左至右：CVN-69"德怀特·艾森豪威尔"号、CVN-77"乔治·布什"号、CVN-65"企业"号、CVN-72"亚伯拉罕·林肯"号、CVN-75"哈里·杜鲁门"号。

排 水 量	轻载73973吨，满载91440吨
主 尺 度	331.7（全长）/317.1（水线长）×78.5×11.2米
动　　力	2座"威斯汀豪斯"式A4W型核反应堆，4座"威斯汀豪斯"式蒸汽轮机，功率260000马力，航速30节
舰 载 机	常用约90架
弹 射 器	4座C-13-1型蒸汽弹射器
升 降 机	4部
火　　力	3座8单元"海麻雀"舰空导弹发射装置，4座"密集阵"近防炮（"尼米兹"号、"德怀特·艾森豪威尔"号3座）
电子设备	SPS-43A型对空雷达，SPS-48型三坐标对空雷达（后期舰以SPS-49替代SPS-43A）
编　　制	5621人

"尼米兹"号（USS Nimitz，CVAN/CVN-68）

建造厂：纽波特纽斯造船厂
1968.6.22开工，1972.5.13下水，1975.5.3服役
更换燃料：1998－2001年
舰名由来：以二战太平洋舰队司令、1945－1947年任美国海军作战部长的切斯特·尼米兹海军上将（1885－1966）命名
母港：加州圣迭戈北岛海军航空站、华盛顿州埃弗雷特海军基地
绰号：老盐（Old Salt）
旗语/无线电代码：NMTZ

◀2005年3月12日，在南加州外海进行特遣舰队联合勤务训练的"尼米兹"号航母正在接受垂直补给，担任补给舰的是隶属于军事海运司令部的快速战斗支援舰T-AOE-10"桥梁"号。

▲2001年11月3日，"尼米兹"号航母正被拖进珍珠港，水兵们在甲板上排字并列队船舷向港口致敬。下缘陆地为福特岛，左下方白色船形建筑物为战列舰"亚利桑那"号纪念馆，右下方则是战列舰"密苏里"号博物馆。"尼米兹"号刚于6月下旬在东岸纽波特纽斯船厂完成近40个月的大修及燃料更换，9月11日海试之后即开始启程中转绕行南美洲，转场到它的新母港加州圣迭戈北岛海军航空站，11月3日来到中转的最后一站珍珠港，最终在11月13日抵达圣迭戈。当时舰上搭载的是第20后备舰载机联队（CVWR-20）。

▲2007年7月31日，太平洋。在第11舰载机联队（CVW-11）指挥官的交接仪式上，2架"超级大黄蜂"正飞越其母舰"尼米兹"号上空，前面一架是双座的F/A-18F，后一架则是单座的F/A-18E。此时，"尼米兹"号搭载CVW-11正在第7舰队辖下执勤。

"德怀特·艾森豪威尔"号（USS Dwight D. Eisenhower，CVN-69）

建造厂：纽波特纽斯造船厂
1970.8.15开工，1975.10.11下水，1977.10.18服役
更换燃料：2001－2005年
舰名由来：以二战欧洲盟军总司令、美国陆军参谋长、第34任美国总统德怀特·艾森豪威尔（1890－1969）命名
母港：弗吉尼亚州诺福克海军基地
绰号：强大的艾克（Mighty Ike）
旗语/无线电代码：NIKE

▲2000年8月18日，在地中海和波斯湾执勤6个月之后，"德怀特·艾森豪威尔"号航母回到母港诺福克海军基地。

◀2006年11月3日，一架SH-60"海鹰"直升机搭载美国海军爆炸物处理第6行动小组第16分队协同"德怀特·艾森豪威尔"号航母进行"特别突入和撤出"训练。此时，"德怀特·艾森豪威尔"号航母作为海上安全行动和反恐战争的支援力量部署于红海地区。

◀2009年7月19日，盟军联合军事训练，一架法国达索公司的"阵风"战斗机正在"德怀特·艾森豪威尔"号航母上进行"触地重飞"动作。

◀2010年1月16日，地中海，"德怀特·艾森豪威尔"号航母此时正在第5、第6舰队防区执勤，水兵们利用闲余时间刷洗飞行甲板。

◀2012年7月10日，地中海，第7舰载机联队（CVW-7）机群编队正飞越其母舰"德怀特·艾森豪威尔"号上空。本舰作为航母打击群的旗舰常规部署于第5和第6舰队防区，支援海上安全行动和战区安保协同等任务。注意舰岛上的本舰绰号"IKE"三个字母。

◀2012年11月19日，阿拉伯海，暴风雨边缘的"德怀特·艾森豪威尔"号航母，在第5舰队防区执行海上安全行动和战区安保协同等任务，并随时支援在阿富汗的"持久自由"行动。

"卡尔·文森"号（USS Carl Vinson，CVN-70）

建造厂：纽波特纽斯造船厂
1975.10.11开工，1980.3.15下水，1982.3.13服役
更换燃料：2005—2009年
舰名由来：以美国国会众议员、海军事务委员会主席、"两洋海军之父"卡尔·文森（1883—1981）命名
母港：加州圣迭戈北岛海军航空站
绰号：星舰文森（Starship Vinson）
旗语/无线电代码：NCVV

▲1973年11月18日，时任美国总统尼克松（左一）、海军部长约翰·华纳（左二）、国防部长梅尔文·莱尔德（右一）将一座以乔治亚州国会议员卡尔·文森命名的核动力航母CVN-70模型，颁赠给他本人，以表彰他对美国海军的贡献。卡尔·文森生于1883年11月18日，这一天也是他的90岁生日。

◀2010年1月15日，海地首都太子港外海，"卡尔·文森"号航母及其下属第7舰载机联队的19架直升机正在紧急作业，对此地发生于三天前（12日）的大地震实施人道主义救援。

◀(中及下)2011年11月11日，圣迭戈北岛海军航空站，本日为美国退伍军人节，首届全美大学篮球联赛航母经典大赛在"卡尔·文森"号航母的飞行甲板上举办，美国总统奥巴马偕第一夫人出席为这场比赛开场，当日有8000多名观众登舰，结果北卡罗来纳大学以67:55击败密歇根州立大学。

▲2011年12月19日，"卡尔·文森"号航母离开母港圣迭戈已近三周，正在赶赴西太平洋执勤途中，舰上驻扎的是第17舰载机联队（CVW-17），其下属第25战斗攻击机中队（VFA-25）的弹药兵正在进行导弹挂载作业。

◀2012年8月21日，"卡尔·文森"号航母在母港圣迭戈北岛海军航空站进行增进性能改装的期间，水手们正准备对其锚链进行保养。

"西奥多·罗斯福"号（USS Theodore Roosevelt，CVN-71）

建造厂：纽波特纽斯造船厂

1981.10.31开工，1984.10.27下水，1986.10.25服役

更换燃料：2009.8－2013.8

舰名由来：以近代美国海军建设的开创者、第26任美国总统西奥多·罗斯福（1858－1919）命名

母港：弗吉尼亚州诺福克海军基地

绰号：TR、大棒（Big Stick）

旗语/无线电代码：NNTR

◀2001年12月12日，印度洋，支援"持久自由"行动的"西奥多·罗斯福"号航母舰桥里2名舵手正在保持速度和航向。此刻距"9·11事件"发生不久，围捕本·拉登和打击塔利班政权的"持久自由"行动刚如火如荼地展开。

▲1987年9月19日，弗吉尼亚州诺福克美国海军基地外海，试航期间的"西奥多·罗斯福"号航母，正在实施爆炸冲击测试，以验证航母承受水下冲击波的能力。

▲2002年12月8日，大西洋，"西奥多·罗斯福"号航母的水兵们正在布设拦截网，实施飞行甲板飞机事故演习。

▲2003年3月4日，希腊克里特岛苏达湾马拉地北约军港，"西奥多·罗斯福"号航母正在实施岸上补给，随后将前往阿拉伯海支援"伊拉克自由"行动和"持久自由"行动。

▲2006年3月10日，大西洋，"西奥多·罗斯福"号航母上升火待发的F-14D"超级雄猫"机群，"雄猫"战斗机将于2006年9月22日正式退役。

"亚伯拉罕·林肯"号（USS Abraham Lincoln，CVN-72）

建造厂：纽波特纽斯造船厂
1984.11.3开工，1988.2.13下水，1989.11.11服役
更换燃料：2013年3月起
舰名由来：以美国第16任总统亚伯拉罕·林肯（1809－1865）命名
母港：华盛顿州埃弗雷特海军基地（2011年前）、弗吉尼亚州诺福克海军基地（2011年起）
绰号：Abe
旗语/无线电代码：NABE

▲2003年5月5日，正在驶入华盛顿州埃弗雷特海军基地的"亚伯拉罕·林肯"号航母。在伊拉克前线执行完将近10个月的任务后，该舰在5月2日回到西岸的加州圣迭戈北岛海军航空站，然后于5日最终回到其母港埃弗雷特。

▲(上及下)2003年5月1日，加州圣迭戈北岛海军航空站外海，时任美国总统的小布什搭乘一架隶属于第35海上控制中队（VS-35）代号为"海军一号"的S-3B"北欧海盗"反潜机在"亚伯拉罕·林肯"号航母上降落。小布什是历史上第一个靠拦截索降落在航空母舰上的美国总统，在此之前的所有总统都是搭乘直升机降落在航母上。这架飞机如今被保存在佛罗里达州彭萨科拉的美国海军航空博物馆。"亚伯拉罕·林肯"号此前已连续执勤将近10个月，在完成"伊拉克自由行动"的任务后回国休整，小布什总统在它到港前登舰慰问并发表全国讲话。

▲2011年9月26日，太平洋，隶属于军事海运司令部的舰队补给油船T-AO-200"瓜达卢佩"号（中），正在为"亚伯拉罕·林肯"号航母和CG-71"圣乔治角"号导弹巡洋舰进行海上补给。这段时间，"亚伯拉罕·林肯"号航母都在母港埃弗雷特海军基地外海实施"综合训练单位演习"，以为即将在12月开始的下一趟部署任务做准备。

"乔治·华盛顿"号（USS George Washington，CVN-73）

建造厂：纽波特纽斯造船厂
1986.8.25开工，1990.7.21下水，1992.7.4服役
舰名由来：以美国首任总统乔治·华盛顿命名
母港：弗吉尼亚州诺福克海军基地、日本横须贺海军基地
绰号：GW
旗语/无线电代码：NNGW

◀2003年2月2日，正在母港诺福克海军基地外海进行海上训练的"乔治·华盛顿"号航母，临时接到紧急救援任务。一艘在佛罗里达州杰克逊维尔外海捕鱼的渔船失火，杰克逊维尔海军航空站紧急出动第75反潜直升机中队（HS-75）的2架SH-60F"海鹰"直升机救回五名落水船员，就近送往"乔治·华盛顿"号航母上急救，其中一人不幸罹难。

◀2008年9月25日，取代"小鹰"号成为美国海军唯一永久前沿部署航母的"乔治·华盛顿"号，正驶入日本横须贺美国海军基地，其母港也随之转移到了这里，水兵们在甲板上拼出日语"初次见面"的字样向母港表达问候之意。

◀2008年11月19日，美国海军出动"乔治·华盛顿"号航母与日本海上自卫队在东海举行日美两国年度海上联合军事演习，代号为"ANNUALEX 2008"，本次演习从11月8日开始，预计实施两周。

◀2013年11月15日，菲律宾海，"乔治·华盛顿"号航母的水兵们正在甲板上装运物资以支援美国海军陆战队第3远征旅执行在菲律宾、代号为"Damayan"的紧急救援行动。菲律宾政府及人民甫于8日在"海燕"台风的袭击下，遭受前所未有的灾难，世界各国迅即紧急施以人道主义救援。

"约翰·斯坦尼斯"号（USS John C. Stennis，CVN-74）

建造厂：纽波特纽斯造船厂

1991.3.13开工，1993.11.13下水，1995.12.9服役

舰名由来：以民主党参议员、1969－1981年任美国参议院军事委员会主席、被称为"美国现代海军之父"的约翰·斯坦尼斯（John Cornelius Stennis，1901－1995）命名

母港：华盛顿州基沙普海军基地

绰号：约翰尼·雷布（Johnny Reb）

旗语/无线电代码：NJCS

◀2007年2月6日，关岛外海，"约翰·斯坦尼斯"号航母和DDG-77"奥凯恩"号导弹驱逐舰正在编队航行。"约翰·斯坦尼斯"号航母打击群在1月31日进入这片属于第7舰队防区的水域后，即在这里展开飞行和打击群整合操练。

◀2011年5月19日，太平洋，在南加州外海实施"综合训练单位演习"的"约翰·斯坦尼斯"号航母，正由军事海运司令部的舰队补给油船T-AO-202"育空"号提供垂直补给。

◀2013年4月24日，太平洋上空，驻防"约翰·斯坦尼斯"号航母上的第14战斗攻击机中队（VFA-14）的一架F/A-18E"超级大黄蜂"正在进行飞行操练。该航母刚在第5、第7舰队防区执行完为期8个月的部署任务，此刻在返国休整途中。

"哈里·杜鲁门"号（USS Harry S. Truman, CVN-75）

建造厂：纽波特纽斯造船厂
1993.11.29开工，1996.9.7下水，1998.7.25服役
舰名由来：以冷战时期重新武装美国海军的第33任总统哈里·杜鲁门（1884—1972）命名
母港：弗吉尼亚州诺福克海军基地
绰号：HST、孤独战士（Lone Warrior）

▲2012年7月18日，诺福克海军基地外海，一架第130电子攻击中队（VAQ-130）的EA-18G"咆哮"舰载电子战飞机，正以拦截索方式降落在"哈里·杜鲁门"号航母上，这段期间该航母都在这一水域进行飞行甲板检定。

◀2012年12月9日，诺福克海军基地外海，X-47B无人战斗机正在"哈里·杜鲁门"号航母上进行舰上测试。"哈里·杜鲁门"号是第一艘在舰上测试无人机的航母。

▲2013年10月15日，阿曼湾，一架隶属于美国海军陆战队第166中型倾转旋翼机中队（VMM-166）的V-22"鱼鹰"倾转旋翼机正降落在"哈里·杜鲁门"号航母上，此时该航母打击群正在第5舰队防区执勤，执行海上安全行动和战区安保协同等任务，同时支援在阿富汗进行的"持久自由"行动。

"罗纳德·里根"号（USS Ronald Reagan，CVN-76）

建造厂：纽波特纽斯造船厂
1998.2.12开工，2001.3.4下水，2003.7.12服役
舰名由来：以任内大力扩充海军的第40任美国总统罗纳德·里根（1911－2004）命名
母港：加州圣迭戈北岛海军航空站
绰号：Gipper

◀2005年6月15日，加州圣迭戈北岛海军航空站外海，"罗纳德·里根"号航母正在测试自动喷水灭火系统。美国海军在1967年"佛瑞斯特"号大火之后就规定所有航母都必须安装这个系统。

◀2007年3月1日，驻扎在"罗纳德·里根"号航母上的第14舰载机联队（CVW-14）的2架F/A-18C"大黄蜂"双机编队正在母舰上空执行巡逻任务。西太平洋防区因为"小鹰"号于1月11日在横须贺进厂保养，临时调来"罗纳德·里根"号打击群做短期执勤。

◀2007年10月30日，加州圣迭戈北岛海军航空站外海太平洋上，"罗纳德·里根"号航母正在进行操舵检查，这段时间该舰都在圣迭戈进行增进性能的改装，并接受美国海军舰船审查委员会的调查和评估。

"乔治·布什"号（USS George H.W. Bush，CVN-77）

建造厂：纽波特纽斯造船厂

2003.9.6开工，2006.10.9下水，2009.1.10服役

舰名由来：以早年曾担任海军飞行员、任内大力扩充海军的第41任美国总统乔治·布什（1924—）命名

母港：弗吉尼亚州诺福克海军基地

绰号：复仇者（Avenger）

◀2006年7月8日，诺斯罗普－格鲁曼公司纽波特纽斯造船厂，即将下水的"乔治·布什"号航母的舰岛吊装上舰仪式，这个空舰岛结构重达700吨。

▲2010年2月27日，在大西洋上支援舰队训练的"乔治·布什"号航母，正在演练高难度的急速右转。

▲2010年11月15日，诺福克海军基地，一架为庆祝美国海军航空兵百年纪念的"柯蒂斯"推式双翼机仿制品停放在"乔治·布什"号航母的飞行甲板上，该机型是第一种从海军舰船甲板上起飞的飞机。图中坐在飞机驾驶座的是退役海军指挥官鲍伯·库尔博。

▲2013年5月14日，大西洋，一架X-47B无人战斗机正从"乔治·布什"号航母上起飞，该航母成为第一艘成功从飞行甲板上弹射起飞无人机的航母。

杰拉尔德·福特级（Gerald R. Ford class）核动力航母

如果单看主尺度、载机量、航速等"硬性"指标，那么作为"尼米兹"级后继舰的"杰拉尔德·福特"级并不算最理想的"21世纪未来航母"。但这种情况是综合考量了技术、财政、政治、安全环境等因素的结果：海军想要的是一种技术绝对领先、载机量和自持力有明显提升的全新军舰，但高昂的研发费用和造价已经是当前的美国经济所不能承受的。从全球环境看，只有后起之秀的中国和印度还在全力以赴地发展大中型航母，但中、印两国与美国在航母技术方面的代差很难在短时间内迅速弥合；而其他大国或者致力于建造不以制海作战为第一任务的多功能大甲板航空舰（如意大利、西班牙等

国的新航母），或者将美制F-35B垂直/短距起降战斗机作为未来航母的主力舰载机（如英国的"伊丽莎白女王"级），因此美国在大型核动力航母方面没有必要进行"大跃进"式的发展。最终敲定的CVN-78设计案实际上是以"尼米兹"级的原舰身搭载了新型雷达和航空设备。

"杰拉尔德·福特"级在电子系统方面的亮点在于舰岛上安装的AN/SPY-3双频相控阵雷达和一体化作战系统，这使其具有更强的搜索和指控能力；新型的电磁弹射器将取代传统的蒸汽式弹射器，用于在研的F-35C"闪电Ⅱ"先进战斗机；核反应堆、近防系统、甲板拦阻系统和雷达反射面外形是重新设计的，自动化程度也将进一步提高，以减少舰员数量（预计编制比"尼米兹"级少17%）。由于舰岛的尺寸和位置发生明显变化，"杰拉尔德·福特"级与"尼

"米兹"级的外观非常容易分辨。它的标准舰载机将是现有的F/A-18E/F"超级大黄蜂"和研发中的F-35C，未来可能也会搭载X-47B无人战斗机。由于安装了电磁弹射器，出动架次率预计将比"尼米兹"级提高1/4。

"杰拉尔德·福特"级首舰"杰拉尔德·福特"号已于2009年开工，计划在2016年服役，替换已经于2012年底停用的CVN-65"企业"号；二号舰"约翰·肯尼迪"号预定于2013年开工，在2022年替换"尼米兹"号；三号舰"企业"号（第三代）预定于2018年开工，在2025年替换"德怀特·艾森豪威尔"号。同型舰最终将建造10艘，按每四年下水一艘的速度陆续完工，并于2057年取代所有"尼米兹"级。每艘"杰拉尔德·福特"级的服役期将长达50年，全寿命运营成本为40亿美元左右（2013年数据）。

"杰拉尔德·福特"级开始部署之后，美军一线航母的数量也将从现在的10艘上升到11艘，并维持这一水平直至2025

年。尽管已经尽量压缩了航母尺寸和使用新技术的部分，"杰拉尔德·福特"级的超支状况还是相当严重。目前正在建造的首舰CVN-78仅工程费用就花去128亿美元，较预算超支约22%，此外电磁弹射器、核反应堆等配套项目的研制还另外花费47亿美元。预计CVN-79的舰体建造费用也不会低于105亿美元。鉴于电磁弹射器的研发进度慢于预期，有消息称"杰拉尔德·福特"号可能仍

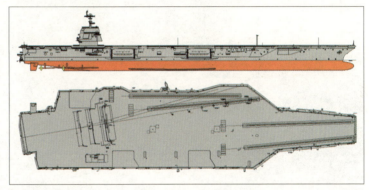

▲CVN-78"杰拉尔德·福特"号航母线图。与"尼米兹"级相比，"杰拉尔德·福特"级的舰岛位置更靠后，并减少了一座升降机。

▲CVN-78"杰拉尔德·福特"号航母完工预想图。

要改回传统的蒸汽弹射器。无论如何，这种"先进尼米兹"不会是美国大型核动力航母的终极形态，它的后继者在技术指标和吨位上也许又会有一个跳跃。

▲2013年4月9日，飞行甲板的吊装作业，这部分舰体结构重达787吨，这也是本舰飞行甲板的最后一部分，拼接完成后总体舰体结构完工进度已达96%。

▲2013年11月17日，下水后的"杰拉尔德·福特"号，驻泊在纽波特纽斯的詹姆斯（James）河上进行舾装作业。

排 水 量	标准约101600吨
主 尺 度	337（全长）×77×12米
动 力	2座A1B型核反应堆，航速30节
舰 载 机	常用75架以上
弹 射 器	4座电磁弹射器
升 降 机	3部
火 力	2座8单元改良型"海麻雀"舰空导弹发射装置，2座"拉姆"（RAM）点防御舰空导弹发射装置，2座"密集阵"近防炮
电子设备	AN/SPY-3双频相控阵雷达
编 制	约4660人

"杰拉尔德·福特"号（USS Gerald R. Ford, CVN-78）

建造厂：纽波特纽斯造船厂
2009.11.13开工，2013.11.9下水，预计2016年服役
舰名由来：曾经有海军及民间人士发起请愿运动，希望将其命名为"美国"号，但在弗吉尼亚州共和党参议员、前海军部长约翰·华纳（John William Warner）的提议下，美国前国防部长拉姆斯·菲尔德（Donald Henry Rumsfeld，他曾在福特和小布什总统任内担任国防部长）最终在2007年1月3日宣布，以二战时曾在"蒙特雷"号（USS Monterey, CVL-26）航母上服役的第38任美国总统杰拉尔德·福特（Gerald Rudolph Ford, Jr., 1913-2006）为CVN-78命名

"约翰·肯尼迪"号（USS John F. Kennedy, CVN-79）

建造厂：纽波特纽斯造船厂
预定于2013年开工，2018年下水，2022年服役

"企业"号（USS Enterprise, CVN-80）

建造厂：纽波特纽斯造船厂
预定于2018年开工，2023年下水，2025年服役

◀2013年1月26日，高60英尺、宽30英尺、重555吨的舰岛吊装作业。全舰总吊装作业共500项次，舰岛吊装是其中的第452项次。

◀2007年1月17日，CVN-78的命名及模型揭幕仪式，左起福特总统之女苏珊（Susan Ford Bales）、海军部长温特（Donald Charles Winter）、密歇根州参议员莱文（Carl Milton Levin）、弗吉尼亚州参议员华纳、海军作战部长马伦（Michael Glenn Mullen）。

◀2008年1月4日，"杰拉尔德·福特"号的第一片预铸底部骨架运抵诺斯罗普－格鲁曼的纽波特纽斯船厂。

◀2012年5月24日，吊装"杰拉尔德·福特"号的最后一节龙骨（舰首），这部分是该舰水线以下的最后一个主要结构，重达680吨，高60英尺。此时舰体结构完工进度已超过75%。

独立级（Independence class）轻型航母

"独立"级是1942年美国海军为应付航母短缺危机而用"克利夫兰"级轻巡洋舰舰体改造的一级战时应急航母。到二战结束时，全部9艘"独立"级中只有"普林斯顿"号损失。但相对于较大的"埃塞克斯"级，"独立"级的结构、尺寸和防护都不适于在喷气式飞机时代继续使用，大多在执行完撤军的"魔毯行动"后就于1947年退役。CVL-22"独立"号在1946年7月的比基尼岛"十字路口"核试验中幸运生还，之后作为靶舰继续使用到1951年自行凿沉。CVL-25"考本斯"号等五舰在退役后又改为飞机运输舰（AVT），但并未实际启封（其中AVT-3后租借给西班牙），很快拆毁。有3艘"独立"级作为战后"共同防御援助计划"的一部分军援给盟国：CVL-24"贝劳伍德"号和CVL-27"兰利"号在1950年代初租借给法国，以"贝洛森林"号和"拉法耶特"号为名使用了10年左右，随后归还给美国，并拆除解体；CVL-28"卡波特"号在1967年作为军援提供给西班牙，并更名为"迷宫"号（SNS Dedalo, R01），作为西班牙海军的旗舰一直服役到1989年。到1980年后，为使"迷宫"号可以搭载最新的AV-8S"鹞Ⅱ"式战斗机，西班牙人还在木制飞行甲板后部铺设了一层金属材料作为着舰区，以承受"鹞Ⅱ"式的"飞马"发动机的高温高压气流。

排 水 量	标准11000吨，满载15100吨
主 尺 度	189.7（全长）/182.9（水线长）×21.8×7.9米
动 力	4台GE式蒸汽轮机，4座"巴布科克－威尔考克斯"式重油锅炉，功率100000马力，航速31.5节；续航力12500海里/15节
防 护	主装甲带127毫米，机库甲板52毫米（"独立"号与"普林斯顿"号除外），司令塔127毫米
舰 载 机	F6F战斗机25架，TBF/TBM攻击机9架，合计34架
火 力	24门"博福斯"40毫米机炮（四联×2，双联×8），22门"厄利孔"20毫米机炮
电子设备	Mk.4型对空雷达，SK型对空雷达，SG型对海雷达
编 制	1569人

"独立"号（USS Independence，CV/CVL-22）

建造厂：纽约造船公司
1941.5.1作为轻巡洋舰开工
1942.1改造为航母，1942.8.22下水，1943.1.14服役
1946.8.28退役，1946年起作为靶舰使用至1951年凿沉
舰名由来：以北美独立命名。本舰为同名第五代。原名"阿姆斯特丹"号（USS Amsterdam，CL-59）
旗语/无线电代码：NZBF

▲1951年8月28日，航行于墨西哥湾的训练航母CVL-26"蒙特雷"号。美国前总统福特在二战末期曾是该舰上的飞行员。

"贝劳伍德"号（USS Belleau Wood, CV/CVL-24）

建造厂：纽约造船公司

1941.8.11作为轻巡洋舰开工

1942.2.16改造为航母，1942.12.6下水，1943.3.31服役

1947.1.13退役，1953.9.5租借给法国，1960.9.12归还，同年11.21出售解体

舰名由来：贝劳伍德位于法国巴黎东北，系一战中1918年6月美国海军陆战队击溃德军的著名战役发生地。原名"纽黑文"号（USS New Haven, CL-76）

绰号：恶魔犬（Devil Dog）

旗语/无线电代码：NFGN

"考本斯"号（USS Cowpens, CV/CVL-25/AVT-1）

建造厂：纽约造船公司

1941.11.17作为轻巡洋舰开工

1942.3改造为航母，1943.1.17下水，1943.5.28服役

1947.1.13退役，1959.5.15改为飞机运输舰，1960年出售解体

舰名由来：考本斯镇位于南卡罗来纳州，系北美独立战争中1781年1月击败英军的著名战役发生地。原名"亨廷顿"号（USS Huntington, CL-77）

绰号：强大的哞哞（The Mighty Moo）

"蒙特雷"号（USS Monterey, CV/CVL-26/AVT-2）

建造厂：纽约造船公司

1941.12.29作为轻巡洋舰开工

1942.3.27改造为航母，1943.2.28下水，1943.6.17服役

1950.9改为训练舰，1956.1.16退役，1959.5.15改为飞机运输舰，1971.5出售解体

舰名由来：蒙特雷市位于今加利福尼亚州中部，系1846年美墨战争中著名战役的发生地。本舰为同名第三代。原名"代顿"号（USS Dayton, CL-78）

旗语/无线电代码：NFND

"兰利"号（USS Langley, CVL-27）

建造厂：纽约造船公司

1942.4.11作为轻型航母开工，1943.5.22下水，1943.8.31服役

1947.2.11退役，1951.1.8租借给法国，1963.3返还，1964年出售解体

舰名由来：以美国天文学家、物理学家、航空先驱、测热辐射计的发明者塞缪尔·皮尔庞特·兰利命名。本舰为同名第二代。原名"法戈"号（USS Fargo, CL-85）

"卡波特"号（USS Cabot，CVL-28/AVT-3）

建造厂：纽约造船公司

1942.3.16作为轻型航母开工，1943.4.4下水，1943.7.24服役

1947.2.11退役，1959.5.15改为飞机运输舰，1967.8.30租借给西班牙，1972.12.5售予西班牙海军，1989.8.5退役，1999.9.10出售解体，2002年解体完成

舰名由来：以航海家约翰·卡波特命名。本舰为同名第二代。原名"威尔明顿"号（USS Wilmington，CL-79）

旗语/无线电代码：NFDY

▲1953年5月22日，结束在朝鲜的战斗、驶返圣迭戈的"巴丹"号航母，舰员在飞行甲板上排出"HOME"字样。该舰当时搭载的是AF反潜机和F4U战斗机。

"巴丹"号（USS Bataan，CVL-29/AVT-4）

建造厂：纽约造船公司

1942.8.31作为轻型航母开工，1943.8.1下水，1943.11.17服役

1954.4.9退役，1959.5.15改为飞机运输舰，1961.5出售解体

舰名由来：巴丹半岛位于菲律宾吕宋岛，系1942年4月驻菲美军进行最后抵抗的根据地。原名"布法罗"号（USS Buffalo，CL-99）

旗语/无线电代码：NFGJ

"圣哈辛托"号（USS San Jacinto，CVL-30/AVT-5）

建造厂：纽约造船公司

1942.10.26作为轻型航母开工，1943.9.29下水，1943.12.15服役

1947.3.1退役，1959.5.15改为飞机运输舰，1970.6.1除籍解体

舰名由来：圣哈辛托县位于得克萨斯州，系1836年4月得克萨斯民兵与墨西哥军队决定性战役的发生地。原名"纽瓦克"号（USS Newark，CL-100）

塞班级（Saipan class）轻型航母

两艘"塞班"级是二战期间的9艘"独立"级轻型航母的后续舰，区别在于"独立"级是在"克利夫兰"级轻巡洋舰舰体上改建而成，而"塞班"级使用的是"巴尔的摩"级重巡洋舰（13600吨）的舰体。由于内部空间较大，"塞班"级的航速、适航性和载机量都超过"独立"级，可以搭载42架舰载机，烟囱仍像"独立"级一样设置在舷侧。由于建造计划通过太晚，"塞班"号和"莱特"号直到1944年夏天才开工，至日本投降时尚在舾装，嗣后拖延到1946和1947年才最终完成。

此时美国海航正在向喷气式时代转型，"塞班"级由于机库面积过小（长度比"埃塞克斯"级短1/3）、飞行甲板强度也不够，实际作为舰队航母只使用了6－9年。在此期间，它们主要搭载FH-1"鬼怪"战斗机和直升机，承担飞行员训练和加勒比海区的人道主义救援任务。部分海军高层曾提出对该型舰进行和"埃塞克斯"级类似的现代化改装，增加斜角甲板和新型弹射器，使其可以使用更大的喷气式飞机。但经过改造的"塞班"级载机量很难超过40架，实际使用中经济性和通用度太差，所以该计划最终被取消。

不过与早早退役的"独立"级相比，"塞班"级的舰龄较短，内部空间也大，仍有继续使用的可能。1962年，二号舰"莱特"号在原来的机库和飞行甲板位置加装了大量电子设备，成为专用舰队指挥舰；1964年，"塞班"号也改造为通讯中继舰，继而更名为"阿灵顿"号（AGMR-2）。1967年4月，"莱特"号曾运送林登·约翰逊总统前

▲1948年5月，一架VF-17A战斗机中队的FH-1"鬼怪"战斗机被推上"塞班"号航母的弹射器准备起飞，进行航母起降适应性测试。

往乌拉圭参加拉丁美洲峰会，"阿灵顿"号则于同年开赴越南，与由护航航母改造的"安纳波利斯"号（AGMR-1）一起为东京湾（即北部湾）内的第7舰队提供通信中继和电子设备维修支援。1968年12月，结束作战任务的"阿灵顿"号又随TF130前往中太平洋，为载人宇宙飞船"阿波罗"8号的回收工作担当通讯中继。次年5月，该舰还参与了"阿波罗"10号的回收支援。1969年6月，本舰奉命前往中途岛，为尼克松总统和"南越总统"阮文绍的会谈提供通信支援。作为唯一一艘先后参与"阿波罗"8号、10号、11号三艘宇宙飞船回收的海军通信舰，"阿灵顿"号曾荣获总统亲自登舰视察的嘉奖和7枚"战役之星"勋章。1970年两艘"塞班"级退役，分别在1976年和1980年出售解体。

"塞班"号（USS Saipan, CVL-48/AVT-6/CC-3/AGMR-2）

建造厂：纽约造船公司
1944.7.10开工，1945.7.8下水，1946.7.14服役
1959.5.15改为飞机运输舰，1963年改为指挥舰，1964.9.1改为通讯中继舰，1965.4.8更名为"阿灵顿"号
1970.1.14退役，1976.6.1出售解体
舰名由来：原名系为纪念1944年6月美军攻克塞班岛之役。更名为"阿灵顿"号（USS Arlington, AGMR-2）系为纪念位于弗吉尼亚州的阿灵顿国家公墓
旗语/无线电代码：NILB
战术无线呼叫代码：Trainshed

"莱特"号（USS Wright, CVL-49/AVT-7/CC-2）

建造厂：纽约造船公司
1944.8.21开工，1945.9.1下水，1947.2.9服役
1959.5.15改为飞机运输舰，1963.5.11改为指挥舰
1970.5.27退役，1980.8.1出售解体
舰名由来：纪念飞机发明者威尔伯·莱特和奥维尔·莱特兄弟

排 水 量	标准14500吨，满载19000吨
主 尺 度	208.7（全长）×23.4×8.5米
动 力	4台"威斯汀豪斯"式蒸汽轮机，4座"巴布科克－威尔考克斯"式燃油锅炉，功率120000马力，航速33节
防 护	主装甲带102毫米，机库甲板65毫米
舰 载 机	（设计）常用42架
火 力	（设计）42门"博福斯"40毫米机炮（四联×5，双联×11），32门"厄利孔"20毫米机炮（双联×16）；（"莱特"号改指挥舰后）16门76毫米L/50高炮（双联×8）
电子设备	SPS-8型对空雷达，SPN-6型对空雷达，SR-A型航空管制雷达
编 制	1700人

▲1956年，正在墨西哥湾彭萨科拉海域进行海上训练的"塞班"号航母，舰上搭载的是AD-5"空中袭击者"攻击机。注意舰首和右舷炮座上的防空炮皆已移除。

◀1963年9月25日，改为指挥舰后的"莱特"号（CC-2）巡弋于南加州圣迭戈外海，进行海上训练。之后六年该舰一直担任美国总统的战时指挥舰，前甲板林立的通信天线可以满足远程通讯中继的需要，后甲板则可起降3架直升机。不过随着卫星通信技术的发展，美国总统自1969年起不再指定专门的战时指挥舰，"莱特"号也于次年退役。

战后美国海军护航航空母舰
(Escort Carriers)

二战当中美国建造了"长岛"级、"袭击者"级、"博格"级、"桑加蒙"级、"卡萨布兰卡"级、"科芒斯曼特湾"级共六级123艘护航航母（其中为英国建造39艘）。

到二战结束后，这些护航航母大多改为货船或者拆毁解体，少数舰况较好的护航航母在战后继续使用，改为飞机运输舰或直升机护航航母（CVHE）。其中舰况最好的"卡萨布兰卡"级"忒提斯湾"号还改为LPH（两栖攻击舰），一直使用到1964年。此外在越战初期有数艘"博格"级护航航母被调往南越，改为小艇维修舰或工作母船。

博格级（Bogue class）	
排 水 量	标准9393吨，满载13891吨
主 尺 度	151.1（全长）/146.0（飞行甲板长）×21.2×7.1米
动 力	1台"艾利斯－查默斯"式蒸汽轮机，2座"福斯特－惠勒尔"式重油锅炉，功率8500马力，航速16.5节
舰 载 机	F4F战斗机12架，TBM攻击机9架，合计21架
火 力	（1945年）2门Mk.12型127毫米L/38高炮，20门"博福斯"40毫米机炮（双联×10），27门"厄利孔"20毫米机炮
编 制	890人

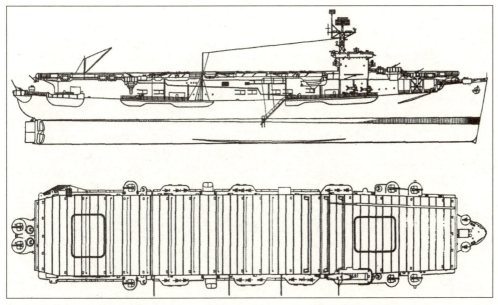

▲ "博格"级护航航母线图。

"博格"号（USS Bogue，AVG/ACV/CVE/CVHE-9）

建造厂：西雅图－塔科马造船公司
1941.10.1作为货船开工，1942.1.15下水，1942.9.26作为辅助航母（ACV）服役，1943.7.15改为护航航母（CVE）
1946.11.30退役，1955.6.12改为直升机护航航母（CVHE），1960年在日本解体

"卡德"号（USS Card，AVG/ACV/CVE/CVHE/CVU-11/AKV-40）

建造厂：西雅图－塔科马造船公司
1941.10.27作为货船开工，1942.2.27下水，1942.11.8作为辅助航母（ACV）服役，1943.7.15改为护航航母（CVE）
1946.5.13退役，1955.6.12改为直升机护航航母（CVHE），1959.5.7改为飞机运输舰（AKV）
1964.5.2在西贡被越共特工破坏沉没，同年5.19捞起，1971年出售解体

"科帕希"号（USS Copahee，AVG/ACV/CVE/CVHE-12）

建造厂：西雅图－塔科马造船公司
1941.6.18作为货船开工，1941.10.21下水，1942.6.15作为飞机护卫舰（AVG）服役，1943.7.15改为护航航母（CVE）
1946.7.5退役，1955.6.12改为直升机护航航母（CVHE），1961年出售解体

"科尔"号（USS Core，AVG/ACV/CVE/CVHE/CVU-13/AKV-41）

建造厂：西雅图－塔科马造船公司
1942.1.2作为货船开工，1942.5.15下水，1942.12.10作为辅助航母（ACV）服役，1943.7.15改为护航航母（CVE）
1946.10.4退役，1955.6.12改为直升机护航航母（CVHE），1959.5.7改为飞机运输舰（AKV），1971年出售解体

"拿骚"号（USS Nassau，AVG/ACV/CVE/CVHE-16）

建造厂：西雅图－塔科马造船公司

1941.11.27作为货船开工，1942.4.4下水，1942.8.20作为辅助航母（ACV）服役，1943.7.15改为护航航母（CVE）
1946.10.28退役，1955.6.12改为直升机护航航母（CVHE），1961年在日本解体

"阿尔塔马哈"号（USS Altamaha，AVG/ACV/CVE/CVHE-18）

建造厂：西雅图－塔科马造船公司
1941.12.19作为货船开工，1942.5.22下水，1942.9.15作为辅助航母（ACV）服役，1943.7.15改为护航航母（CVE）
1946.9.27退役，1955.6.12改为直升机护航航母（CVHE），1961年在日本解体

"巴恩斯"号（USS Barnes，AVG/ACV/CVE/CVHE-20）

建造厂：西雅图－塔科马造船公司
1942.1.19作为货船开工，1942.5.22下水，1943.2.20作为辅助航母（ACV）服役，1943.7.15改为护航航母（CVE）
1946.8.29退役，1955.6.12改为直升机护航航母（CVHE），1961年在日本解体

"布雷顿"号（USS Breton，AVG/ACV/CVE/CVHE/CVU-23/AKV-42）

建造厂：西雅图－塔科马造船公司
1942.2.25作为货船开工，1942.6.27下水，1943.4.12作为辅助航母（ACV）服役，1943.7.15改为护航航母（CVE）
1946.8.30退役，1955.6.12改为直升机护航航母（CVHE），1959.5.7改为飞机运输舰（AKV），1972年出售解体

"科罗坦"号（USS Croatan，AVG/ACV/CVE/CVHE/CVU-25/AKV-43）

建造厂：西雅图－塔科马造船公司
1942.4.15作为货船开工，1942.8.1下水，1943.4.28作为辅助航母（ACV）服役，1943.7.15改为护航航母（CVE）
1946.5.20退役，1955.6.12改为直升机护航航母（CVHE），1959.5.7改为飞机运输舰（AKV），1971年出售解体

"威廉亲王"号（USS Prince William, AVG/ACV/CVE/CVHE-31）

建造厂：西雅图－塔科马造船公司

1942.5.18开工，1942.8.23下水，1943.4.9作为辅

助航母（ACV）服役，1943.7.15改为护航航母（CVE）

1946.8.29退役，1955.6.12改为直升机护航航母（CVHE），1961年在日本解体

▲1943年7月1日，辅助航空母舰ACV-20"巴恩斯"号满载P-38"闪电"和P-47"雷霆"战斗机，正赶往西太平洋前线。

桑加蒙级（Sangamon class）	
排 水 量	标准10500吨，满载23895吨
主 尺 度	168.6（全长）×22.9×9.3米
动 力	2台"艾利斯－查默斯"式蒸汽轮机，4座"福斯特－惠勒尔"式重油锅炉，功率13500马力，航速18节
舰 载 机	F4F战斗机20架，TBM攻击机11架，合计31架
火 力	（1945年）2门Mk.12型127毫米L/38高炮，28门"博福斯"40毫米机炮（双联×10，四联×2），27门"厄利孔"20毫米机炮
编 制	1080人

"桑加蒙"号（USS Sangamon, AO-28/AVG/ACV/CVE-26）

建造厂：新泽西州联邦造船公司

1939.3.13以民用油轮"埃索·特伦顿"号（SS Esso Trenton）开工，1939.11.4下水

1940.10.22被海军收购，改为舰队油船并更名

为AO-28"桑加蒙"号，1940.10.23服役

1942.2.14改为飞机护卫舰AVG-26，1942.8.20改为辅助航母（ACV），1943.7.15改为护航航母（CVE）

1945.10.24退役，1960.8在日本解体

"苏万尼"号（USS Suwannee, AO-33/AVG/ACV/CVE/CVHE-27）

建造厂：新泽西州联邦造船公司

1938.6.3以民用油轮"马凯"号（SS Markay）开工，1939.3.4下水

1941.6.26被海军收购，改为舰队油船并更名为AO-33"苏万尼"号，1941.7.16服役

1942.2.14改为飞机护卫舰AVG-27，1942.8.20改为辅助航母（ACV），1943.7.15改为护航航母（CVE）

1947.1.8退役，1955.6.12改为直升机护航航母（CVHE），1962.6在西班牙解体

"切南戈"号（USS Chenango, AO-31/AVG/ACV/CVE/CVHE-28）

建造厂：宾州太阳造船公司

1938.7.10以民用油轮"埃索·新奥尔良"号（SS Esso New Orleans）开工，1939.4.1下水

1941.5.31被海军收购，改为舰队油船并更名为AO-31"切南戈"号，1941.6.20服役

1942.3.16改为飞机护卫舰AVG-28，1942.8.20改为辅助航母（ACV），1943.7.15改为护航航母（CVE）

1946.8.14退役，1955.6.12改为直升机护航航母（CVHE），1962年在西班牙解体

"桑提"号（USS Santee, AO-29/AVG/ACV/CVE/CVHE-29）

建造厂：宾州太阳造船公司

1938.5.31以民用油轮"埃索·西凯"号（SS Esso Seakay）开工，1939.3.4下水

1940.10.18被海军收购，改为舰队油船并更名为AO-29"桑提"号，1940.10.30服役

1942.1.9改为飞机护卫舰AVG-29，1942.8.20改为辅助航母（ACV），1943.7.15改为护航航母（CVE）

1946.10.21退役，1955.6.12改为直升机护航航母（CVHE），1960.5在联邦德国解体

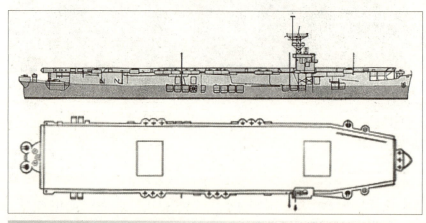

◀ "桑加蒙"级护航航母线图。

▲战后封存于波士顿的"桑提"号，1959年。三艘"桑加蒙"级护航航母虽然均在1955年改为直升机护航航母，但由于美国海军开始建造功能相当于直升机航母的"硫黄岛"级两栖攻击舰，因此各舰并未实际解封入役，而是保持封存状态，直至解体。

卡萨布兰卡级（Casablanca class）	
排 水 量	标准8200吨，满载10900吨
主 尺 度	156.1（全长）×19.8×6.3米
动 力	2台单流往复式蒸汽机，4座重油锅炉，功率9000马力，航速20节；续航力10240海里/15节
舰 载 机	F4F战斗机18架，TBM攻击机10架，合计28架
火 力	（1945年）1门Mk.12型127毫米L/38高炮，32门"博福斯"40毫米机炮（双联×16），20门"厄利孔"20毫米机炮
编 制	860人

"安齐奥"号（USS Anzio, CVE/CVHE-57）

建造厂：凯泽造船公司

1942.12.12开工，1943.5.1下水，1943.8.27服役
1946.8.5退役，1955.6.12改为直升机护航航母
（CVHE），1959.11.24出售解体

"科雷吉多尔"号（USS Corregidor, CVE/CVU-58）

建造厂：凯泽造船公司

1942.8.20开工，1943.5.12下水，1943.8.31服役
1946.7.30退役，1955.6.12改为通用航母
（CVU），1959.4.28出售解体

"米森湾"号(USS Mission Bay, CVE/CVU-59)

建造厂：凯泽造船公司

1942.12.28开工，1943.5.26下水，1943.9.13服役
1947.2.21退役，1955.6.12改为通用航母
（CVU），1959.4.30在纽约出售解体

"瓜达尔卡纳尔"号（USS Guadalcanal, CVE/CVU-60）

建造厂：凯泽造船公司

1943.1.5开工，1943.6.5下水，1943.9.25服役
1946.7.15退役，1955.6.12改为通用航母
（CVU），1959.4.30在纽约出售解体

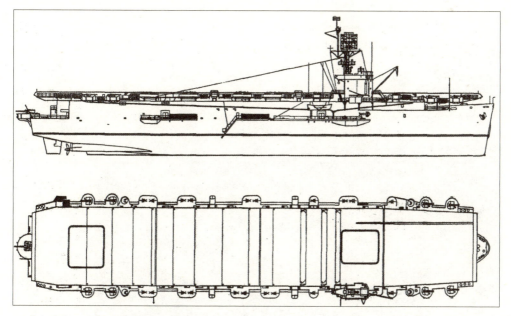

▲ "卡萨布兰卡"级护航航母线图。

"马尼拉湾"号（USS Manila Bay, CVE/CVU-61）

建造厂：凯泽造船公司

1943.1.15开工，1943.7.10下水，1943.10.5服役1946.7.31退役，1955.6.12改为通用航母（CVU），1959.9.2在纽约出售解体

"白平原"号（USS White Plains, CVE/CVU-66）

建造厂：凯泽造船公司

1943.2.11开工，1943.9.27下水，1943.11.15服役1946.7.10退役，1955.6.12改为通用航母（CVU），1958.7.29出售解体

"纳托马湾"号（USS Natoma Bay, CVE/CVU-62）

建造厂：凯泽造船公司

1943.1.17开工，1943.7.20下水，1943.10.14服役1946.5.20退役，1955.6.12改为通用航母（CVU），1959.7.30出售解体

"卡桑湾"号（USS Kasaan Bay, CVE/CVHE-69）

建造厂：凯泽造船公司

1943.5.11开工，1943.10.24下水，1943.12.4服役1946.7.6退役，1955.6.12改为直升机护航航母（CVHE），1960.2.2出售解体

"的黎波里"号（USS Tripoli, CVE/CVU-64）

建造厂：凯泽造船公司1943.2.1开工，1943.7.13下水，1943.10.31服役1946.5.22退役，1955.6.12改为通用航母（CVU），1960.1在日本解体

"方肖湾"号(USS Fanshaw Bay, CVE/CVHE-70)

建造厂：凯泽造船公司1943.5.18开工，1943.11.1下水，1943.12.9服役1946.8.14退役，1955.6.12改为直升机护航航母（CVHE），1959.9.26出售解体

"奈汉塔湾"号（USS Nehenta Bay, CVE/CVU-74/AKV-24）

建造厂：凯泽造船公司1943.7.20开工，

1943.11.28下水，1944.1.3服役1946.5.15退役，1955.6.12改为通用航母（CVU），1959.5.7改为飞机运输舰（AKV），1960.6.29出售解体

◀已改装为直升机运输舰CVHA-1的"忒提斯湾"号，1956年11月17日。

"霍加特湾"号（USS Hoggatt Bay, CVE/CVHE-75/AKV-25）

建造厂：凯泽造船公司

1943.8.17开工，1943.12.4下水，1944.1.11服役

1946.7.20退役，1955.6.12改为直升机护航航母（CVHE），1959.5.7改为飞机运输舰（AKV），1960.3.31出售解体

"卡达珊湾"号（USS Kadashan Bay, CVE/CVU-76/AKV-26）

建造厂：凯泽造船公司

1943.9.2开工，1943.12.11下水，1944.1.18服役

1946.6.14退役，1955.6.12改为通用航母（CVU），1959.5.7改为飞机运输舰（AKV），1959.8.13出售解体

"马尔库斯岛"号（USS Marcus Island, CVE/CVHE-77/AKV-27）

建造厂：凯泽造船公司

1943.9.15开工，1943.12.16下水，1944.1.26服役

1946.12.12退役，1955.6.12改为直升机护航航母（CVHE），1959.5.7改为飞机运输舰（AKV），1960.2.29出售解体

"萨沃岛"号（USS Savo Island, CVE/CVHE-78/AKV-28）

建造厂：凯泽造船公司

1943.9.27开工，1943.12.22下水，1944.2.3服役

1946.12.12退役，1955.6.12改为直升机护航航母（CVHE），1959.5.7改为飞机运输舰（AKV），1960.2.29出售解体

"佩卓夫湾"号（USS Petrof Bay, CVE/CVU-80）

建造厂：凯泽造船公司

1943.10.15开工，1944.1.5下水，1944.2.18服役

1946.7.31退役，1955.6.12改为通用航母（CVU），1959.7.30出售解体

"鲁戴尔德湾"号（USS Rudyerd Bay, CVE/CVU-81/AKV-29）

建造厂：凯泽造船公司

1943.10.24开工，1944.1.12下水，1944.2.25服役

1946.6.11退役，1955.6.12改为通用航母（CVU），1959.5.7改为飞机运输舰（AKV），1960.1出售解体

"萨吉诺湾"号（USS Saginaw Bay, CVE/CVHE-82）

建造厂：凯泽造船公司

1943.11.1开工，1944.1.19下水，1944.3.2服役

1946.6.19退役，1955.6.12改为直升机护航航母（CVHE），1959.11.27出售解体

"萨金特湾"号（USS Sargent Bay, CVE/CVU-83）

建造厂：凯泽造船公司

1943.11.8开工，1944.1.31下水，1944.3.9服役

1946.7.23退役，1955.6.12改为通用航母（CVU），1959.7.30出售解体

"沙姆洛克湾"号（USS Shamrock Bay, CVE/CVU-84）

建造厂：凯泽造船公司

1943.11.15开工，1944.2.4下水，1944.3.15服役

1946.7.6退役，1955.6.12改为通用航母（CVU），1958.5出售解体

"希普利湾"号（USS Shipley Bay, CVE/CVHE-85）

建造厂：凯泽造船公司

1943.11.22开工，1944.2.12下水，1944.3.21服役

1946.6.28退役，1955.6.12改为直升机护航航母（CVHE），1959.10.2出售解体

"锡特克湾"号（USS Sitkoh Bay, CVE/CVU-86/AKV-30）

建造厂：凯泽造船公司

1943.11.23开工，1944.2.19下水，1944.3.28服役

1946.11.30退役，1955.6.12改为通用航母（CVU），1959.5.7改为飞机运输舰（AKV），1960.8.30出售解体

"斯蒂马尔湾"号（USS Steamer Bay，CVE/CVHE-87）

建造厂：凯泽造船公司

1943.12.4开工，1944.2.26下水，1944.4.4服役

1946.7.1退役，1955.6.12改为直升机护航航母（CVHE），1959.8.29出售解体

"埃斯佩兰斯角"号（USS Cape Esperance，CVE/CVU-88）

建造厂：凯泽造船公司

1943.12.11开工，1944.3.3下水，1944.4.9服役

1946.8.22退役，1955.6.12改为通用航母（CVU），1959.5.14出售解体

"塔坎尼斯湾"号（USS Takanis Bay，CVE/CVU-89/AKV-31）

建造厂：凯泽造船公司

1943.12.16开工，1944.3.10下水，1944.4.15服役

1946.5.1退役，1955.6.12改为通用航母（CVU），1959.5.7改为飞机运输舰（AKV），1960.6.29出售解体

"忒提斯湾"号（USS Thetis Bay，CVE-90/CVHA-1/LPH-6）

建造厂：凯泽造船公司

1943.12.22开工，1944.3.16下水，1944.4.12服役

1955.7.1改为直升机运输舰（CVHA），1959.5.28改为两栖攻击舰（LPH），1964.3.1退役，1964.12出售解体

"望加锡海峡"号（USS Makassar Strait，CVE/CVU-91）

建造厂：凯泽造船公司

1943.12.29开工，1944.3.22下水，1944.4.27服役

1946.8.9退役，1955.6.12改为通用航母（CVU），作为靶舰用至1965年以后

▲1958年执行飞机运输任务的CVU-92"温丹湾"号进入旧金山湾。当时该舰的分类已转为CVU（通用航母）。

"温丹湾"号（USS Windham Bay, CVE/CVU-92）

建造厂：凯泽造船公司
1944.1.5开工，1944.3.29下水，1944.5.3服役
1946.8.23退役，1955.6.12改为通用航母（CVU），1960.12.31出售解体

"隆加角"号（USS Lunga Point, CVE/CVU-94/AKV-32）

建造厂：凯泽造船公司
1944.1.19开工，1944.4.11下水，1944.5.14服役
1946.10.24退役，1955.6.12改为通用航母（CVU），1959.5.7改为飞机运输舰（AKV），1960.8.3出售解体

"荷兰迪亚"号（USS Hollandia, CVE/CVU-97/AKV-33）

建造厂：凯泽造船公司
1944.2.12开工，1944.4.28下水，1944.6.1服役
1947.1.17退役，1955.6.12改为通用航母（CVU），1959.5.7改为飞机运输舰（AKV），1960.7出售解体

"夸贾林"号（USS Kwajalein, CVE/CVU-98/AKV-34）

建造厂：凯泽造船公司
1944.2.19年开工，1944.5.4下水，1944.6.7服役

1946.8.16退役，1955.6.12改为通用航母（CVU），1959.5.7改为飞机运输舰（AKV），1961.1.11出售解体

"布干维尔"号（USS Bougainville, CVE/CVU-100/AKV-35）

建造厂：凯泽造船公司
1944.2.26年开工，1944.5.16下水，1944.6.18服役
1946.11.3退役，1955.6.12改为通用航母（CVU），1959.5.7改为飞机运输舰（AKV），1960.8.29出售解体

"马塔尼考"号（USS Matanikau, CVE/CVHE-101/AKV-36）

建造厂：凯泽造船公司
1944.3.10开工，1944.5.22下水，1944.6.24服役
1946.10.11退役，1955.6.12改为直升机护航航母（CVHE），1959.5.7改为飞机运输舰（AKV），1960.7.27出售解体

"蒙达"号（USS Munda, CVE/CVU-104）

建造厂：凯泽造船公司
1944.3.29年开工，1944.5.27下水，1944.7.8服役
1946.9.13退役，1955.6.12改为通用航母（CVU），1960.6.17出售解体

科芒斯曼特湾级（Commencement Bay class）	
排水量	标准10500吨，满载23895吨
主尺度	169.9（全长）×22.9×8.5米
动　力	2台蒸汽轮机，4座重油锅炉，功率16000马力，航速19节
舰载机	F4F战斗机18架，TBM攻击机15架，合计33架
火　力	2门Mk.12型127毫米L/38高炮，36门"博福斯"40毫米机炮（双联×12，四联×3），20门"厄利孔"20毫米机炮
编　制	1066人

"科芒斯曼特湾"号（USS Commencement Bay，CVE/CVHE-105/AKV-37）

建造厂：托德太平洋造船公司
1943.9.23开工，1944.5.9下水，1944.11.27服役

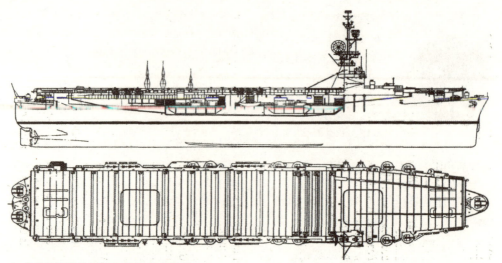

▲ "科芒斯曼特湾"级护航航母线图。

1946.11.30退役，1955.6.12改为直升机护航航母（CVHE），1959.5.7改为飞机运输舰（AKV），1972.8.25出售解体

"布洛克岛"号（USS Block Island, LPH-1/CVE-106/AKV-38）

建造厂：托德太平洋造船公司

1943.10.25开工，1944.6.10下水，1944.12.30服役
1946.5.28退役，1957.12.22改为两栖攻击舰（LPH），1959.2.17改为护航航母（CVE），1959.5.7改为飞机运输舰（AKV），1960.2.23出售解体

"吉尔伯特群岛"号（USS Gilbert Islands, CVE-107/AKV-39/AGMR-1）

建造厂：托德太平洋造船公司

1943.11.29开工，1944.7.20下水，1945.2.5服役

1946.5.21退役，1959.5.7改为飞机运输舰（AKV）

1963.6.1改为通讯中继舰，1963.6.22更名为"安纳波利斯"号（USS Annapolis）
1964.3.7重新服役，1969.12.20退役，1979.11.1出售解体

"库拉湾"号（USS Kula Gulf, CVE-108/AKV-8）

建造厂：托德太平洋造船公司

1943.12.16开工，1944.8.15下水，1945.5.12服役

1946.7.3退役，1959.5.7改为飞机运输舰（AKV），1971.3.12出售解体

"格洛斯特角"号（USS Cape Gloucester, CVE/CVHE-109/AKV-9）

建造厂：托德太平洋造船公司

1943.1.10开工，1944.9.12下水，1945.3.5服役
1946.11.5退役，1955.6.12改为直升机护航航母（CVHE），1959.5.7改为飞机运输舰（AKV），1971.4.1出售解体

"萨勒诺湾"号（USS Salerno Bay, CVE-110/AKV-10）

建造厂：托德太平洋造船公司

1944.2.7开工，1944.9.26下水，1945.5.19服役
1947.10.4退役，1959.5.7改为飞机运输舰（AKV），1961.10.30出售解体

"韦拉湾"号（USS Vella Gulf，CVE/CVHE-111/AKV-11)

建造厂：托德太平洋造船公司

1944.2.7开工，1944.10.19下水，1945.4.9服役

1946.8.9退役，1955.6.12改为直升机护航航母（CVHE），1959.5.7改为飞机运输舰（AKV），1971.10.22出售解体

"锡博内"号(USS Siboney，CVE-112/AKV-12)

建造厂：托德太平洋造船公司

1944.4.1开工，1944.11.9下水，1945.5.14服役

1949.12.6退役，1959.5.7改为飞机运输舰（AKV），1971年出售解体

"普吉特湾"号（USS Puget Sound，CVE/CVHE-113/AKV-13)

建造厂：托德太平洋造船公司

1944.5.12开工，1944.11.20下水，1945.6.18服役

1946.10.18退役，1955.6.12改为直升机护航航母（CVHE），1959.5.7改为飞机运输舰（AKV），1962.1.10出售解体

"伦多瓦"号（USS Rendova，CVE-114/AKV-14)

建造厂：托德太平洋造船公司

1944.6.15开工，1944.12.28下水，1945.10.22服役

1950.1.27退役，1959.5.7改为飞机运输舰（AKV），1971年出售解体

"贝罗"科号（USS Bairoko，CVE-115/AKV-15)

建造厂：托德太平洋造船公司

1944.7.25开工，1945.1.25下水，1945.7.16服役

1950.4.14退役，1959.5.7改为飞机运输舰（AKV），1961.1出售解体

▲1951年2月5日，执行完在朝鲜前线的任务后回国休整的CVE-118"西西里"号护航航母正驶入圣迭戈湾，舰员在飞行甲板上排出"SICILY"舰名字样。

"巴东海峡"号（USS Badoeng Strait, CVE-116/AKV-16）

建造厂：托德太平洋造船公司

1944.8.18开工，1945.2.15下水，1945.11.14服役 1946.4.20退役 1959.5.7改为飞机运输舰（AKV），1972.5.8出售解体

"塞多尔"号（USS Saidor, CVE/CVHE-117/AKV-17）

建造厂：托德太平洋造船公司

1944.9.29开工，1945.3.17下水，1945.9.4服役 1947.9.12退役，1955.6.12改为直升机护航航母（CVHE），1959.5.7改为飞机运输舰（AKV），1971.10.22出售解体

"西西里"号（USS Sicily, CVE-118/AKV-18）

建造厂：托德太平洋造船公司

1944.10.23开工，1945.4.14下水，1946.2.27服役 1954.10.4退役，1959.5.7改为飞机运输舰（AKV），1960.10.31出售解体

"克鲁兹角"号（USS Point Cruz, CVE-119/AKV-19）

建造厂：托德太平洋造船公司

1944.12.4开工，1945.5.18下水，1945.10.16服役 1947.6.30退役，1959.5.7改为飞机运输舰（AKV），1971.3.12出售解体

"民都洛"号（USS Mindoro, CVE-120/AKV-20）

建造厂：托德太平洋造船公司

1945.1.2开工，1945.6.27下水，1945.12.4服役 1955.8.4退役，1959.5.7改为飞机运输舰（AKV），1960.6出售解体

"拉包尔"号（USS Rabaul, CVE/CVHE-121/AKV-21）

建造厂：托德太平洋造船公司

1945.1.2开工，1945.6.14下水，1946.8.30未服役即进入后备状态

1955.6.12改为直升机护航航母（CVHE），1959.5.7改为飞机运输舰（AKV），1972.8.25出售解体

"帕劳"号（USS Palau, CVE-122/AKV-22）

建造厂：托德太平洋造船公司

1945.2.19开工，1945.8.6下水，1946.1.15服役 1954.6.15退役，1959.5.7改为飞机运输舰（AKV），1960.7.13出售解体

"提尼安"号（USS Tinian, CVE/CVHE-123/AKV-23）

建造厂：托德太平洋造船公司

1945.3.20开工，1945.9.5下水，1946.7.30未服役即进入后备状态

1955.6.12改为直升机护航航母（CVHE），1959.5.7改为飞机运输舰（AKV），1971.12.15出售解体

▲1949年11月，正在执行"天棚计划"（Project Skyhook）的CVE-122"帕劳"号护航航母，该舰是美国最后完工的几艘护航航母之一。"天棚计划"是一项借助大量探空气球建立远程观测和通信网络的工程，图中"帕劳"号正在释放气球。

制海舰和中型航母计划（SCS and CVV Projects）

严格地说，1970年代在美国海军中颇有影响力的中小型航母计划一共有三个具体的版本：第一个版本是海军作战部长朱姆沃尔特上将在1973－1974年推出的"制海舰"（SCS），排水量在1万吨左右，这是一种为反潜、护航、小规模对地支援等低烈度作战任务打造的常规动力小型航母，搭载直升机和"鹞Ⅱ"式飞机。后来被西班牙、泰国等国海军采用的轻型航母设计就是基于这个版本，它的衍生物包括2万吨级的"垂直/短距起降飞机支援舰"（VSS），以及参议院军事委员会在1978财年一度列入预算的直升机驱逐舰（DDH）。

第二个版本是"核海军之父"里科弗上将和朱姆沃尔特的继任者霍洛维在1970年代中期提出来的，列在核动力导弹攻击巡洋舰（CSGN）项目下，称为CSGN Mk.2。它的出发点是使超级航母编队中的大型防空舰核动力化，并安装在研的"宙斯盾"作战系统，加装航空甲板只是一种探讨，也从未获得官方批准。

第三个版本是霍洛维担任海军作战部长期间立项的"中型航母工程"（CVV），目标是建造一种成本比"尼米兹"级低、尺寸比现代化改装后的"中途岛"级略小的常规动力航母。在CVN-71预算案被搁置的两年里，CVV一度受到若干国会人士的垂青，但在里根政府上台后最终下马。

上述这些项目几乎全都出现在福特和卡特两位总统任内。当时美国正处于越南战争之后的军事低谷，经济也因1973年的石油危机大受打击，"尼米兹"级核航母高昂的成本和缓慢的建造速度正遭到广泛的质疑，替代和补充该型舰的想法因而产生。比如，朱姆沃尔特的制海舰是为了在"不值得"动用航母的场合担当反潜、有限对地支援等任务而设计的，随着1980年代初冷战高潮的再起和里根政府的经济刺激计划，这种辅助型航母的消失也就成为必然。而CVV是一种野心更大的设想，它企图用大量常规航母彻底代替少数昂贵的核动力航母，回到"佛瑞斯特"级和"约翰·肯尼迪"级，代表了一种海军路线之争。CVV项目的失败除去涉及财政、政治和技术因素外，实际上也表明了美国海军对航母的决定性要求——攻击力与即时部署性，而成本始终是排在它们之后的。

1. 制海舰方案（SCS, Sea Control Ship）

制海舰项目的雏形始于1959年。当时美国海军发现苏联新型潜艇的威胁正在上升，而美国海军航母上搭载的S-2固定翼反潜机性能不佳，无法确保整个编队以及小型巡逻分队都能受到足够保护。搭载拖曳式声呐和轻型反潜鱼雷的直升机的出现可以部分弥补这一缺陷，当时美国还有少数"科芒斯曼特湾"级护航航母以及改为CVS的"埃塞克斯"级，它们每艘搭载一个中队反潜直升机（12架），既可单独完成反潜巡逻任务，也可伴随主力舰队出航。

随着"埃塞克斯"级相继退役，为CVS寻找后继舰的任务重新引起了美国海军的重视。1970－1974年任海军作战部长的朱姆沃尔特认为，需要新建8艘"制海舰"来接替CVS的任务，它们将负责为没有航母掩护的小舰队、补给编队和两栖作战群提供掩护，未来还可以搭载研发中的"鹞Ⅱ"式垂直/短距起降飞机，执行有限的制空任务。1971年，整个研究正式启动，次年就拿出了设计

▲制海舰效果图（1972年）。

方案：军舰的排水量在1万吨左右，搭载3架"鹞Ⅱ"式飞机和17架反潜直升机，没有弹射器，升降机为右舷中部和舰尾各1座，采用燃气轮机作为主机，预计成本1亿美元，相当于"尼米兹"级的1/10。朱姆沃尔特认为，在苏联潜艇和反舰导弹威胁越来越大的情况下，在战区使用制海舰执行辅助任务的风险比动用巨大的"尼米兹"级要小。他还指派一个中队的"海王"和"鹞Ⅱ"在两栖攻击舰"关岛"号（LPH-9）上进行了测试。

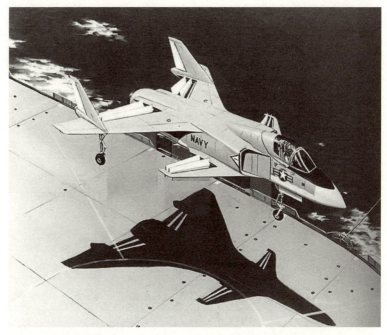

▲美国海军为配合制海舰项目开发的XFV-12超音速垂直起落战斗机，1977年造出首架原型机。XFV-12采用引射增升装置提供垂直起降所需的推力，但悬停测试发现该装置在传导中会损失大量推力，加之成本不断上涨，该项目于1981年下马。

但制海舰也有不少问题。首先，新研发的S-3A"北欧海盗"反潜机从1973年起开始装备航母，"佛瑞斯特"级和"小鹰"级也准备安装新的反潜战控制中心，困扰航母编队的反潜问题基本得到解决。其次，在"关岛"号上的测试发现1万吨左右的制海舰无法同时指挥两架直升机执行反潜攻击任务，需要扩大舰岛和飞行甲板面积，这样军舰的排水量就必须增加到1.7万吨左右，成本也会上升。更重要的是，国会审计总署在1974财年的评估报告中指出："鹞Ⅱ"式飞机成本过高、性能却过于单一，它无法保护母舰免遭苏联潜艇或岸舰导弹的攻击，而大型航母上的远程攻击机和战斗机可以做到这一点。派1艘1亿－2亿美元的制海舰进入敌方威胁海域，一旦对方主动攻击，损失将是100%的，对所护卫的舰艇也不会有任何帮助。制海舰项目因此未能获得拨款。朱姆沃尔特离任后，这一计划被继任的霍洛维终止。

2. 垂直/短距起降飞机支援舰方案（VSS, V/STOL Support Ship）

VSS项目是在霍洛维任内的1974－1975年启动研究的。当时国会中的大航母反对派

SCS方案	
排水量	标准9770吨，满载13735吨
主尺度	185.93（全长）×24.38×6.55米
动力	2台通用LM-2500型燃气轮机，功率45000马力，单轴推进，航速26节
舰载机	3架AV-0D "鹞Ⅱ" 式战斗机，17架SH-3G "海土" 反潜直升机
弹射器	无
升降机	2部
火力	2座 "密集阵" 近防炮
电子设备	SPS-52型对空雷达
编制	约700人

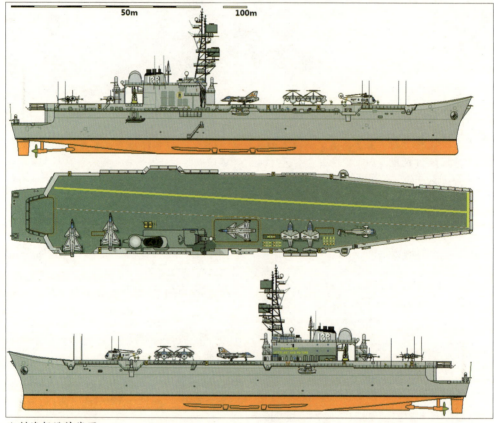

▲制海舰设计线图。

对 "尼米兹" 级的质疑依旧，但对垂直/短距起降飞机上舰的前景很感兴趣，霍洛维因此责成设计部门开始VSS的讨论。尽管与之前的SCS项目没有明显的继承性，但VSS基本沿袭了制海舰的特征：它是一种 "辅助航母"，是为在数量有限的超级航母来不及踏足的海域执行任务而设计的，不是为了替代超级航母。VSS方案的外观也和制

▲垂直/短距起降飞机支援舰效果图（1976年）。

海舰很像：采用燃气轮机作为动力，没有弹射器，主要搭载反潜直升机和"鹞Ⅱ"式飞机，成本较低，不过抗打击力比最初的制海舰方案要强。然而VSS的结局倒和其前身没有多少区别——在中型航母方案CVV于1980财年被放弃后，一切"小航母"设计都被从美国海军中扫地出门了。VSS的部分设计理念被应用在了两

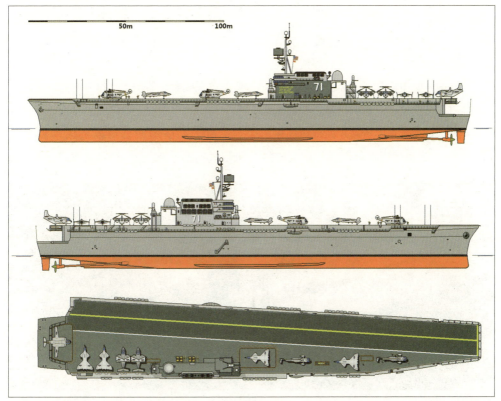

▲垂直/短距起降飞机支援舰设计线图。

VSS方案	
排 水 量	标准20115吨，满载29130吨
主 尺 度	218.54（全长）×24.52×7.72米
动 力	4台LM-2500型燃气轮机，功率90000马力，双轴推进，航速30节
舰 载 机	4架AV-8B"鹞Ⅱ"式战斗机，16架SH-3D"海王"反潜直升机，6架SH-2"海妖"多用途直升机
弹 射 器	无
升 降 机	2部
火 力	2座"密集阵"近防炮，2座四联装"鱼叉"反舰导弹发射架
电子设备	SPS-52型对空雷达
编 制	舰员959人，航空人员628人

栖攻击舰（LHD）上，后者也可以搭载"鹞Ⅱ"式执行火力支援任务。

3. 直升机驱逐舰方案（DDH, Helicopter Destroyer）

严格来说，直升机驱逐舰项目不是由美国海军推动的，而是"斯普鲁恩斯"级驱逐舰的建造厂家英格尔斯造船公司在1970年代中期自行赞助的一个研究项目，并且把这一方案兜售给了海军。英格尔斯公司宣称，一艘DDH的建造费用不会超过一艘普通的

"斯普鲁恩斯"级。实际上，它就是在"斯普鲁恩斯"级基础上发展出来的——原驱逐舰的舰体和舰桥结构得到保留，在舰岛之后有一个一直延伸到尾部的机库。飞行甲板设在舰桥前方，拥有一块舰首略微上翘的滑跃起飞甲板，"鹞Ⅱ"式飞机可以从这里升空，另外在舰尾还有一个单独的降落平台。为了降低成本，军舰设计得极其紧凑，烟囱和一门主炮布置在左舷前方。

由于英格尔斯公司以低成本和"鹞Ⅱ"式飞机作为卖点，国会在1978财年预算

▲英格尔斯造船公司的直升机驱逐舰效果图，注意左舷的烟囱和一门主炮。

DDH方案	
排 水 量	约8000吨
主 尺 度	172（全长）×16.8米
动 力	4台LM-2500型燃气轮机，功率80000马力，双轴推进，航速约30节
舰 载 机	（最初设计）8架AV-8B"鹞Ⅱ"式战斗机或2架SH-3D"海王"反潜直升机＋4架SH-2"海妖"多用途直升机
弹 射 器	无
升 降 机	无

中，批准将"斯普鲁恩斯"级的最后两艘按DDH方案建造，其中"海勒"号（USS Hayler）是直接以DDH-997的编号列入计划的。

按照英格尔斯公司最初的设想，每艘DDH可以搭载8架"鹞Ⅱ"式或6架反潜直升机（2架SH-3和4架SH-2）。但"斯普鲁恩斯"级的舰体太小，要容纳复杂的上层建筑和沉重的舰载机，稳定性势必出现问题。最终公司不得不向海军提出：如需达到最初设定的载机量，船体必须扩大，预算也势必上升；如果保持现有预算和船体不变，军舰最终只能搭载4架中型直升机或2架"鹞Ⅱ"式，这显然是海军方面不能接受的。最终，当"海勒"号于1980年正式开工时，它采用的仍是普通的"斯普鲁恩斯"级设计，而DDH项目也自此无果而终。

4. 核动力导弹攻击巡洋舰方案（CSGN Mk.2, Nuclear-powered guided missile strike cruiser Mk.2）

这个方案是国防高等计划研究署（DARPA）在1970年代后期提出的。当时美国海军正在规划下一代巡洋舰方案，以里科弗为首的核海军支持者竭力主张在新舰上安装核动力装置，并以"宙斯盾"系统提升其防空能力，并获得霍洛维海军作战部长的支持。当时DARPA已经在规划一种安装"宙斯盾"系统的改进型"斯普鲁恩斯"级驱逐舰项目（即后来的"提康德罗加"级巡洋舰），而使用核动力的"导弹攻击巡洋舰"（CSGN）吨位和尺寸要大得多，为争取国会拨款，CSGN推出了一种改型Mk.2，可以搭载"鹞Ⅱ"式垂直/短距起降战斗机，以此来吸引眼球。

从外观上看，CSGN Mk.2方案与苏联的"基辅"级载机巡洋舰颇有相似之处。它的排水量超过1.8万吨，拥有巡洋舰的舰体和舰艏，主炮和双联"标准Ⅱ"式舰空导弹发射架的布置也与普通巡洋舰类似，但舰桥和其他上层建筑设置在右舷，位置较高，以安排下方的机库。左舷是一块狭长的航空甲板，最多可以搭载6架"鹞Ⅱ"式和3架反潜直升机，舰载机就停放在舰桥以下的巨大机库中。无论从哪个角度看，这种安排都很不实际——如果说CSGN项目本身还是一种实际的技术探讨，那么这个航空巡洋舰项目完全没有任何可操作性。且不论6架"鹞Ⅱ"式如何在狭长的飞行甲板上起降，一发反舰导弹就足以让暴露在甲板上的机库和所有舰

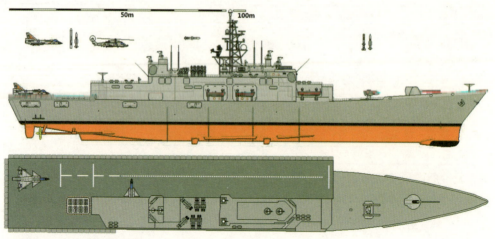

▲CSGN Mk.2航空巡洋舰最终设计方案。

CSGN Mk.2方案	
排 水 量	满载约18000吨
主 尺 度	216.3（全长）×23.3米
动 力	2台D2G型核反应堆，6台蒸汽轮机，功率60000马力，航速30节
舰 载 机	6架AV-8B"鹞II"式战斗机，3架反潜直升机
弹 射 器	无
升 降 机	无
火 力	1门203毫米L/55主炮，2座双联"标准II"舰空导弹发射架，2座双联"战斧"巡航导弹发射架，4座四联"鱼叉"反舰导弹发射架，2座324毫米三联Mk.32鱼雷发射管
电子设备	AN/SPY-1型相控阵雷达

载机全部起火，并瘫痪全舰的战斗力。最终，这个方案甚至没有被提交给国会正式讨论，而CSGN项目本身也在1975年被国防部彻底终止。

5. 中型航母方案（CVV）

美国海军内部呼吁常规动力中型航母的浪潮在福特政府任内达到了高潮。当时3艘"中途岛"级已经确定将在1979年后退役，而"尼米兹"级节节攀升的造价已经造成了国会的不满。曾是大航母支持者的参议院军事委员会主席斯坦尼斯和许多人士都认为：美国应当把大型航母控制在12艘左右，建造一些吨位较小、运用新技术的中型航母作为补充，尤其要搭载垂直/短距起降飞机。这种中型航母的研发始于朱姆沃尔特担任海军作战部长时的1973年，虽然朱姆沃尔特在1974年离职，但反对核动力的国防部长施莱辛格授意霍洛维继续这一项目。

1976年底，福特总统搁置了第四艘"尼米兹"级航母CVN-71的拨款提案，责成海军设计部门加快中型航母的规划，这一项目也获得了"Aircraft Carrier （Medium）"（中型航空母舰）的正式名称，简称为CVV。实际推出的方案类似CV-67"约翰·肯尼迪"号的缩水版，动力只有CV-67的一半，航速27.8节，弹射器也减为2座。舰载机的数量只有60架左右（可能配备一部分"鹞Ⅱ"式），也不会安装远程搜索雷达。

如果CVN-71的建造最终被取消，2艘CVV的预算案将作为候补计划推出。

但以里科弗为首的核航母派在1977年前后进行了大规模舆论反击。他们指出：一艘"尼米兹"级的建造预算为24亿美元，而一艘CVV也要花去15亿美元，后者受维护时间长、舰载机数量少的限制，实际攻击力

▲CVV中型航空母舰效果图（1976年）。

CVV方案	
排 水 量	标准45200吨，满载59800吨
主 尺 度	277.98（全长）×38.41×10.52米
动 力	2台"威斯汀豪斯"式蒸汽轮机，6座燃油锅炉，功率140000马力，航速27.8节
舰 载 机	常用60－65架
弹 射 器	2座C-13型蒸汽弹射器
升 降 机	2部
防空火力	2座"密集阵"近防炮
电子设备	SPS-48型三坐标对空雷达，SPS-49型对空雷达
编 制	4025人

不到"尼米兹"级的一半。而且CVV因为吨位太小、防护不良，在遭到苏联反舰导弹攻击时弹药库可能爆炸。就连海军内部的常规航母派也承认：与其建造这样一艘缩水版的"约翰·肯尼迪"号，不如直接原样新建一艘"约翰·肯尼迪"级。到1979年时，继续支持CVV项目的只剩下卡特总统本人了（他认为这是一种更"经济"、更符合未来潮流的航母），而他也顶不住国会的压力，只能在1980年大选前批准于1981财年拨款20亿美元建造CVN-71。此次大选以卡特失败、里根胜出而告终，后者上台后即开始推行雄心勃勃的"600艘海军"计划，而小家子气的中型航母计划也就此画上了句号。

▲美国海军学会提出的给"衣阿华"级战列舰加装斜角甲板的改造方案模型。

6. 衣阿华级战列舰改造计划

为应对苏联海军在1980年代的全球性威胁，罗纳德·里根总统及美国海军部长小约翰·莱曼提出了"600艘海军"计划，将美国海军现役水面战舰扩充至600艘。作为该计划的一部分，美国海军将4艘"衣阿华"级战列舰重新启封，并运用1980年代的新装备技术加以改造。在为改造"衣阿华"级提出的技术设想中，马丁·马利埃塔（Martin Marietta）公司提出了将最后面的一座16英寸主炮塔拆除、铺设垂直起降飞机甲板的方案，预计可搭载12架AV-8B"鹞Ⅱ"垂直/短距起降战斗机。国防部海军顾问小查尔斯·迈尔斯（Charles E. Myers Jr.）提出的方案是将主炮

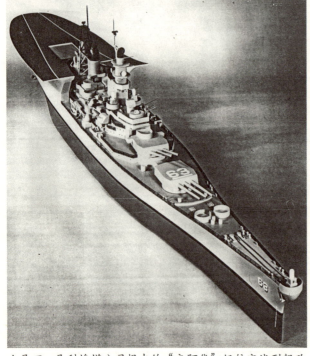

▲马丁·马利埃塔公司提出的"衣阿华"级航空战列舰改造方案模型。

马丁·马利埃塔公司方案	
排 水 量	满载58000吨
主 尺 度	270（全长）×33×11米
动 力	4组"威斯汀豪斯"/GE蒸汽轮机，8座燃油锅炉，功率212000马力，航速31节
舰 载 机	12架AV-8B"鹞Ⅱ"式战斗机，8架反潜直升机
弹 射 器	无
升 降 机	1部
火 力	6门406毫米主炮，12门127毫米高平两用炮，16枚"鱼叉"导弹，4座"密集阵"近防炮
电子设备	AN/SLQ-32，AN/SLQ-25
编 制	1800人

▲1981年美国海军向国会提交的"衣阿华"级战列舰航空改造方案。

塔全部拆除，安装导弹垂直发射系统，并铺设直升机甲板。美国海军学会提出的改进方案是铺设斜角甲板，安装1台蒸汽弹射器以及拦阻索，以搭载F/A-18舰载机。如果这些方案得以实现，"衣阿华"级将成为继旧日本海军"伊势"级之后的第二批非驴非马的"航空战列舰"。

然而美国海军在1984年否决了所有将"衣阿华"级改造为航空战列舰的计划。最终实施的改造项目包括改进锅炉系统，使其可以燃烧海军馏分燃料；安装新型雷达及电子战设备、"密集阵"近防系统和"战斧"导弹，在舰艉铺设直升机甲板。改造完成之后的4艘"衣阿华"级战列舰组成各自的战列舰战斗群（BBBG），包括1艘战列舰、1艘"提康德罗加"级导弹巡洋舰、1艘"基德"级或"伯克"级导弹驱逐舰、1艘"斯普鲁恩斯"级驱逐舰、3艘"佩里"级护卫舰和1艘后勤补给舰。

英国皇家海军航空母舰

从马耳他到伊丽莎白女王：战后英国航母发展史

20世纪40年代：皇家海军的大航母项目

1942年，英国海军部成立了"未来造舰委员会"，负责对建造新型战舰的必要性进行彻底的审查，并重新排列造舰项目的优先程序。此举中止或推迟了"狮"级战列舰和"敏捷"级、"乌干达"级巡洋舰的建造计划，以便使英国的主要造船厂在战时能集中精力和资源建造新型航母。根据当时从战争中获得的经验，这些新航母及其舰载机将构成未来皇家海军舰队的核心。根据该委员会的建议，英国的造船厂接到了8艘舰队航母和24艘轻型航母的订单，这是英国有史以来最大的一次单批造舰项目。舰队航母包括4艘23000吨的"怨仇"级航母（实际建造了"怨仇"号和"不倦"号2艘）及4艘扩大型的"大胆"级航母，后者的头2艘便是战后完工的"鹰"号和"皇家方舟"号。

"未来造舰委员会"起初曾就优先建造舰队航母还是护航航母的问题存在争议，后来决定以舰队航母为主。

不过当时在英国没有多少船台能够建造大型战舰，于是"未来造舰委员会"决定根据现有船台的大小来建造尽可能大的船只。根据设计方案，新开工的舰队航母将可搭载比"光辉"号多2倍的飞机，而其船体建造成本却比后者节省近一半。到1943年末，英国海军已非常了解美国海军航母在太平洋战区的出色表现和超强的作战能力，并获悉美国正在设计和建造"中途岛"级重型航母。在一份引起了激烈争论的报告中，"未来造舰委员会"提议在1945年开工建造3艘吃水线长达850英尺（259米，与"中途岛"级航母相近）的巨型航母，分别命名为"马耳他"号、"直布罗陀"号和"新西兰"号。1944年初，海军部决定只建造3艘"大胆"级航母，将其第4艘"非洲"号的建造计划转到

▲"马耳他"级航母完成预想图。

"马耳他"级名下。

"马耳他"级的设计标准排水量为45300吨，满载排水量57900吨，飞行甲板长279米，宽41.5米，吃水10米。其最初的设计尺寸甚至更为巨大，但考虑到英国船厂的建造能力和船台的实际尺寸，对舰体的最大长度和宽度进行了限制。与美国航母一样，"马耳他"级航母只有一个开放式机库，几乎占满整个船体的宽度和长度，其中部有一道防火门，可在发生事故时将机库一分为二。

由于舰体尺寸过大，为了降低重心、提高稳定性，"马耳他"级一反英国航母的传统，改以机库甲板为主防御甲板（此前的英国舰队航母以飞行甲板为防御甲板），厚度为89毫米，而其飞行甲板只是在一层67毫米厚的低碳钢甲板上再铺设一层经过防滑处理的木质甲板而已。舰上装备4台升降机，2台位于中心线处，2台位于甲板边缘。

值得注意的是，在"马耳他"级的设计方案中，在其右舷有2座独立的舰岛，每座均配有自己的雷达、烟囱和舰桥，这在当时尚属首创，在今天的"未来航母"（CV Future，简称为CVF）计划中仍可看见其遗风。采取这种设计的动机是保持两组主机舱之间的独立性，以限制损坏及缩短排气管线的长度。舰上装备了8台"海军部"型水管锅炉和4组蒸汽轮机，输出功率达200000马力（"中途岛"级输出功率212000马力），因此该级舰的最高航速可达32到33节。

"马耳他"级航母可搭载100架以上的飞机，其机库最多能够容纳85架，其余一部分飞机需要停在甲板上。这些飞机将为舰队提供打击力量，空中防御、反潜巡逻及远程侦察。除装备海军的飞机外，在需要时，皇家空军的DH.98"蚊"（Mosquito）式轻型轰炸机也可以在这些航母上进行起降操作。

到二战结束时，4艘"马耳他"级航母均已下达了订单，"马耳他"号和"直布罗陀"号本来可以于1945年底便开工建造，但是随着战争的结束，英国的大造船厂转而建造商船，以弥补大战期间的惨重损失。1945年11月5日，海军部被迫取消了"新西兰"号和"非洲"号的建造计划，"马耳他"号和"直布罗陀"号的建造计划则在一个多月后的12月21日也被取消。

事后理智地评价，与其在战后对"胜利"号或"皇家方舟"号航母进行多次改装，直接建造这4艘新航母将会更为省事。它们可以直接在建造时铺设斜角甲板、安装新型蒸汽弹射器，也更容易操作第二代喷气战斗机。然而对经历了6年战争后已几近破产的英国财政而言，其建造费用无疑是天文数字（规模与其相近的"中途岛"级造价为每艘1亿美元）。于是皇家海军只得满足于较小的"大胆"级航母，巨大的"马耳他"级航母最后在绘图板阶段便告夭折了。

"马耳他"级的建造计划被取消后，33000吨的"大胆"级就是皇家海军最大一级的航母了。该级首舰为1942年10月开工的"大胆"号，其次为1943年5月开工的"不可抵抗"号，第三艘"鹰"号于1944年4月开工。因为当时英国船厂的任务是优先修理现有舰船，并优先建造反潜水面舰只和登陆舰船，以满足登陆诺曼底的"霸王行动"（Operation Overlord）的需要，所以这3艘航母在战争后期一直处于停工待料的阶段，未能及时投入战争。第四艘"非洲"号则如前文所说转归"马耳他"级名下，最终取消了建造。

1946年1月，"大胆"级三号舰"鹰"号的建造计划被工党政府取消，其舰名立即被拿来重新命名建造中的"大胆"号。"不可抵抗"号也改名为"皇家方舟"号，以纪念二战中沉没的同名航母。由于政治因素和经济条件的影响，这两艘航母的建造工作时断时续，"鹰"号于1946年3月下水，直到1951年10月才建成服役。而开工于1943年5月的"皇家方舟"号的建造工作更是拖拖拉拉持续了12年之久，直到1955年2月25日才加入皇家海军。

1945年7月，英国举行了大选，以"公有制"、"社会主义"、"对苏和平"为竞选纲领的艾德礼（Clement Richard Attlee）及其工党以1200万票的绝对多数赢得了组阁权。随着这样一个理想主义化政党的上台，再加上战后英国面临的经济困难，裁军自然成了当务之急，维护费用巨大的上百艘海军战舰成了政府削减开支的第一个目标。在日本投降后不久，许多航母从世界各地返回英国，它们或者被卖掉，或者转入预备舰队，或者干脆作为废物丢弃。英国庞大舰队中的绝大多数护航航母都归还给了美国，因为这些航母是依据《租借法案》借给英国的。不光这些护航航母要归还给美国，而且舰上的737架美国飞机也要还给美国。这些飞机占当时英国海军航空兵兵力的一半以上。然而美国并不想要它们。同样，英国海军也不想掏钱保留这些飞机。最后，美方指示英国，将所有美援护航航母上的租借飞机全部推入海中，丢弃了事。

在将旧战舰纷纷退役、解体的同时，

▲ 称霸海洋三个世纪的英国皇家海军最后的大型舰队航母——"皇家方舟"号（R09）的命名和下水仪式，1950年5月3日。仪式由伊丽莎白公主（今英国女王）主持，坎特伯雷大主教亦莅临现场，乐队正在演奏经典颂歌"统治吧！不列颠尼亚"。

英国工党还取消了新航母的建造计划。除了1945年底下台的"马耳他"级航母外，6艘"尊严"级和8艘"半人马座"级轻型舰队航母也奉命中止建造，在船台上等待着未卜的命运。

在战争结束前竣工的6艘"巨人"号是一级23000吨的轻型舰队航母，为了增加载机量而取消了机库装甲，因此尽管排水量比重装甲的"光辉"级航母少近1万吨，但却能搭载48架飞机，远远超过后者的33架。1945年12月3日，就在"巨人"级"海洋"号航母上，布朗（Eric Melrose Brown）海军上尉驾驶一架"海上吸血鬼"（Sea Vampire）Mk.1原型机进行了世界上第一次喷气式飞机在航母上起降的试验。

▲二战结束后，英国海军"演说家"号（HMS Speaker，D90）护航航母将一架美国拒绝回收的F4U"海盗"租借飞机推入海中。

20世纪50年代：裁汰航母与第二次大航母立项

在航母上使用喷气式飞机存在许多难题，但这些问题大多由英国海军解决。第一个问题是飞机的重量和翼载明显增加，这就产生了现有航母的甲板是否适用的问题。喷气式飞机不仅速度比活塞螺旋桨飞机快，而且早期的喷气机还受调节反应滞后的影响。再加上喷气机以比螺旋桨飞机每小时快100公里左右的速度下降，使得降落指挥官的操作开始接近人的反应极限。

这样，二战时期的甲板降落指挥官就被凹面镜灯光反射系统所取代。这种助降系统是英国海军军官尼古拉斯·古德哈特（Nicholas Goodhart）少校发明的，主要由许多白色的灯泡组成，灯向里照在椭圆形凹面镜的曲面上。在凹面镜的边缘放着绿色基准灯，驾驶员使飞机保持白光视平线对准绿色基准线。该凹面镜可以调整，以适应不同种类的飞机所需的不同入场角度，而且凹面镜通过一套复杂的系统保持稳定，以抵消舰体颠簸带来的摇摆。

老式的活塞螺旋桨飞机头部较高，发动机工作粗暴，着舰时由于关闭发动机而导致功率急剧下降。而喷气式飞机以平稳得多的速度着舰，实际上对飞行甲板拦阻索的要求降低了。喷气机头部由于没有笨重的发动机，因此比螺旋桨飞机更适于观察前方，这使得驾驶员在降落过程中容易看到助降系统的指示。但是，喷气机失速速度高，需要连续监控飞行速度。这由通过给飞行员发射音响编码指示来解决，这样飞行员不必眼睛看着镜子就能降到必要的入场高度。皇家海军的"光辉"号和"不屈"号成为首批安装凹面镜助降系统的航空母舰。

另一个重要的发明——斜角甲板也是英国海军的成果。二战当中的航母采用直通甲板，飞机降落失败时可以直接冲入甲板中部的拦阻网。但是沉重而昂贵的喷气机一旦错过拦阻索，就需要重新拉起复飞。英国皇家海军的丹尼斯·坎贝尔（Dennis Cambell）上校在1944年冬天发明了斜角甲板的概念，通过将甲板降落区相对舰体中心线向左偏离6度，在原飞行甲板前部留出了停放飞机的空间，这样在喷气式飞机着舰时就不必进行

清空飞行甲板的作业，而且可以同时进行起飞和着舰作业。英国皇家海军的"凯旋"号航母和美国海军的"中途岛"号航母在同一年——朝鲜战争当中的1952年——进行了斜角甲板飞行试验，当时只是在原来的甲板上用油漆画出带斜角的降落区，对舰体本身几乎没有改动。当航母进行飞机回收作业时，需要使逆风方向偏离舰体中线，而与斜角甲板降落区的轴线一致。

二战时已经得到采用的飞机弹射器，在战后也有了一个新的发展。原先的弹射器采用过液压或压缩空气，甚至使用过15英寸火炮的发射炸药包。但是随着喷气式飞机的出现，以及飞机重量及其失速速度的增加，要在很短的距离内用液压或炸药弹射给飞机提供足够的加速度，是非常困难的。英国皇家海军军官科林·米切尔（Colin Mitchell）海军中校提出，因为航母是用蒸汽轮机驱动的，所以利用蒸汽这一方便能源来驱动弹射器应该是可行的。于是英国海军采用了这一思想，但是它成为皇家海军和皇家飞机研究院公认的一项设计却经历了一段很长的发展时间。

简单地说，蒸汽弹射器是由一个很长的动作筒构成的，在筒顶上开一个槽，和航母飞行甲板齐平，槽缝用动作筒内的弹

▲1954年，英国皇家海军航空母舰"阿尔比翁"号（HMS Albion，R07）上的凹面镜助降系统（mirror-sight deck landing system），此时这套系统刚进入海军服役不久。

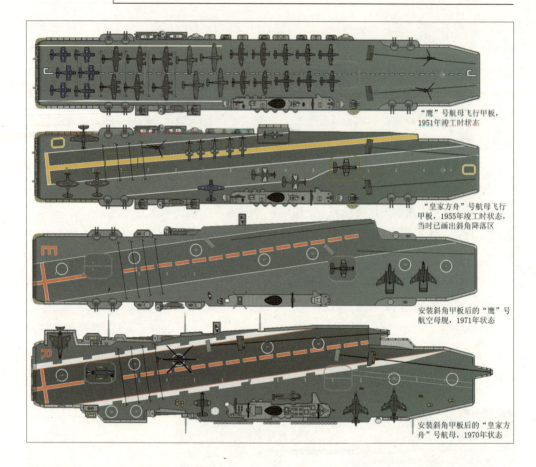

"鹰"号航母飞行甲板，
1951年竣工时状态

"皇家方舟"号航母飞行
甲板，1955年竣工时状态，
当时已画出斜角降落区

安装斜角甲板后的"鹰"号
航空母舰，1971年状态

安装斜角甲板后的"皇家方
舟"号航母，1970年状态

性罩密封。把一根绳索的一端固定在可自由运动的滑梭上，另一端连在被弹射的飞机上。来自航母锅炉的高压蒸汽进入动作筒，推动活塞，使其以很高的速度在筒体内运动。弹性罩允许绳索沿筒长方向运动，一旦活塞和绳索通过一定的点，蒸汽的高压又把弹性罩封住。动作筒的末端是开口的，滑梭可以弹出筒外。绳索脱离正在加速的飞机后，就和梭子一起掉进大海丢失了——为了一个非常有效的系统而付出的一点点代价。当美国海军发明"回收角"后，连这一代价也不需要付了。

1946年，英国当时最老的"百眼巨人"号（HMS Argus，I49）航母退役，从而开始了皇家海军裁汰旧航母的狂潮。1948年，经历了两次世界大战的"暴怒"号（HMS Furious，47）退役并解体。至于二战期间服役于皇家海军的50多艘护航航母和商船航母（Merchant aircraft carriers，简称MAC，可载货的护航航母）则更是很快地裁撤得一艘不剩，或者解体，或是归还给美国，或是改为商船使用。

经过和内阁之间激烈的、偶尔夹杂有谩骂的争吵，最后海军部勉强得到许可，把未完工的6艘"尊严"级轻型舰队航母继续造下去。然而它们中的绝大多数都不是为本

▲一架英国皇家海军第892海军航空中队的F-4K"鬼怪Ⅱ"战斗机正被固定在"皇家方舟"号航母的弹射器上。

▲"皇家方舟"号航母斜角甲板的蒸汽弹射器上，一架英国皇家海军第892海军航空中队的F-4K"鬼怪Ⅱ"战斗机升火待发。

年（下水16年之后）才建成移交。没有找到买主的"利维坦"号船壳则于1968年拆除。"尊严"级的6艘航母中只有完工程度最高的"庄严"号在1948年5月建成，然而在完工前1个月便已决定转给加拿大海军使用，直到1957年才还给英国。

与"尊严"级相似，10艘在大战结束前后完工的"巨人"级航母也未逃脱类似的命运。"英仙座"号和"先锋"号甫一建成便改成了飞机维修舰，服役了很短的时间便退役了。"巨人"号卖给法国，"可敬"号卖给荷兰，"勇士"号卖给阿根廷，唯一参加二战实战的"复仇"号则卖给阿根廷的老对头巴西。剩余的4艘军舰在参加完朝鲜战争后大多改为直升机母舰，以提供对陆支援功能。

令英国皇家海军聊以自慰的是，他们在被迫淘汰新旧航母的同时还设法保留住了一些比较新的航母。"半人马座"级项目虽

国皇家海军而建："尊严"号和"可怕"号的船体分别在1949、1948年卖给了澳大利亚，分别作为澳海军的"墨尔本"号和"悉尼"号航母建成服役；已经下水但尚未完工的"有力"号在1952年以2100万英镑卖给了加拿大，改名"邦纳文彻"号；同样舰况的"大力神"号1957年卖给了印度海军，1961

▲1977年，"皇家方舟"号航母弹射一架英国皇家海军第892海军航空中队的F-4K"鬼怪Ⅱ"战斗机，蒸汽弹射器的牵引绳索与机身脱离的瞬间。

3米多，重新铺设了整个飞行甲板，并安装了新型的斜角甲板和蒸汽弹射器。改造完毕后，"胜利"号排水量增加了1万多吨，基本面貌已经与当时经过战后改装的"埃塞克斯"级航母差不多了。

1950年朝鲜战争的爆发让英国海军部再次把目光转向了大型航母。当时皇家海军先后派出"独角兽"号、"海洋"号、"光荣"号、"忒修斯"号和"凯旋"号等多艘航母轮流参战，澳大利亚海军也派出了"悉尼"号航母。和参战的美国航母一样，这些处于海军航空兵变迁时期的航母没有一艘安装新的斜角甲板和蒸汽弹射器；甲板上的飞机新旧兼有，当时只有美国海军配备了喷气式战斗机，而这些喷气式飞机在朝鲜战争中又被虽然使用螺旋桨、但性能可靠的F4U-4和道格拉斯AD"空中袭击者"（Skyraider，1962年9月以后改称A-1）所取代。英国的第一种喷气式飞机——"超级海上攻击者"（Supermarine Attacker）此时也尚未服役，因此皇家海军使用二战时期的"海火"（Seafire）和最后一种螺旋桨战斗机——霍克"海怒"（Sea Fury）来为"萤火虫"（Firefly）式攻击机提供掩护。"萤火虫"

然被砍掉了4艘，但其余4艘经过漫长的工期（平均10年，最快的9年，最慢的"竞技神"号15年）陆续在50年代中期建成服役，得以替换陆续退役的5艘"光辉"级航母。

至于二战期间建成的舰队航母，只有"胜利"号硕果仅存。它在二战结束后一度用于运送复员兵回国，随后转入预备役，1947年10月重新服役，改为训练航母使用，下层机库改成了飞行员教室。本来摆在"胜利"号面前的结局是和其功劳卓著的姐妹舰"光辉"号一样按期退役，但是由于新航母数量不够，皇家海军决定保留一艘舰况较好的"光辉"级航母，借鉴正在施工中的"鹰"号和"皇家方舟"号的改装经验，将其改造为可起降喷气式飞机的现代化航母。从1950年到1958年，对"胜利"号进行了一次脱胎换骨的现代化大改装，将舰体加宽了

▲1959年，硕果仅存的二战期间建成的舰队航母"胜利"号，由于经过了一次脱胎换骨的现代化大改装，其基本面貌已经与当时经过战后改装的"埃塞克斯"级航母差不多了。

主要执行地面攻击任务，而"海怒"有时也用作俯冲轰炸机。

英国海军舰载机参加了支援仁川登陆、与对方空军战斗机争夺制空权等任务，并多次派出舰载机攻击岸上目标。但是因为朝鲜山多，提供不了什么主要目标，因此英国舰载机在仁川登陆战役之后只好遍游不毛之地，寻找攻击目标。到1953年停战时，英国和澳大利亚海军航母的舰载机共出动27.6万架次，投弹11.7万吨，比美国海军飞机在二战中的投弹总量还多出7.4万吨。

根据朝鲜战场的经验，海军部官员在战后发起了新一轮论证工作，认为除保留原来赋予"马耳他"级航母的舰队支援任务外，今后还要在航母上增加直升机起降能力，并能够向岸上的陆军提供支援。与此同时，皇家海军的打击任务还要求从航母上起飞的飞机能够使用核武器或常规武器打击1000英里内的目标。

为实现这些要求，英国最大的飞机公司之一英国电气（British Electronic）与军需部（Ministry of Supply，简称MoS）在1953年开始着手研究"第二代轻型轰炸机"方案。为了使之能够在航母上操作，军需部还委托维克斯（Vickers）公司的设计部门参照美国海军的"佛瑞斯特"级（Forrestal class）航母，设计一级60000吨以上的超大型航母（泛称"1952型航母"）。维克斯公司随后为之研制出一套完整的新设计图纸，包括四种变型，其中的C型沿用了"马耳他"级的双舰岛设计。按照维克斯公司的估算，如果在1953年或1954年开工建造这些航母的话，在1957年、最迟1959年即可竣工入役，应比继续耗费人力物力建造"皇家方舟"号或改造"胜利"号航母更划算。

1951年10月，以丘吉尔为首的英国保守党重新上台组阁。新内阁在次年的国防项目报告中认为，今后如果与共产主义阵营作战的话，英国将会与美国签订新的租借协议，皇家海军现有的重型航空母舰应能够供租借

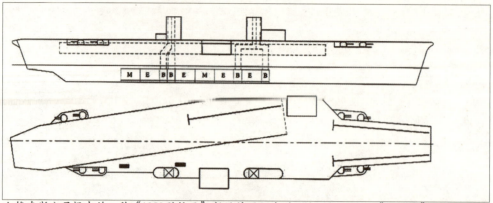

▲维克斯公司提出的四种"1952型航母"新设计图纸中的C型,它沿用了"马耳他"级的双舰岛设计。

来的、可携带核弹的A-3"空中战士"飞机起降,于是不再考虑开发新的舰载型核轰炸机,转而决定发展皇家空军的核打击力量,"6万吨级航母"项目也随之无疾而终。

事实上,在50年代随着人类进入宇宙时代,以及导弹和火箭技术的进步、核军备竞赛的加剧,在西方和苏联集团里都产生了一种时髦的新思潮,认为导弹将是今后战争中的决定性力量,"航母无用论"、"飞机无用论"甚嚣尘上。当时流行的看法是,在今后的世界里,核战争比常规作战更有可能发生。导弹是核武器的最佳载体,陆基轰炸机勉强可以算得上是补充打击手段,而海军的军舰,按照某些激进的观点来说,都是应该送去回炉的东西。在这种大气候的影响下,英国政府最终没有订购一艘"1952型航母"。

20世纪60年代:英国战略任务的转变和CVA-01项目的下马

如果要给战后英国找出一个由世界性帝国向地区性二流强国转变的分水岭,那么

从1947年印度独立到1957年加纳独立,人们可以找到很多这样的"转折点"。但是对于英国武装力量来说,走向衰落的正式标志是1956年的苏伊士危机,以及国防大臣邓肯·桑德斯(Duncan Edwin Sandys,丘吉尔的女婿)发表于1957年的国防白皮书《英国对和平和安全的贡献》,虽然该白皮书对海军的影响还要过几年才慢慢表现出来。除了对飞机项目的削减外,这份白皮书将英国武装力量人数由70万人削减至40万人,并大量削减驻扎海外的军队,代之以部署在远东和印度洋的航母战斗群。

与大多数欧洲政治家的预料相反,丘吉尔上台后英国并未加入他本人曾鼓吹的欧洲统一运动。事实上,在构成50年代英国对外政策的所谓丘吉尔"三环外交"(Three Circles Diplomacy,由英帝国、美英"特殊关系"以及欧洲联合体这三环组成)中,英国更加重视前两者,认为英国的战略重点在欧洲之外,特别是对"英帝国"仍然要承担广泛的义务。

然而残酷的现实不久便表明,英国寄予

厚望的这两个外交支点并不可靠：首先，英帝国的解体过程并不因保守党的上台而有所止步，随着非殖民化浪潮的冲击，以及加拿大、澳大利亚等国采取向美国靠拢的政策，英帝国愈益支离破碎。其次，美国并不怎么看重英国人一相情愿的"特殊关系"，因为这种关系实际上是为了保持英国的世界一流强国地位，在与美国结盟对抗东欧集团的同时，为了英国本身的利益而在中东、东南亚和非洲保持特立独行的"行动自由"（英国在1954年率先与中国建立外交关系即是一例）。美国虽然需要英国支持其全球霸业，却不愿意被英国牵着鼻子走，为解决英国本身的危机而火中取栗。

1954年，丘吉尔内阁做出了从苏伊士运河区撤兵的决议，这件事增加了英国人对其帝国那种"如临末日"（艾森豪威尔语）的感觉，遭到被称为"苏伊士集团"的保守党右翼的激烈反对。次年4月，80岁高龄的丘吉尔退休，由长期以来被视为其"王储"的保守党内二号人物安东尼·艾登（Robert Anthony Eden）接任。由于1945年以后英国一连串退却和屈辱引起的挫折感，艾登在1956年7月26日埃及将苏伊士运河收归国有时决定予以回击，为此"即使使用武力也在所不惜"。他于8月3日向军队下达了制订对埃作战计划的命令。

10月31日和11月1日，从"鹰"号、

▲1956年11月4日，一架被埃及高炮击伤、失去起落架的英国皇家海军第893航空中队的"海毒液"战斗机，以拦阻索方式成功迫降在"鹰"号航母上，身着防护衣的舰上救难人员迅即趋前救援。

"阿尔比翁"号和"堡垒"号航母上起飞的舰载机多次轰炸埃及的机场，其中包括装备涡轮螺旋桨发动机的韦斯特兰"飞龙"（Wyvern）攻击机、装备喷气发动机的德哈维兰"海毒液"（Sea Venom）战斗机和霍克"海鹰"（Sea Hawk）战斗机，以及装备活塞发动机的AD"空中袭击者"攻击机。法国的两艘轻型航母"阿罗芒什"号（Arromanches，R95）和"拉法耶特"号（La Fayette，R96）也出动了F4U-7"海盗"（Corsair）战斗机和TBF"复仇者"（Avenger）鱼雷机。从"忒修斯"号和"海洋"号起飞的直升机则运送突击队员在苏伊士运河区降落。11月6日，在舰载机对岸上目标持续一天的轰炸之后，英军在塞得港（Port Said）登陆。

然而军事上的成功并不能弥补外交上的失败。当天赫鲁晓夫宣布准备对英法进行核打击，美国总统艾森豪威尔则下令全球美军部队进入戒备状态，并勒令英、法、以停战。伦敦时间当天午夜12时，英国陆军第2军司令斯托克维尔（Hugh Charles Stockwell）被迫下令部队停止前进，这场战争以英法的失败告终。随着苏伊士战争的失败，英国还失去了苏伊士运河这一维系大英帝国的最重要的堡垒，整个帝国体系在之后的几年里如同纸牌搭起来的房子一样轰然倒塌了。1954年9月，英国中东司令部从苏伊士运河区搬到了塞浦路斯，英国宣布将这座岛屿作为"永久的基地"，由于其对帝国防务的重要性，"永久也不能获得独立"云云，但这个"永久"仅仅持续了6年。由于苏伊士战争导致英国政府财政金融状况恶化，不得不削减各项开支，尤其是国防开支。

在英国保留两处军事基地的条件下，塞浦路斯在1960年8月成为独立的共和国。此后英国又先后被迫撤出亚丁、南也门、科威特、巴林、卡塔尔、特鲁西尔阿曼（今阿联酋）、阿曼等地。再加上马来亚（1957）、新加坡、沙捞越、沙巴（以上四者在1963年组成马来西亚联邦）、坦噶尼喀（1961）、乌干达（1962）、肯尼亚（1963）和桑给巴尔（1963）等地的独立，英帝国在非洲、印度洋和远东的版图已不复存在。

此时英国人面临一个痛苦的抉择：是继续维持一支耗资巨大的、仍可看到旧日帝国残留缩影的全球性海军，还是退而满足于

▲1956年苏伊士战争期间的"海洋"号航母，可见飞行甲板上的韦斯特兰"旋风"（Whirlwind）直升机。

维持一支与其实际国力相称的舰队？大英帝国三个世纪的全球霸权以海军的勃兴为肇始，难道也要以海军的削减而告终吗？不幸的是，这个答案是肯定的。"三环外交"中英帝国的一环既然已经破灭，美英"特殊关系"那一环又因苏伊士危机时美国在背后狠狠踢的那一脚而几乎演变为敌对关系。从政治角度来说，英帝国的解体和欧共体的出现使得英国人担心，在一个以美国为一方、以统一的欧洲为另一方所主宰的西方世界中，英国会沦为无足轻重的角色。

尽管有几分不情愿，但保守党首相麦克米伦（Maurice Harold Macmillan）和工党首相威尔逊（James Harold Wilson）都在60年代初清醒地认识到，英国的未来在于成为欧共体成员国，并抛弃自己的帝国之梦。对于英国来说，苏伊士战争带来的最大后果就是国内外许多人都认为它参与了一场不正当的战争。在人们的指责下，英国内阁作出了一个重大的国防战略任务转变决定：以后除非出于道义，或被邀请，或出于保证以前的保

护国的防务义务，否则英国作为北大西洋公约组织成员国将绝不再单独作战。

正是在这样的逻辑下，英国政府开始大刀阔斧地砍削各个国防项目。

1962年，英国放弃了独立的核武器政策，接受了美国的UGM-27"北极星"（Polaris）中程导弹（此举被戴高乐看作是向美国投降，因此斥责英国为美国派到欧共体的"特洛伊木马"）。1968年1月，威尔逊内阁对外发表了"从苏伊士以东撤退"的著名报告，决定3年以内完全撤出亚洲和海湾地区。1966年，工党国防大臣丹尼斯·希利（Denis Winston Healey）在国防白皮书中宣布中止CVA-01航母计划，英国将不再建造新航母来替换即将在70年代初退役的现有航母。

CVA-01计划于1962年提出，当年正值海军航空兵成立50周年，英国海军在女王陛下的丈夫爱丁堡公爵（即菲利普亲王）面前举行了一次飞行检阅，新式喷气机带着最新的"火带"（Firestreak）空对空导弹进

▲CVA-01航母完成预想图。

行了飞行表演，海军部还向爱丁堡公爵赠送了CVA-01航母的模型。该型航母计划建造4艘，首制舰"伊丽莎白女王"号预计在1970年初替换"胜利"号，二号舰"爱丁堡公爵"号在1972年替换"皇家方舟"号，三号舰"暴怒"号（推测名）在1974年替换"鹰"号，四号舰（未命名，有可能为"光辉"号）在1976年前后替换"竞技神"号。CVA-01的设计尺寸大于"鹰"号航母，标准排水量为54000吨，满载排水量64000吨。

不过由于内部空间限制，其主机输出功率小于"马耳他"级，甚至小于"鹰"号和"皇家方舟"号，航速只有29节。

CVA-01的飞行甲板长280米，宽70.5米，直接铺设斜角甲板，甲板平面参考美国的"佛瑞斯特"级航母，但尺寸却小了一号，与改装后的"中途岛"级差不多，只安装两座升降机和两座弹射器。计划搭载45架飞机，包括18架向美国订购的麦克唐纳F-4"鬼怪Ⅱ"战斗机、18架布莱克本"掠夺者"（Buccaneer）攻击机和4架费尔雷"塘鹅"（Gannet）预警机，以及5架韦斯特兰"海王"（Sea King）直升机，此外在执行紧急任务时还可在甲板上临时搭载1个皇家空军直升机中队和1个轻型轰炸机中队。

顺便说一句，60年代英国

海军"胜利"号、"鹰"号和"皇家方舟"号这三艘舰队航母上装备的固定翼飞机差不多是曾在英国航母上服役过的最好的一批飞机，其中包括德哈维兰"海雌狐"（Sea Vixen）战斗机、布莱克本"掠夺者"攻击机、费尔雷"塘鹅"预警机，都是为航母专门设计的，而非用陆基飞机改装而来。

到1966年2月国防大臣丹尼斯·希利向下院提交题为《防务评论》的国防白皮书时，

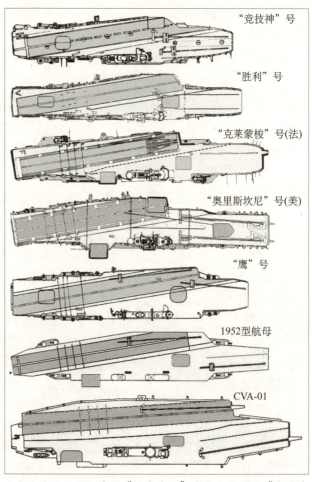

"竞技神"号

"胜利"号

"克莱蒙梭"号(法)

"奥里斯坎尼"号(美)

"鹰"号

1952型航母

CVA-01

▲战后英国航母与美国"埃塞克斯"级航母及法国"克莱蒙梭"级航母的飞行甲板尺寸对比。

CVA-01的头两艘舰已经准备开工。希利白皮书的内容包括削减所有大规模的国防采购项目（CVA-01项目也被包括在内），将苏伊士以东的4万英军全部撤退回国，缩减本土自卫队规模，以争取将国防预算控制在20亿英镑之内。这一白皮书实际上宣告了英国海军今后将不再配备航空母舰，从而在70年代结束这一舰种在皇家海军里半个多世纪的服役历史。

虽然海军部温和地陈述了自己的意见，但是政府调查小组仍然在皇家空军（后者为了和海军航空兵争夺预算正厮杀得不可开交）的支持下提出了新的论点：陆基（即空军的）飞机能够承担支援舰队的任务，并可以对敌舰队实施必要的侦察和攻击。至于皇家海军，只在水面舰艇上装备反潜直升机就够了。第一海务大臣卢斯（John David Luce）为此辞职以示抗议。

20世纪70年代：从竞技神到无敌

工党在战后的第二次执政（1964－1970）以惨重的经济失败而告终。从1963年到1968年，英国的国际收支连续6年出现巨额赤字，累计达37.78亿英镑之多。考虑到对外贸易是英国经济的"生命线"，无疑可以对当时英国的困境有些了解。出现经济危机的原因有很多，但工党的种种错误政策难辞其咎：公有化导致生产效率下降、浪费增加；由于不适当的高福利而导致政府公共支出增加到每年140亿英镑；为了实现"科学革命"和"工业现代化"的竞选诺言而削减

工资增长幅度，导致罢工屡屡增加（1966年海员大罢工直接导致当年英国出口总值下降了36%）……到1969年底，英国的外债竟高达99.35亿英镑，内债高达308.4亿英镑。工党良好的政治意愿与混乱的政治经济举措极度矛盾，以致最后人们对工党政府究竟想做什么都感到困惑不解，威尔逊政府终于在经济衰退中下台了。

就海军来说，威尔逊时代留下的最大遗产是所谓的"反潜巡洋舰"项目。1966年白皮书取消新航母计划后，英国的战略任务受到了妨碍。尽管英国人已经不再把皇家海军定位为全球性海军，但是即使参加北约的集体防务体系，没有空中反潜力量的配合也是不可能的。按照北约分工，皇家海军任务是在从格陵兰经冰岛到苏格兰北部一线的"GIUK防线"（G代表Greenland格陵兰，I代表Iceland冰岛，UK代表United Kingdom英国。自50年代起，北约在这三个地理要点之间铺设了海底监听电缆，密切监视苏联舰队的动向）上配合美国航母战斗群拦截苏联海军中攻击能力最强的北方舰队战舰和核潜艇南下。二战时英国海军堵截德国潜艇进入大西洋也是沿此线布防。如果苏联突破此线，则北约的跨大西洋防务和支援体系就告瓦解了。由于海军最主要的反潜手段是直升机，而直升机的续航能力又显然不足以完成持续不断的警戒、搜索和攻击任务，因此建设可搭载类似韦斯特兰"海王"直升机的反潜巡洋舰（当时称指挥巡洋舰）也就在意料之中了。

按照皇家海军1968年的构想，新型反

潜巡洋舰以"虎"级（Tiger class）导弹巡洋舰为蓝本，排水量约12500吨，前半部分为武器系统，安装114/152毫米舰炮和"海标枪"（Sea Dart）、"海猫"（Sea Cat）和"伊卡拉"（Ikara）导弹，后半部为直升机起降甲板和可容纳6架"海王"的机库，总的来说其布局与苏联的"莫斯科"级相似。其载机数不久便上升为9架，然后是10架、12架，到1971年设计图纸最后定稿时，12500吨的"指挥巡洋舰"已经摇身一变成了19500吨的"全通甲板巡洋舰"（Through Deck Cruiser）。虽然实际上已经变成了航母，但海军为了避免政治干扰仍称其为"巡洋舰"，以逃避1966年白皮书中"今后不再建造航母"这一条款的约束。

同是在1970年，英国军方决定采购美制F-4"鬼怪Ⅱ"战斗机，用以替换空军和海军的老式飞机。除了"鹰"号和"皇家方舟"号外，3艘"半人马座"级和"竞技神"号的飞行甲板都面积过小，不能搭载海军型F-4K战斗机。"半人马座"号当时已经在朴茨茅斯港内停泊数年，作为其他航母改造时其乘员的宿舍船使用。"阿尔比翁"号和"堡垒"号自50年代起就改装为海军陆战队的"突击航母"（Commando Carrier），甲板上只起降直升机。这两艘航母已经预定在1971年或1972年退役，因此需要1艘替代舰，正好可以拿"竞技神"号来顶替。

"竞技神"号从1971年到1973年进行了

▲最终"虎"级导弹巡洋舰三艘中的两艘也在削减军费的大潮中被改装成了直升机巡洋舰。图为改装后的"布雷克"号（HMS Blake，C99），1965年进厂，移除舰尾的炮座后，安装上了直升机起降平台及机库。

第一次大改装，将舰上的"掠夺者"和"海雌狐"飞行中队退役，拆去了蒸汽弹射器、拦阻索和光学助降装置，在舰上配备24架韦斯特兰"威塞克斯"（Wessex）直升机和两栖登陆艇，并增加了可供750人居住的设施。改造完毕后，"竞技神"号可以将一个旅的海军陆战队快速运到需要作出反应的出事地点。此前英国的突击航母多次执行过这种任务：1961年援助科威特抵抗伊拉克的吞并企图；1963－1964年印度尼西亚危机中援助新成立的马来西亚联邦抵抗印尼吞并北婆罗洲的企图；以及1968年在海上掩护英国部队和文职人员从亚丁港的仓皇撤退。

到1975年，为增强北约海军反潜能力，"竞技神"号又改装为反潜航母，搭载"海王"直升机在北大西洋搜寻苏联潜艇。此时它和"皇家方舟"号是英国仅存的两艘航母了。"胜利"号航母已经在1969年拆成废钢铁，耗费5000万英镑进行了现代化改装的"鹰"号也在1972年退役，这些舰上的

飞机，包括3个中队的F-4"鬼怪Ⅱ"，被悉数移交给皇家空军。皇家空军发现这些可折叠机翼的飞机很适合隐藏在小型的分散机库中。以色列空军在"六日战争"爆发后的头一个小时内先发制人消灭埃及空军后，这种机库便在北约成员国空军中风靡一时，成为时髦的抢手货。

在皇家海军中享有盛名的"皇家方舟"号航母原本预计在1975年退役，但是由于没有替代舰而一直服役到1979年。在70年代广受欢迎的英国广播公司电视连续剧《水手》中，它成了剧中的主角，在英国变得家喻户晓（同时期的"无恐"号（HMS Fearless, L10）两栖攻击舰更出风头，在1976年客串了007系列影片《爱我的间谍》（The Spy Who Loved Me）。不过"皇家方舟"号上的飞行员很久以前便看到了凶兆：尽管在1973－1974年和1976－1977年进行了两次小改装，但是该舰舰龄过大，内部结构和管线都已经老化，设备也已陈旧，即使像"中途岛"号那样进行耗资巨大的现代化改装，最多也只能服役到1983年左右。看来"皇家方舟"号在1979年退役已成定局。像其海军航空兵前辈在1918年面临的情况一样，这些飞行员面临着一个痛苦的选择：是被调到非海军的飞行中队（这些飞行员对海军怀有很深的感情），还是干脆退役。没有几个固

▲1974年，挪威纳姆索斯（Namsos），一架韦斯特兰"威塞克斯"直升机正降落在"竞技神"号航母上。

定翼飞机的飞行员对留在海军中驾驶直升机有兴趣，即使这些飞机仍旧算是"舰载机"。

不过当时还有另外一线希望，这件事始于1963年2月8日。霍克－西德利（Hawker Siddeley）飞机公司的试飞员比尔·贝德福德（Alfred William "Bill" Bedford）当天驾驶在技术上具有革命意义的"霍克"P.1127垂直起飞喷气机的第一架原型机（XP831）从该公司在邓斯福德（Dunsfold）的雪封机场起飞，向南飞行，在"皇家方舟"号的飞行甲板上进行了一次垂直降落试验。

1968年范堡罗（Farnborough）空展上，两位美国海军陆战队的飞行员在闲逛中走进了霍克－西德利公司设在范堡罗机场旁

的一座偏僻小屋，在屋子后面的一块草坪上，他们亲眼目睹了这种飞机令人惊异的飞行性能。范堡罗空展结束两周后，这两位飞行员带着在邓斯福德机场试驾"鹞"（Harrier）式飞机（P.1127的正式定名）的报告返回了美国，并热心地向海军陆战队推荐这种性能卓越的飞机。3个月后，美国海军试验飞行队对"鹞"式飞机进行了初步评估。5个月后，美国国会军事拨款委员会批准美国海军陆战队立即购买12架"鹞"式，将其命名为AV-8A，并准备在70年代中期再购买110架。后来美国干脆购买了生产许可证，在麦道（McDonnell Douglas）公司自己制造"鹞Ⅱ"式，并取名为AV-8B。

受到这一事件的鼓舞，霍克－西德利的

▲1984年10月22日，两架英国皇家海军的"海鹞"FRS.1战斗机正依序降落在美国海军的"德怀特·艾森豪威尔"号核动力航母上。

试飞员此后接连不断地为9个海军国家（远到印度和巴西）进行飞行表演，连西班牙海军也向其订购了8架，用在木质甲板的"迷宫"号（SNS Dedalo, R01）航母上。尽管"鹞"式在海外的销路很好，但是常常有人向霍克－西德利的试飞员问一个尴尬的问题："你们的鹞式飞机这么好，为什么皇家海军自己不用？"

这个问题其实并没有提问的必要。前面已经提到了"全通甲板巡洋舰"项目，该级首舰"无敌"号已经在1973年开工建造。由于已经有了现成的载机舰，更重要的是由于搭载"雅克-38"（Yak-38）垂直起降战斗机的"基辅"级（Kiev class）航母开始出现在印度洋和太平洋，英国海军开始反复要求获得"鹞"式飞机，英国政府在1975年终于批准英国航宇（British Aerospace）公司研制"鹞"式飞机的舰用型——"海鹞"（Sea Harrier）式飞机。不过"皇家方舟"号实在太老了，已经无望看到装备"海鹞"的那一天。1978年12月4日，它在军舰和商船的汽笛长鸣中缓缓驶出朴茨茅斯港，退出了海军现役。尽管英国民间发起了永久保存"皇家方舟"号的活动，但该舰还是在1980年3月被出售解体。这样，在"无敌"号服役之前，皇家海军只剩下1艘"竞技神"号航母了。

"无敌"级的正式名称是"全通甲板巡洋舰"，既然是巡洋舰，所以其首舰和三号舰也就以英国历史上著名的两艘战列巡洋舰——"无敌"号（HMS Invincible）、"不屈"号（HMS Indomitable）的名字来

命名。不过为了弥补公众的不满情绪，海军部在1980年将"不屈"号改名为"皇家方舟"号，以此来纪念皇家海军的最后一艘舰队航空母舰，大英帝国昔日荣光的最后子遗。1977年5月3日，英国女王伊丽莎白二世在巴罗因弗内斯的维克斯船厂亲自主持了"无敌"号的下水仪式。

如果说"无敌"号不是皇家海军最大的航空母舰，那么它肯定是到那时为止最贵的，其造价高达2.15亿英镑（1980年价格，约合1945年的2000万英镑）。皇家海军当时一共订购了44架"海鹞"飞机，第800中队的8架首先在"无敌"号上服役，其余的将分配在2艘后续舰和"竞技神"号航母上——这样，英国的航空母舰，不管叫什么名字，还是继续存在着。而且可以看出，1966年国防白皮书中关于皇家海军将不再配备航母的那些预言，正如马克·吐温曾经说过的一样，"关于我已经死了的那些断言，实在是为时太早了"。

20世纪80年代：轻型航母的天下？

由于"无敌"级二号舰"光辉"号的建造进度过慢，为了弥补"皇家方舟"号退役后海军航空兵力的不足，皇家海军在1980年到1981年耗资4000万英镑对"竞技神"号航母进行了又一次改造，除了换装最新型的电子设备外，还在舰首安装了供"海鹞"起飞用的滑跃甲板。

1979年保守党上台后，一时尚未来得及调整英国的战略防务方针。在当时的观点

看来，在海上对英国的最主要威胁还是苏联核潜艇，皇家海军的战略防御重点仍然在GIUK防线和英吉利海峡。为了满足这样的任务，海军拥有两艘"无敌"级反潜航母即已足够。在这样的观点影响下，英国政府在1982年2月作出决定，在"光辉"号服役之后便将"无敌"号出售给澳大利亚，以替代退役的"墨尔本"号航母，成为澳大利亚海军的新旗舰。当时甚至连其新名字都想好了，就叫"澳大利亚"号（HMAS Australia）。

"竞技神"号也预定于1983年退役，皇家海军早已允诺将其出售给印度。到1985年

时，"光辉"号和"皇家方舟"号将成为英国水面舰队的核心。除了两艘航空母舰外，皇家海军还计划出售一大批两栖舰船和辅助舰船，例如"勇猛"号（HMS Intrepid，L11）两栖攻击舰预备出售给阿根廷，以及"潮汐泉"号（RFA Tidespring，A75）和"潮汐池"号（RFA Tidepool，A76）舰队油船。这就是1982年4月马岛危机爆发时皇家海军的未来规划。

在马岛战争中，"竞技神"号和"无敌"号两艘反潜航母成功地扮演了指挥、攻击、侦察、两栖突击、登陆支援、反潜等多种角色，令各国海军专家眼界大开，世界海

▲1981年时的"竞技神"号航母，此时该舰已经以滑跃甲板取代弹射器，可操作垂直起降的"海鹞"式战斗机。

军界在战后展开了一场"大型航母好还是轻型航母好"的辩论。实际上这个问题没有争论的必要，对于美国来说，自然是作战能力强的大型航母更能满足自己的全球作战需要（美国海军也不是完全舍弃轻型航母，其可起降AV-8B"鹞Ⅱ"飞机的两栖攻击舰就有很多轻型航母的特征）。但是对于印度、西班牙、意大利这样的二等海军国家来说，其海军主要任务是近岸制海、反潜、两栖突击和援救灾害等，因此造价低廉的轻型航母完全可以胜任。西班牙的"阿斯图里亚斯亲王"号（SPS Principe de Asturias，R-11）、意大利的"朱塞佩·加里波第"号（ITS Giuseppe Garibaldi，C 551）、泰国的"差克里·纳吕贝特"号（HTMS Chakri Naruebet，CVH 911）等等都是在这样的背景下于80、90年代开工服役的。

不过法国海军却是这些国家中的一个例外。虽然法兰西殖民帝国在60年代也像英帝国一样经历了一个土崩瓦解的过程，但是由于经济、文化、政治制度等方面的原因，法国在加勒比海、南美、非洲和大洋洲仍保留有很多"海外省"，其国家利益遍布海外。而且法国自从60年代退出北约军事组织后便一贯坚持独立自主的国防方针，其海军战略以满足本国需求为主，所以在"克莱蒙梭"级中型航母之后决定建造6万吨级的"戴高乐"级航母也就不足为奇了。

21世纪：回归大型航母时代

1991年苏联的解体可以称得上是20世纪发生的最重大事件之一。苏联和东欧局势的剧变，给世界军事战略形势造成了新的不平衡，爆发世界大战的威胁虽然日趋减小，但局部战争和地区冲突却自90年代开始此起彼伏，并燃及欧洲大陆。面对这样的新威胁，英国政界和军界就海军战略任务的调整展开了激烈的争论。当时总的观点是，随着苏联解体，针对英国的大规模核打击威胁已经微乎其微，对英国的主要威胁已经让位于从原苏联地区大规模流向不稳定国家和极端主义、恐怖主义组织的常规武器。对于这些地区性军事强国及非政府性武装来说，对其实施常规威慑要比实施核威慑有效得多，也更有震慑力。因此作为"终极报复武器"的弹道导弹核潜

▲1982年7月21日，马岛战争结束后，作为远征舰队旗舰的"竞技神"号航母在民众的欢迎下凯旋回到朴茨茅斯港。

艇让位于具备常规打击手段的航母。

为了适应冷战结束后新的国际安全环境、有效维护其国家利益，英国海军将在继续担负北约防务任务的同时，寻求在北约防务范围以外的干涉能力。1997年5月，新的工党政府上台，随后启动了战略防御总评（Strategic Defence Review，简称SDR）。此次总评重新评估了除了"台风"（Typhoon）战斗机和"前锋"级（Vanguard class）核动力弹道导弹潜艇之外，所有正在服役与采购中武器的战略价值。在1998年7月提出的报告中，认为英国所拥有的航空母舰应要达到下述功能：

1.如果外国不提供基地，我方航母可提供战场营运能力。

2.友邦基地通常在争端爆发初期不能提供使用，基地设施也通常不足，航母可以有效提供现成的基地。

3.派往争议地点可以实行早期外交和战略性预防。

报告中指出："重点是加强我国的空中攻击武力，并使其能以最远的投射范围执行最多元的角色任务。当现有航空母舰到达操作年限，我们计划以两艘更大型的航空母舰取代之。虽然我们已着手改善需求的细节，但目前的想法建议新舰大体上会是3万至4万吨排水量的水平，并能搭载包括直升机在内的50架舰载机队。"

▲2011年7月29日，在地中海利比亚近海执行"埃勒米行动"（Operation Ellamy）的英国皇家海军"海洋"号两栖攻击舰，一架隶属于陆军航空队的"阿帕奇"（Apache）攻击直升机刚从舰上起飞。该行动是根据2011年3月17日通过的有关利比亚局势的《联合国安理会1973号决议》，对利比亚内战进行军事干预。

该总评的最后结论是取消原本的旧舰升级计划，因为新舰先进的设计与维护技术应可抵消升级旧舰所能带来的效益。除此之外"海洋"号（HMS Ocean, L12）两栖攻击舰也分担了许多原本由"无敌"级航空母舰所负担的任务角色。1998年7月，英国政府在题为《战略国防评估》的白皮书中正式提出了建造2艘新航母的构想。3艘"无敌"级航母的舰体寿命预计在2010年到期，因此新舰将在这个时期前后服役。1999年1月，英国国防部向本国工业界发出了投标要求。

根据皇家海军的要求，新航母的建造费用约27亿英镑，采用燃气轮机驱动全电动推进方式的总体动力推进系统（Integrated Full Electric Propulsion，简称IFEP），标准排水量将达到5.5万吨，可以操作30到40架常规起降飞机或垂直/短距起降（Vertical and/or Short Take-Off and Landing，简称V/STOL）飞机，服役寿命约为50年。1999年5月，国防部收到了英国航宇（British Aerospace，简称BAe）、波音（Boeing）、洛克希德·马丁（Lockheed Martin）、马可尼（Marconi Electronic Systems）、雷神（Raytheon）、汤姆森-CSF（Thomson-CSF）等六家公司的标书。同年11月，英国政府将标书整合为两个方案，分别为BAe方案和汤姆森-CSF方案，并向两家投标集团各自授予了295万英镑的研究合同，开始第一阶段的设计工作，主要内容是设计评估和飞机选择。

在投标方提交的舰载机配置方案中，第一种是搭载F-35B"闪电Ⅱ"的短距起飞/垂直降落（Short Take-Off/Vertical Landing，简称STOVL）方案，其优点是可以省下昂贵的蒸汽弹射器和拦阻索系统，还能使英国在STOVL方面获得技术领先的地位。但缺点是这种飞机的航程和载弹量都少于美国现役的F/A-18飞机，而且没有STOVL型的空中预警机（一种方案是将V-22"鱼鹰"〔Osprey〕改造为空中预警平台）。

第二种方案是短距起飞/拦阻索降落（Short Take-Off But Arrested Recovery，简称STOBAR）方案，优点是不用安装蒸汽弹射系统，航程和载弹量又高于STOVL方案，但是计划选用的海基版"阵风"（Rafale）战斗机性能比不上F-35。第三种方案为搭载F-35C的弹射起飞/拦阻索降落（Catapult Assisted Take-Off But Arrested Recovery，简称CATOBAR）方案，这种方案对飞机和航母的新技术需求最少，缺点是较高的操作成本，以及英国能够从中获得的军事科技最少。最后BAe提出了一种混合方案，使用STOVL配合滑跃式甲板、蒸汽弹射器和拦阻索，可以同时使用STOVL战斗机和需弹射起飞的预警机，而不需研发改装新的飞机。

英国国防部最终决定采用F-35B STOVL方案，给两艘航母都安装滑跃起飞甲板，而不是蒸汽弹射器。2001年11月，英国国防部又与两家投标方签订了总价2350万英镑的第二期研究合同，任务是"被选中方案的风险降低性设计"。2002年9月30日，国防部公布了英国航宇系统公司（1999年11月30日BAe并购马可尼后改称British Aerospace Systems，简称BAE Systems）和泰利斯集团

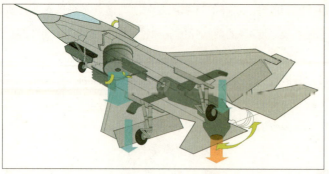

▲F-35B STOVL联合攻击战斗机的垂直降落装置示意图。

（Thales Group，汤姆森-CSF公司2000年12月6日改名为泰利斯集团）的"未来航母"设计方案。国防大臣霍恩（Geoffrey William Hoon）则在同月宣布，英国将斥资100亿英镑从美国洛克希德·马丁公司购买150架F-35联合攻击战斗机（Joint Strike Fighter，简称JSF），作为CVF的舰载机。该机发动机由英国罗尔斯·罗伊斯（Rolls-Royce）公司生产，将增加英国就业机会，此举无疑有政治因素在内。

2003年1月，英国国防部宣布BAE Systems为CVF项目的主承包商，但条件是采用泰利斯公司的设计方案。新航母的主要数据为：全长290米，宽75米，吃水10米，排水量65000吨。由于核动力成本太高，因此新航母采用总体动力推进系统（IFEP），由两组罗尔斯·罗伊斯Marine Trent MT 30型36兆瓦燃气轮机加4组芬兰"瓦锡兰"（Wartsila）电动机组成，总输出功率102000马力，最高航速25节，续航力10000海里。舰上搭载48架飞机，包括36架F-35C弹射起飞/拦阻索降落（CATOBAR）飞机（2012年5月又改回只购买F-35B

STOVL），以及AW101"灰背隼"（Merlin）和AW159"野猫"（Wildcat）直升机，空中预警任务则由"海王"直升机担任。

CVF舰上安装C4ISR（Command，Control，Communications，Computers，Intelligence，Surveillance and Reconnaissance）系统，全舰实行自动化管理，舰员约600人，与"无敌"级相当，但设有1450人的居住空间。CVF的舰首安装滑跃起飞甲板，同时由于该舰服役时间将长达半个世纪，考虑到F-35后继机型常规起降（Conventional Take-Off and Landing，简称CTOL）飞机的上舰问题，为安装弹射器（包括尚在研制中的电磁弹射系统）和拦阻索留有空间裕量。

2003年11月，英国女王伊丽莎白二世正式批准了两艘CVF航母的命名："伊丽莎白女王"号（HMS Queen Elizabeth，R08）和"威尔士亲王"号（HMS Prince of Wales，R09）。2007年7月25日，时任英国国防大臣德斯蒙德·布朗（Desmond Henry Browne）正式宣布开工建造CVF航母，翌年英国国防部与BVT水面舰船公司（BVT Surface Fleet）签订了建造两艘"伊丽莎白女王"级航母的合同，总金额为59亿英镑。

BVT水面舰船公司由BAE公司的水面舰艇部门和沃斯珀-桑尼克罗夫特（Vosper Thornycroft）公司的造船部门合并而来，"伊丽莎白女王"号于2009年7月7日开工，

▲一架试飞中的美国海军陆战队的F-35B正在进行垂直降落，注意其机尾的推力矢量喷管和升力风扇已呈90度转弯。

它的舰体在格拉斯哥（Glasgow）的BVT船厂、朴茨茅斯的BAE船厂、伯肯黑德（Birkenhead）的卡梅尔-莱尔德（Cammell Laird）船厂、艾普戴尔（Appledore）及罗赛思（Rosyth）的巴布考克（Babcock）船厂、赫伯恩（Hebburn）的A&P泰恩河

▲"伊丽莎白女王"级航母完成预想图。

二战后英国海军航母列表

光辉级/不屈级/怨仇级

HMS Illustrious(R87)"光辉"号

HMS Victorious(R38)"胜利"号

HMS Formidable(R67)"可畏"号

HMS Indomitable(R92)"不屈"号

HMS Implacable(R86)"怨仇"号

HMS Indefatigable(R10)"不倦"号

大胆级

HMS Audacious(D29)"大胆"号/HMS Eagle(R05)"鹰"号

HMS Irresistible"不可抵抗"号/HMS Ark Royal(R09)"皇家方舟"号

HMS Eagle(94)"鹰"号（取消建造）

HMS Africa(D06)"非洲"号（取消建造）

马耳他级

HMS Malta(D93)"马耳他"号（取消建造）

HMS New Zealand(D43)"新西兰"号（取消建造）

HMS Gibraltar(D68)"直布罗陀"号（取消建造）

HMS Africa(D06)"非洲"号（取消建造）

独角兽级

HMS Unicorn(R72/A195)"独角兽"号

半人马座级

HMS Centaur(R06)"半人马座"号

HMS Albion(R07)"阿尔比翁"号

HMS Bulwark(R08)"堡垒"号

HMS Elephant"大象"号/Hermes(R12)"竞技神"号/INS Viraat(R22)"维拉特"号

HMS Arrogant"傲慢"号（取消建造）

HMS Hermes"竞技神"号（取消建造）

HMS Monmouth"蒙默思"号（取消建造）

HMS Polyphemus "独眼巨人"号（取消建造）

巨人级

HMS Colossus(R61) "巨人"号/Arromanches(R95) "阿罗芒什"号

HMS/HMAS Vengeance(R71) "复仇"号/NAeL Minas Gerais(A11) "米纳斯吉拉斯"号

HMS Venerable(R63) "可敬"号/HNLMS Karel Doorman(R81) "卡雷尔·多尔曼"号/ARA Veinticinco de Mayo(V-2) "5月25日"号

HMS Pioneer(R76/A198) "先锋"号

HMS Glory(R62) "光荣"号

HMS Ocean(R68) "海洋"号

HMS Perseus(R51/A197) "英仙座"号

HMS Theseus(R64) "忒修斯"号

HMS Triumph(R16/A108) "凯旋"号

HMS/HMCS Warrior(R31) "勇士"号/ARA Independencia(V-1) "独立"号

尊严级

HMS Majestic(R77) "尊严"号/HMAS Melbourne(R21) "墨尔本"号

HMS Magnificent(R36)/HMCS Magnificent(CVL 21) "庄严"号

HMS Terrible(R93) "可怕"号/HMAS Sydney(R17) "悉尼"号

HMS Powerful(R95) "有力"号/HMCS Bonaventure(CVL 22) "邦纳文彻"号

HMS Hercules(R49) "大力神"号/INS Vikrant(R11) "维克兰特"号

HMS Leviathan(97) "利维坦"号（取消建造）

CVA-01级

HMS Queen Elizabeth "伊丽莎白女王"号（取消建造）

HMS Duke of Edinburgh "爱丁堡公爵"号（取消建造）

HMS Furious "暴怒"号（取消建造）

HMS Illustrious "光辉"号（取消建造）

无敌级

HMS Invincible(R05) "无敌"号

HMS Illustrious(R06) "光辉"号

HMS Indomitable "不屈"号/HMS Ark Royal(R07) "皇家方舟"号

伊丽莎白女王级

HMS Queen Elizabeth "伊丽莎白女王"号

HMS Prince of Wales "威尔士亲王"号

海洋级两栖攻击舰

HMS Ocean(L12) "海洋"号

阿尔比翁级两栖攻击舰

HMS Albion(L14) "阿尔比翁"号

HMS Bulwark(L15) "堡垒"号

注：两栖攻击舰因其外观与航母相近而附列本表，虽有时也被称为直升机母舰，但严格说来并不属于航母。

（Tyne）船厂分别建造，然后在罗赛思海军造船厂合龙。"伊丽莎白女王"号预计2017年服役，"威尔士亲王"号将于2018年服役，如果形势需要，不排除将来建造第3艘后续舰的可能。

光辉级/不屈级/怨仇级（Illustrious/Indomitable/Implacable class）舰队航母

1935年设计的"光辉"级航母以"皇家方舟"号（HMS Ark Royal, 91）装甲舰队航母为蓝本，其设计思想是牺牲载机能力（即牺牲航空作战能力）来换取生存能力。特点是以飞行甲板为强度甲板，拥有厚度76毫米至110毫米的装甲防护；封闭式机库位于舰体结构内部，由飞行甲板和侧壁防护装甲（厚度为114毫米）组成的"装甲盒"保护。虽然装甲不厚，但周围还绕有一圈防火走廊，加强了装甲的防护作用。这种设计解决了航母因炸弹洞穿飞行甲板、落入机库爆炸引起损伤的问题，可以抵御454公斤（1000磅）炸弹的直接命中，生存能力大大提高，整个机库宛如一个坚不可摧的大钢箱，可以经受巨大爆炸的破坏。但"光辉"级过重的装甲（舰体5000吨，飞行甲板装甲1500吨）同样带来了排水量增加和干舷过低的问题，为此缩短了全长，并且只设置一层机库，长度为139.6米、高4.88米，仅可容纳舰载机33架，远低于同期美日海军舰队航母；机库高度还限制了其使用更新、更大的舰载机的可能。

"光辉"级头两舰"光辉"号和"胜利"号在1937年春天开工，同级三、四号舰计划于同年夏天继续开工，1938、1939两个财政年度内各自再开工一艘，以实现建成6

艘同型舰的最终目标。但由于"光辉"级舰载机过少的问题受到质疑，实际1937年夏只有三号舰"可畏"号动工，四号舰则更改设计、增加半层机库，成为"光辉"级的第一期改型——"不屈"级（1938财年预算）；五、六号舰则增加一层机库，成为"光辉"级的第二期改型——"怨仇"级（1939财年预算）。"不屈"号是前三艘"光辉"级的第一期改型，在设计上有所改进，在原单层机库下方增加半层机库（长51米），削减侧壁装甲，并把机库高度从4.88米减到4.27米，防护也略有改进，可以搭载更多舰载机（1943年时为55架，比"光辉"级原型多2/3）。后续的两艘航母"怨仇"号和"不倦"号在"不屈"号的基础上又经过了进一步改进，第二层机库加长到63米，侧壁装甲再削弱，机库尺寸已接近更早的"皇家方舟"号。增加一组主机，航速提高到32.5节，与美国的"埃塞克斯"级相当。

整个战争期间，"光辉"级、"不屈"级和"怨仇"级一直担当皇家海军舰队航母的主力，到1945年时舰况已十分糟糕。"光辉"号在当年6月开始大修和现代化改装，加装新型弹射器、扩大航空燃料库，"砰砰"炮更换为21门"博福

斯"40毫米机炮，飞行甲板前后端的形状也发生改变。1946年中"光辉"号重新服役，作为本土舰队的武器测试和飞行员训练舰继续使用了8年，其间还完成了"吸血鬼"喷气式战斗机的起降测试，直到1956年解体。

"可畏"号在1945年5月4日被1架"神风"特攻机直接撞中飞行甲板中部，造成3米长的破损，碎片落入机库和轮机舱引发大火，8人战死、47人受伤。该舰于5月9日再度被"神风"机撞中，从此留下严重的结构损坏和龙骨变形。一直搁置到1947年才开始修复。1949年，曾有对该舰进行彻底改装、安装斜角甲板的计划，但舰况检查发现"神风"机的撞击对舰体结构造成了损害，修复的性价比不高。于是"可畏"号在1950年停航，在母港波特兰（Portland）搁置到1953年出售拆毁。

战争结束后，"不屈"号用于前线复

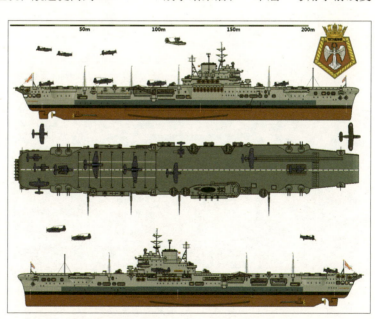

▲ "胜利"号航母1945年状态。

员军人的运输任务直到1946年中。该舰随后接受了与"光辉"号同样的现代化改装，加入本土舰队继续服役到1953年。服役后期，该舰的防空火力增加到40门"砰砰"炮和24门40毫米"博福斯"高炮，还搭载了"萤火虫"、"海黄蜂"（Sea Hornet）、"海怒"战斗机，以及"火炬"攻击机（由空军的战斗机改装）和海上救援直升机等新机型。1953年2月3日，停泊中的"不屈"号内部意外起火，住舱和飞行甲板均遭破坏，以混凝土修补后未再彻底修复，随后还参加了女王伊丽莎白二世的加冕礼。1953年10月"不屈"号转入预备役，1955年10月在克莱德（Clyde）港出售拆毁。

二战结束后，"怨仇"号留在英国海军太平洋舰队服役，1946年6月成为本土舰队的起降测试舰。1948年，该舰开始部署13架"海黄蜂"战斗机和12架"火炬"攻击机，但由于新机型适应期过长，实际一直到1949年初才具备战斗力。1949年秋，"怨仇"号

一度搭载了4个小队用于测试的"海上吸血鬼"喷气式战斗机，1950年夏又搭载上12架"梭鱼"（Barracuda）攻击机执行反潜任务。1950年9月"怨仇"号转入预备役，作为训练舰在1952－1954年使用了两年，然后出售拆毁，此时它的实际海上服役期还不到8年。"不倦"号则在1945年底执行了从日本运回获释英国战俘的任务，随后前往新西兰、澳大利亚一带活动。1950年起该舰改为训练舰，1956年步"怨仇"号的后尘退役拆毁。

与"光辉"级和"不屈"级航母一样，2艘"怨仇"级的机库高度不足，无法使用体积更大的喷气式飞机；如果对它们进行"胜利"号一样的现代化改装，成本又过于高昂，这也是"怨仇"级实际使用不到10年就退役拆解的主要原因。1942年英国海军造舰局曾计划继续建造4艘"怨仇"级同型舰，但这一方案在战后取消。

6艘"光辉"型航母中寿命最长的是"光辉"级的二号舰"胜利"号。该舰在1946年用于远东前线复员军人的运输任务，1947年10月一度改为本土舰队的训练舰、不再承担一线勤务，准备步姊妹舰的后尘拆毁。但此时皇家海军中大批老旧航母退役，新型舰队航母"大胆"级和"半

▲1966年航行在印度洋上的"胜利"号航母编队。近处为给油舰"潮汐泉"号（RFA Tidespring, A75），远处为航空零件运输舰"杜肯要塞"号（RFA Fort Duquesne, A229）。

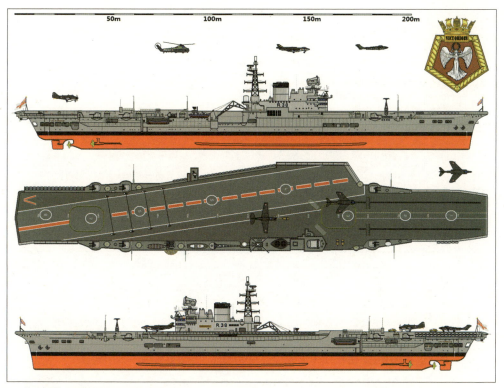

▲"胜利"号航母1966年状态。

人马座"级的建造又处于停滞状态，造成一线母舰数量不足，海军部决定保留舰况较好的"胜利"号，借鉴正在施工中的"大胆"级的经验，改造为可起降喷气式飞机的现代化航母。

从1950年10月到1957年底，"胜利"号进行了脱胎换骨的现代化改造，主机和锅炉全部更换，舰体加宽3米多，重新铺设了整个飞行甲板，并装上新型斜角甲板（斜角8.75度）、透镜着舰装置、2台蒸汽弹射器和984型3D雷达。改造完成后"胜利"号排水量增加1万吨以上，上层

▲正在"胜利"号航母上起飞的"掠夺者"攻击机机群。

光辉级	
排 水 量	标准30530吨，满载35500吨
主 尺 度	238.0（全长）/225.5（垂线间长）×31.5×9.5米
动 力	3台"帕森斯"（Parsons）式蒸汽轮机，6座"福斯特·惠勒"（Foster Wheeler）式重油锅炉，功率110000马力，航速31节
舰 载 机	（"胜利"号1964年）"掠夺者"攻击机8架，"海雌狐"战斗机8架，"塘鹅"反潜机2架，"威塞克斯"直升机5架，合计23架
防 护	主装甲带和机库侧壁105毫米，飞行甲板76毫米，机库甲板50毫米
火 力	12门Mk.33型76毫米L/50高炮（双联×6），6门Mk.6型40毫米高炮
电子设备	（"胜利"号1964年）984型3D对空雷达，974型导航雷达，293Q型搜索雷达
编 制	2400人

不屈级	
排 水 量	标准23000吨，满载29730吨
主 尺 度	229.8（全长）/229.2（飞行甲板长）×29.2×8.84米
动 力	3台"帕森斯"式蒸汽轮机，6座"海军部"式三鼓重油锅炉，功率111000马力，航速30.5节，续航力11000海里/14节
舰 载 机	TBM攻击机20架，F6F或"海火"战斗机25架，合计45架
防 护	主装甲带114毫米，飞行甲板76毫米，机库甲板37毫米
火 力	16门Mk.5型114毫米L/45高炮（双联×8），48门2磅"砰砰"炮（八联×6）；（战争期间增加）25门"博福斯"40毫米机炮（四联×2，双联×2，单装×13），36门"厄利孔"20毫米机炮
电子设备	272M型寻的雷达，281型对空雷达，79B型对空雷达；（战争期间增加）SM-1型测高雷达，SG型对海雷达
编 制	2100人

怨仇级	
排 水 量	标准23450吨，满载32110吨
主 尺 度	233.6（全长）/233.2（飞行甲板长）×29.2×8.8米
动 力	4台"帕森斯"式蒸汽轮机，8座"海军部"式三鼓重油锅炉，功率148000马力，航速32节；续航力11000海里/14节
舰 载 机	TBM攻击机22架，"海火"或F6F战斗机36架，合计58架
防 护	主装甲带114毫米，飞行甲板76毫米，机库甲板52毫米
火 力	16门Mk.5型114毫米L/45高炮（双联×8），48门2磅"砰砰"炮（八联×6）；（战争期间增加）4门"博福斯"40毫米机炮（"不倦"号10门），55门"厄利孔"20毫米机炮（双联×19，单装×17）
电子设备	79B型对空雷达，281B型对空雷达，293型寻的雷达，272M型寻的雷达，265型对空雷达
编 制	2300人

建筑扩大，基本参数已接近经过现代化改造的美国"埃塞克斯"级。由于飞机性能的提升，防空武器大幅度减少。1958年1月14日"胜利"号重新投入使用，一度被寄望于可搭载44架飞机，实际上由于喷气式飞机体积庞大，只能搭载28架固定翼飞机加8架直升机，最后阶段更减少至23架。1962－1963

年，"胜利"号再度进行了增加飞行甲板强度的改装。不幸的是，"胜利"号1968年在检修中意外发生火灾。此时由于英国海军预算不断削减，已经老态龙钟的"胜利"号被列入淘汰名单，立即转入后备役，次年出售拆毁。

"光辉"号（HMS Illustrious，87/R2/R87）

建造厂：维克斯－阿姆斯特朗公司巴罗因弗内斯船厂
1937.4.27开工，1939.4.5下水，1940.5.25竣工
1954.12.15退役，1956.11.3出售解体

"不屈"号（HMS Indomitable，92/R8/R92）

建造厂：维克斯－阿姆斯特朗公司巴罗因弗内斯船厂
1937.11.10开工，1940.3.26下水，1941.10.10竣工
1953.10.5退役，1955.9.21出售解体

"胜利"号（HMS Victorious，38/R23/R38）

建造厂：维克斯－阿姆斯特朗公司泰恩河船厂
1937.5.4开工，1939.9.14下水，1941.5.15竣工
1950.10－1957.12现代化改装
1968.3.13退役，1969.7出售解体

"怨仇"号（HMS Implacable，86/R5/R86）

建造厂：法菲尔德（Fairfield）船厂
1939.2.21开工，1942.12.10下水，1944.8.28竣工
1954.9.1退役，1955.11出售解体

"可畏"号（HMS Formidable，67/R1/R67）

建造厂：哈兰－沃尔夫（Harland & Wolff）船厂
1937.6.17开工，1939.8.17下水，1940.11.24竣工
1947.3退役，1953.11.11出售，1956.11解体

"不倦"号（HMS Indefatigable，10/R7/R10）

建造厂：约翰·布朗（John Brown）船厂
1939.11.3开工，1942.12.8下水，1944.5.3竣工
1954.9退役，1956.9出售解体

大胆级（Audacious class）舰队航母

　　1942年英国海军部对建造新型战舰的必要性进行彻底审查，并重新排列造舰项目的优先程序，优先考虑集中资源建造一批新型航母，以构成未来皇家海军舰队的核心。增建4艘"怨仇"级舰队航母，以及4艘"怨仇"级的扩大型——"大胆"级（33000吨级）。"大胆"级依然属于"光辉"级的派生系列，但飞行甲板改为重点防护以减轻重量，机库设计恢复为"皇家方舟"号双层短机库的方案，舰载机数量是"光辉"号的2倍，舰体建造成本则只有后者的2/3。以二战航母的标准看，"大胆"级的战斗力与美国的"埃塞克斯"级接近，但防护能力更强，是英国海军的"理想舰队航母"。自1942年底到1943年初，4艘"大胆"级相继下订，分别命名为"大胆"号、"不可抵抗"号、"鹰"号和"非洲"号，实际只有前两艘开工，第四艘"非洲"号在1944年改为按更大的"马耳他"级设

计标准建造。

　　由于英国船厂在战时着重修理战伤舰船和建造反潜、登陆舰队，"大胆"级的工程进度很慢，到战争结束时，头两艘（"大胆"号和"不可抵抗"号）尚未下水，第三艘（"鹰"号）未开工。由于战后英国经济衰退及国防战略变化，新上台的工党政府自1945年底起大量削减在建的大型舰艇预算。尚未开工的4艘"马耳他"级重型航母、4艘"怨仇"级大型航母和4艘"半人马座"级中型航母全部取消建造。1946年1月，"大胆"级三号舰"鹰"号的工程也被否决。"马耳他"级取消后，为保证舰队战斗力，"大胆"号和"不可抵抗"号的建造得以继续进行，并分别更名为"鹰"号和"皇家方舟"号，以纪念战争中两艘功勋卓著的老航

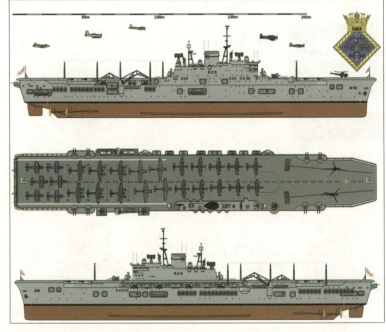

▲ "鹰"号航母，1945年状态。

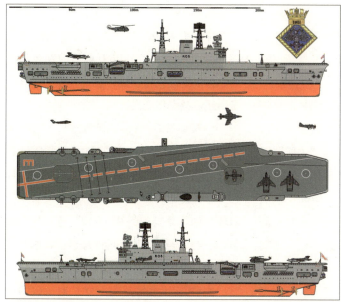

▲"鹰"号航母，1971年状态。

造全新的"佛瑞斯特"级航母了。

新"皇家方舟"号在建造过程中经历了海军航空兵的喷气式革命，因而多次修改设计，成为当时世界上第一艘在建成时即具有斜角甲板的航母；完工较早的"鹰"号则不具备。两舰在细节和外观上尚有其他不同，有时也划为不同的两级。1956年，"鹰"号率领4艘轻型航母参加了苏伊士运河战争，

母。受经济和政治因素影响，"鹰"号虽然于1946年3月下水，但直到1951年10月5日才建成服役；而开工于1943年的"皇家方舟"号工程更是持续了12年之久，直到1955年2月25日才加入皇家海军，此时美国已经在建

但军事胜利最终以外交让步告终。1957年"鹰"号安装上斜角甲板，海军部还计划对其进行与"胜利"号类似的大规模现代化改装（成本约3000万英镑），但因为预算紧张，在1959－1964年进行的改装只耗资1100

▲1970年1月，在地中海执勤的"鹰"号航空母舰。

万英镑。改装后的"鹰"号排水量增加约1万吨，大型高炮被"海猫"舰空导弹取代，斜角甲板增加到8.5度，安装2台大型蒸汽弹射器和984型3D雷达，舰载机减少为45架。

"皇家方舟"号由于完工较晚，只进行过更新电子设备的几次小规模改装。不过从设计到服役的多次改装使两艘"大胆"级舰宽显著增加，在外观上显得粗短。在替换两舰的CVA-01大型航母计划于1966年取消后，1970年，英国军方决定统一采购美制F-4"鬼怪Ⅱ"战斗机以替换海、空军的旧式飞机。由于"半人马座"级轻型航母的尺寸过小，拥有较大飞行甲板的"大胆"级也就成为皇家海军中仅存的能起降F-4K重型

战斗机执行远程打击任务的航母（每舰各3个中队）。其中"皇家方舟"号在1966－1970年进行了耗资3200万英镑的现代化改装，得以继续维持全勤；舰况较差的"鹰"号则逐步减少出动次数。

1970年11月9日，"皇家方舟"号在地中海进行演习时与一艘监视的苏联驱逐舰相撞，双方均损失轻微；此时该舰的载机量已下降到39架。由于经费紧张，海军决定只对较小的"竞技神"号（R12）进行延寿改装，"鹰"号则于1972年1月退役，舰上零件作为"皇家方舟"号的备件来源。

在60－70年代英国工党长期执政的这段时期，工党秉承其领袖哈罗德·威尔逊的

▲1978年，"皇家方舟"号航母（后）驶离德文波特（Devonport）港进行它的最后一次执勤任务，出港时行经它的姐妹舰、业已除役封存多时的"鹰"号航空母舰（前）旁。"鹰"号从1972年退役以来即成为"皇家方舟"号装备更换的部件来源一直使用到1978年10月。

对苏绥靖主义路线，采取削减国防开支、取消先进武器研制计划、削弱海军、裁减核武器、将重要的海外基地拱手交给苏联接管等一系列绥靖措施。在这样的政治大气候下，英国海军预定于1975年将"皇家方舟"号退役。但由于缺少大型航母的替代舰，"皇家方舟"号在1976年至1977年又耗费5000万英镑巨资进行了一次现代化改装，并继续使用了两年。不过，根据估算，该舰内部结构和管线老化、设备陈旧的问题已无法根除，即使进行如美国的"中途岛"级一样耗资巨大的现代化改装，最多也只能服役到1983年。正在大力削减国防开支的工党政府以此为借口，在1979年2月14日将"皇家方舟"号正式退役，随后与"鹰"号的舰体一起拖到苏格兰的凯恩莱恩（Cairnryan）解体。"皇家方舟"号的退役，以及英国在工党执政时期表现出的颓败、

衰落、软弱的趋势，最终导致1982年阿根廷军政府占领马尔维纳斯群岛。

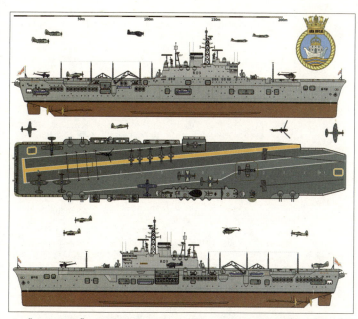

▲ "皇家方舟"号航母，1955年状态。

▲ "皇家方舟"号航母，1970年状态。

大胆级	
排水量	（设计）标准36800吨，满载46000吨；（"皇家方舟"号1978年）标准43340，满载53060吨
主尺度	（设计）245.0（全长）×34.3×11.0米；（"皇家方舟"号1978年）219.5（垂线间长）×52.1×11.0米
动力	4台"帕森斯"式蒸汽轮机，8座"海军部"式三鼓重油锅炉，功率153000马力，航速32节（"皇家方舟"号31.5节）；载重油5500吨，续航力7000海里/18节（"鹰"号），11265海里/14节（"皇家方舟"号）
舰载机	（设计）60架；（"鹰"号1971年）"掠夺者"攻击机14架，"海雌狐"战斗机16架，"塘鹅"反潜机5架，"海王"直升机5架，"威塞克斯"直升机1架，合计41架；（"皇家方舟"号1978年）"掠夺者"攻击机12架，F-4K战斗机14架，"塘鹅"反潜机5架，"海王"直升机7架，威塞克斯"直升机1架，合计39架
防护	（设计）主装甲带114毫米，飞行甲板25−102毫米，机库甲板25−37毫米
火力	（设计）16门Mk.6型114毫米L/45高炮（双联×8），61门Mk.6型40毫米高炮（八联×6，双联×2，单装×9，"皇家方舟"号46门）；（"皇家方舟"号1978年）4座"海猫"GWS-22四单元舰空导弹发射装置
电子设备	（设计）960型对空雷达，982型对空雷达，983型测高雷达，275型火控雷达，262型火控雷达，974型导航雷达；（现代化改装后）984型3D对空雷达（"鹰"号），965型对空雷达，SPN-35型航空管制雷达
编制	2750人（"鹰"号）；2637人（"皇家方舟"号）

◀1978年8月14−21日，"皇家方舟"号航母驻泊美军诺福克海军基地期间，与美国海军"尼米兹"号（USS Nimitz, CVN-68）核动力航母的合影。在70年代，"皇家方舟"号是美国以外西方最强大的航空母舰，但在当时全世界最大的"尼米兹"号面前依旧显得渺小。

◀服役初期的"皇家方舟"号航母甲板与舰岛一景。舰岛前方是一架AD"空中袭击者"攻击机，后方则有若干"海鹰"战斗机。

"大胆"号（HMS Audacious，D29）/鹰号（HMS Eagle，R05）

建造厂：哈兰-沃尔夫船厂

1942.10.24开工，1946.3.19下水，1951.10.5竣工

1956—1957年安装斜角甲板，1959.10—1964.5第二次现代化改装

1972.1.26退役，1978.10出售解体

"不可抵抗"号（HMS Irresistible）/皇家方舟号（HMS Ark Royal，R09）

建造厂：卡梅尔-莱尔德船厂

1943.5.3开工，1950.5.3下水，1955.2.25竣工

1958.7.21—1959.12.28第一次现代化改装，1966.10.4—1970.2.24第二次现代化改装，1976.10.21—1977.5第三次现代化改装

1979.2.14退役，1980.3.29出售解体

绰号：强大方舟（The Mighty Ark）

"鹰"号（HMS Eagle，94）

建造厂：维克斯-阿姆斯特朗公司泰恩河船厂

1944.4.20开工

1946.1.5计划取消拆毁

"非洲"号（HMS Africa，D06）

建造厂：法菲尔德船厂

1944年取消，改为"马耳他"级航母

▲1972年，英美联合军事演习，"皇家方舟"号航母上搭载有F-4K"鬼怪Ⅱ"战斗机和"掠夺者"攻击机，后升降机已打开，正在进行升降作业，远处并行的是美国海军航空母舰CV-59"佛瑞斯特"号。

▲1970年，航行中的"皇家方舟"号航母，舰首蒸汽弹射器似乎刚放出一架"掠夺者"攻击机，弹射器轨道上尚残留几缕烟痕。

马耳他级（Malta class）舰队航母

1943年末，美国海军在太平洋上组建的"快速航母特遣部队"（Fast Carrier Task Force，简称FCTF）已经引起英国皇家海军的注意。实际作战经验证明，大型航母超强的作战能力和生存性是中型航母无法企及的。在获悉美国正在计划建造4艘45000吨级的"中途岛"级航母（CV-41至CV-44，CV-56和CV-57为1945年追加的）之后，"未来造舰委员会"建议英国在1945年开工建造3艘与"中途岛"级性能接近的巨型

航母，分别命名为"马耳他"号、"直布罗陀"号和"新西兰"号。1944年初，英国海军部又将在建的"人胆"级航母（33000吨级）的数量削减为3艘，四号舰"非洲"号的建造计划也转到"马耳他"级当中。

"马耳他"级的标准排水量高达45300吨，飞行甲板长279米，主尺度和吨位已与"中途岛"级十分接近，只是考虑到英国船厂的建造能力和船台尺寸，最大长度和宽度有所限制。与美国的大型航母一样，"马耳他"级只有一个单层的开放式机库（可停放飞机83架），几乎占满整个舰体的宽度和长度，中部有一道防火门，可在发生火灾事故时将机库一分为二。由于舰体尺寸过大，为降低重心、提高稳定性，"马耳他"级一反英国航母自"光辉"级以来的传统，改以机库甲板为主防御甲板（此前的英国舰队航母全都以飞行甲板为防御甲板），厚度为89毫米，而飞行甲板只是在一层67毫米厚的低碳钢上再铺设一层经过防滑处理的木板。"马耳他"级配备4台升降机，其中2台位于中心线上，另2台位于甲板边缘，右舷有一个与"大胆"级类似的巨大舰岛。

值得注意的是，在"马耳他"级的一种设计方案中，在其右舷有2座独立的舰岛，

每座均配有自己的雷达、烟囱和舰桥，这在当时尚属首创，在今天英国的CVF计划中仍可看见其遗风。采取这种设计的动机是保持两组主机舱之间的独立性，以限制损坏及缩短排气管线的长度。舰上装备了8台"海军部"型水管锅炉和4组蒸汽轮机，输出功率达200000马力（"中途岛"级输出功率212000马力），因此该级舰的最高航速可达32到33节。

"马耳他"级航母可搭载100架以上的飞机，其机库最多能够容纳85架，其余一部分飞机需要停在甲板上。这些飞机将为舰队提供打击力量、空中防御、反潜巡逻及远程侦察。除装备海军的飞机外，在需要时，皇家空军的"蚊"式轻型轰炸机也可以在这些航母上进行起降操作。

到二战结束时，4艘"马耳他"级航母均已下达了订单，"马耳他"号和"直布罗陀"号本来可以于1945年底便开工建造，但是随着战争的结束，英国的各大造船厂转而建造商船，以弥补大战期间的惨重损失。1945年11月5日，海军部被迫取消了"新西兰"号和"非洲"号的建造计划，"马耳他"号和

"直布罗陀"号的建造计划则在一个多月后的12月21日被取消。

事后理智地评价，与其在战后对"胜利"号或"皇家方舟"号航母进行多次改装，直接建造4艘"马耳他"级新航母将会更为省事。它们可以直接在建造时铺设斜角甲板、安装新型蒸汽弹射器，也更容易装备操作第二代喷气战斗机。然而对经历了6年战争后几近破产的英国财政而言，其建造费用无疑是天文数字：规模与"马耳他"级相近的"中途岛"级造价为每艘1亿美元，合2500万英镑。建造4艘"马耳他"级航母需要1亿英镑，而当时英国财政已经到了山穷水尽的地步，仅欠美国和自治领的外债就达35亿英镑，同时还在向美国争取60亿美元的战后贷款。于是皇家海军只得满足于较小的"大胆"级航母，巨大的"马耳他"级航母

▲ "马耳他"级航母设计图。

马耳他级	
排 水 量	标准47650吨，满载56800吨
主 尺 度	279.4(全长)/250.0(水线长)×35.2(型宽)×10.5米
动 力	4台"帕森斯"式蒸汽轮机，8座"海军部"式三鼓重油锅炉，功率200000马力，航速32.5节；载重油6096吨
舰 载 机	F6F战斗机和TBM攻击机，合计81架，最大载机能力超过100架
防 护	主装甲带和隔舱40—114毫米
火 力	16门Mk.5型114毫米L/45高炮（双联×8），55门2磅"砰砰"炮（八联×6，单装×7）
电子设备	960型对空雷达
编 制	2780人（不含航空人员）

最后在绘图室阶段便告夭折了。

"马耳他"号（HMS Malta，D93）

建造厂：约翰·布朗船厂

（取消建造）

"新西兰"号（HMS New Zealand，D43）

建造厂：卡梅尔－莱尔德船厂

（取消建造）

"直布罗陀"号（HMS Gibraltar，D68）

建造厂：维克斯－阿姆斯特朗公司泰恩河船厂

（取消建造）

"非洲"号（HMS Africa，D06）

建造厂：法菲尔德船厂

（取消建造）

独角兽级(Unicorn class)维修航母

两艘"光辉"级航母第二期改型（"怨仇"级）开工的同年，英国皇家海军造舰局专为"光辉"级设计的维修航母"独角兽"号也在哈兰－沃尔夫船厂开工，预定完工后与"怨仇"级一起部署到远东。该舰在设计上参考了"皇家方舟"号，同时依据"光辉"级的经验增加装甲飞行甲板，但厚度削减到50毫米，只在弹药库等重要部位有水线防护。动力削弱为"光辉"级的三分之二，航速只有24节。"独角兽"号的最独特之处是将"皇家方舟"号上的第一层机库改为维修车间，可以为"管鼻燕"（Fulmar）、"海火"战斗机和"大青花鱼"（Albacore）鱼雷机提供零件维护和修理，还有一个可容纳36000加仑航空燃料的密闭汽油库。为具备维护美制F4U"海盗"战斗机的能力，"独角兽"号的维修车间高达5.03米，因此在外观上比尺寸更大的"光辉"级（全长229.8米，但只有一层机库、且高度仅4.88米）反而高大许多，其余大型上层建筑、全通式飞行甲板等特征则与"光辉"级相同，飞行甲板前端有1台弹射器。该舰还可以在下层机库搭载36架飞机，在必要时可以充当舰队航母使用。

1943年3月12日"独角兽"号服役，但当时并未前往远东，而是留在本土水域执行反潜和训练任务。1943年8月，为支援登

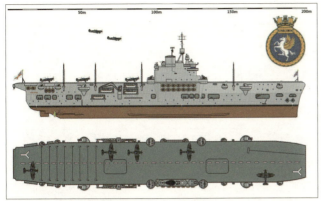

▲ "独角兽"号航母设计图。

▲1950年底到1951年初期间，支援朝鲜战争的"联合国军"舰船在战事稍歇时驻泊于日本佐世保港休整。由近至远为英国维修航母"独角兽"号，以及美军防空巡洋舰"朱诺"号（USS Juneau, CLAA-119）、舰队航母"福吉谷"号（USS Valley Forge, CV-45）、舰队航母"莱特"号（USS Leyte, CV-32）、维修船"赫克托"号（USS Hector, AR-7）和重型船体维修船"杰森"号（USS Jason, ARH-1）。

陆意大利萨勒诺（Salerno）的"雪崩行动"（Operation Avalanche），"独角兽"号搭载了飞机，与4艘护航航母"袭击者"号（HMS Attacker, D02）、"战斗者"号（HMS Battler, D18）、"捕猎者"号（HMS Hunter, D80）、"阔步者"号（HMS Stalker, D91）一起组成V舰队，执行空中掩护任务。直到1944年初，该舰才前往太平洋，成为新组建的远东移动航空基地（Mobile Naval Air Base，简称MONABs，类似美国快速航母编队附属的航空修理舰队）的核心，在巴布亚新几内亚前线迎接了日本的投降。

从远东战场返回后的1946年1月，"独角兽"号转入预备役，但在1949年夏又重新部署到新加坡，负责为轻型航母"凯旋"号（HMS Triumph, R16）运输舰载机和检修器材。1950年6月朝鲜战争爆发后，"独角兽"号编入干涉朝鲜的"联合国军"舰队，为正规航母提供维修和补充，有时也承担运兵和航空中继任务。在返回本土前的1953年夏天，该舰曾以4英寸舰炮炮轰北朝鲜海岸目标，创造了

独角兽级	
排 水 量	标准16510吨，满载20300吨
主 尺 度	196.9（全长）×27.4×7.3米
动 力	2台"帕森斯"式蒸汽轮机，4座"海军部"式三鼓重油锅炉，功率40000马力，航速24节
舰 载 机	36架
防 护	飞行甲板和弹药库50毫米
火 力	8门Mk.5型102毫米L/45高炮（双联×4），12门2磅"砰砰"炮（四联×3），8门"厄利孔"20毫米机炮
编 制	1000人

世界航母史上的罕见战斗纪录，同年11月"独角兽"号返回德文波特，以飞机运输舰的身份退役。1959年6月出售拆毁。

"独角兽"号（HMS Unicorn，I72/F72/R72/A195）

建造厂：哈兰—沃尔夫船厂
1939.6.26开工，1941.11.20下水，1943.3.12竣工
1953.6改为飞机运输舰（A195），1953.11.17退役，1959.6出售解体

半人马座级（Centaur class）轻型舰队航母

除4艘23000吨的"怨仇"级后继舰和4艘33000吨的"大胆"级大型舰队航母以外，英国海军造舰委员会1942年的造舰计划还包括了24艘较小的航母，其中8艘为18000吨级的"中型舰队航母"（Intermediate Fleet Carrier，简称IFC）。IFC的吨位、主尺度和载机量都超过另外16艘13000吨级的"1942型轻型舰队航母"（"巨人"级和"尊严"级），飞行甲板和机库重要部位有

1到2英寸厚的装甲，但综合性能与成本远低于战时完工的6艘"光辉"级及其改型。建造IFC的目的似乎是要以低廉的成本和"够用"的防护平衡"光辉"级高昂的造价，由于本级舰预计将在战后部署于海外，执行威慑和维和任务，主机功率只有"光辉"级的3/4，航速也下降到28节。从整体上看，IFC是介于"光辉"家族与"巨人"级轻型航母之间的中端产品，成本优势使其可望大批建造，但其设计是基于二战时期的经验，在海军航空兵进入喷气式时代后将迅速淘汰。

IFC"半人马"级的头四舰在1944－1945年相继开工，但当时英国海军急需修理现有舰船，并优先建造反潜军舰和登陆舰艇，因此船厂的工作能力不足，至欧洲战争结束前仅完成极少工作量，并随着日本投降进入停工状态。1945年夏天上台的工党政府取消了"半人马"级后4艘的建造计划，前4艘的前景也不容乐观。但由于"光辉"级家族中有5艘航母自1948年起相继退役，为保证有足够的替代舰，"半人马"级前3舰在1947－1948年相继下水，最后一艘"竞技神"号则拖到1953年方滑下船台。

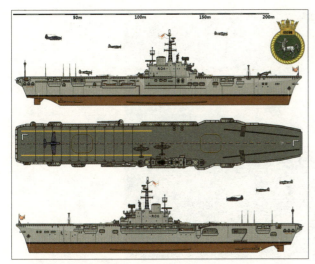

▲ "半人马座"号航母，1953年状态。

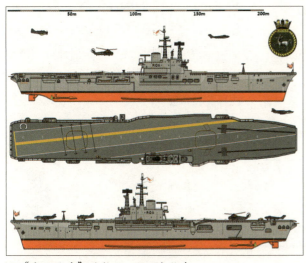

▲ "半人马座"号航母，1963年状态。

1954年前后，"半人马座"号、"阿尔比翁"号和"堡垒"号相继完工，随后就开始进行接受喷气式飞机起降的改装：拆除部分高炮，安装5度斜角甲板，常用载机量达到26架。1956年10月苏伊士运河战争中，"阿尔比翁"号和"堡垒"号跟随"鹰"号（R05）航母空袭了埃及机场，战后三舰全

部安装了蒸汽弹射器和新型着舰系统，同时拆除火炮以腾出更多飞行甲板空间。

由于IFC的飞行甲板和机库面积过小，"半人马座"级无法像两艘"大胆"级航母一样使用大型喷气式舰载机，因此自50年代末期起就转用于其他任务。1959－1960年，"堡垒"号被改造为突击航母（类似美国的两栖攻击舰），可以搭载16架直升机、4艘强袭登陆艇（LCA）和733名海军陆战队员；"阿尔比翁"号在1961－1962年也接受了类似的改装。由于成本过高，原定也要改为突击航母的"半人马座"号在1965年12月转入预备役，六年后拆毁；"阿尔比翁"号则在1973年退役。1976年5月，"堡垒"号也转入预备役，但由于"大胆"级提前退役、新的轻型航母"无敌"级服役日期又一再推迟，本舰在1980年一度再次服役，直到次年因削减国防预算而废弃，1984年出售解体。

"半人马座"级中最特殊的是四号舰"竞技神"号（R12）。该舰原名"大象"号，1944年6月开工，至战争胜利前只完成极少工作量。当本级六号舰"竞技神"号在1945年10月取消建造时，舰名被拿来赋予在建的"大象"号。因本舰完成度最低，因此在1947年重新开工时修改了原设计，增加6

185

▲1959年，驻泊德文波特港整补的"半人马座"号航母。

"人马座"级一起在70年代淘汰，但由于皇家海军最大的两艘"大胆"级航母已经退役，新建的"无敌"级轻型航母进度又过于缓慢，为保留一艘具有战斗力的正规舰队航母，"竞技神"号在1980－1981年进行了耗资4000万英镑的大规模改装，舰首右侧增加7度的滑跃起飞甲板，可以起降最新型的"海鹞"垂直/短距起降战斗机，预计可使用到1984年。1982年马岛战争中，"竞技神"号担任英国特混舰队旗舰，实战中表现出色。1984年4月该舰转入预备役，于1986年4月售

度斜角甲板、蒸汽弹射器和984型3D雷达，一台升降机布置于左舷侧面，技术特征和外观类似缩小版的"皇家方舟"号（R09）。1959年"竞技神"号完工时距开工已有15年，该舰与"半人马座"级前3艘差异明显，有时也被单独划分为一级。

"竞技神"号先后部署于大西洋、地中海、印度洋和远东，在1964－1966年的改装中增加了"海猫"舰空导弹，但本舰自服役之初起就存在主尺度过小的缺陷，无法像"大胆"级一样使用F-4K"鬼怪Ⅱ"战斗机，因此在1971－1973年拆除984雷达和弹射器，和姊妹舰一样成为突击航母，1977年又改为反潜航母。"竞技神"号原定与前三艘"半

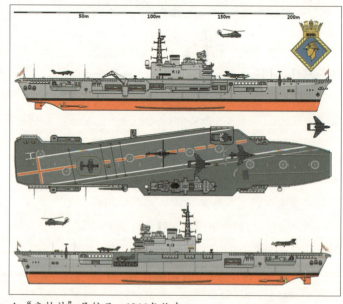

▲"竞技神"号航母，1966年状态。

半人马座型	
排 水 量	标准22000吨，满载27000吨
主 尺 度	224.8（全长）×37.5×8.2米
动　　力	2台"帕森斯"式蒸汽轮机，4座"海军部"式三鼓重油锅炉，功率78000马力，航速28节；载重油3050吨，续航力5040海里/20节
舰 载 机	（1959年）"海鹰"战斗机16架，"海毒液"战斗机8架，"空中袭击者"预警机4架，"旋风"反潜直升机5架，"蜻蜓"（Dragonfly）直升机1架，合计34架
防　　护	飞行甲板、机库甲板中部和主甲板末端25－50毫米，升降机25毫米
火　　力	32门"博福斯"40毫米高炮（六联×2，双联×8，单装×4）
电子设备	982型寻的雷达，983型对空雷达，275型火控雷达，974型导航雷达
编　　制	（设计）1028人，（实际）1102人＋300名航空人员

竞技神型	
排 水 量	标准23900吨，满载28700吨
主 尺 度	226.9（全长）/198.1（垂线间长）×48.8×8.8米
动　　力	2台"帕森斯"式蒸汽轮机，4座"海军部"式三鼓重油锅炉，功率76000马力，航速28节；载重油4200吨，续航力6000海里/20节
舰 载 机	（1968年）"掠夺者"攻击机7架，"海雌狐"战斗机12架，"塘鹅"预警机5架，"威塞克斯"直升机6架，合计30架；（马岛战争时期）"海鹞"垂直/短距起降战斗机24架，"海王"直升机10架，合计34架
防　　护	弹药库40毫米，飞行甲板19毫米
火　　力	（设计）10门Mk.5型40毫米高炮（双联×5）；（1966年改装后）2座"海猫"GWS-22三单元舰空导弹发射装置
电子设备	（设计）982型寻的雷达，984型3D对空雷达，262型火控雷达，974型导航雷达
编　　制	1830人＋270名航空人员

予印度，1986－1987年在德文波特进行更换电子设备和动力系统的延寿改装后，更名为"维拉特"号（INS Viraat，R22），于1987年5月12日在印度海军中重新服役，在之后20年里一直担任印度海军旗舰，并又进行了两次延寿改装，滑跃甲板增加到12度。由于印度自俄罗斯购买的新航母改造工程几经波折，"维拉特"号将继续使用到2020年，该舰的海上寿命达到61岁，距其开工则达76年之久，是世界航母史上绝无仅有的纪录。

"半人马座"号（HMS Centaur，39/R06）

建造厂：哈兰－沃尔夫船厂
1944.5.30开工，1947.4.22下水，1953.9.1竣工
1956－1958年安装斜角甲板
1965.12退役，1972.8.11出售解体
※"半人马座"为皇家海军传统舰名，至本舰为第八代。

▲ "堡垒"号突击航母，甲板上"威塞克斯"直升机队正依次起飞。

"阿尔比翁"号（HMS Albion, 08/R07）

建造厂：斯旺·亨特（Swan Hunter）船厂

1944.3.23开工，1947.5.6下水，1954.5.26竣工

1954－1956年安装斜角甲板，1962.8改为突击航母

1973.3.2退役，1973.10.22出售解体

※"阿尔比翁"为希腊神话中的海神之子，也是不列颠或英格兰的代称。用于皇家海军传统舰名，至本舰为第6代。

"堡垒"号（HMS Bulwark, 34/R08）

建造厂：哈兰－沃尔夫船厂

1945.5.10开工，1948.6.22下水，1954.10.4竣工

1954－1956年安装斜角甲板，1960.1.23改为突击航母

1981.3.27退役，1984.4出售解体

"大象"号（HMS Elephant）/"竞技神"号（HMS Hermes, 61/R12）

建造厂：维克斯－阿姆斯特朗公司巴罗因弗内斯船厂

1944.6.21开工，1953.2.16下水，1959.11.18竣工

1964－1966年现代化改装，1973年改为突击航母，1977年改为反潜航母，1980－1981年加装滑跃起飞甲板

1984.4.12退役，1986.4.19出售给印度并改名为"维拉特"号（INS Viraat, R22）

※本舰为第11代"竞技神"号。

"傲慢"号（HMS Arrogant）（取消建造）

"竞技神"号（HMS Hermes）（取消建造）

"蒙默思"号（HMS Monmouth）（取消建造）

"独眼巨人"号（HMS Polyphemus）（取消建造）

▲1983年秋，"竞技神"号航母参加北约军演航行于土耳其外海，这是该航母服役于皇家海军所参加的最后一次演习，次年即转入预备役，随后于1986年4月售予印度。

巨人级（Colossus class）轻型舰队航母

英国在1942年底制订的航母建造计划中包含24艘轻型航母，其中除了8艘18000吨级的"半人马座"级以外，另外16艘全为13190吨级的"巨人"级。尽管当时护航航母的建造依然是前线当务之急，但护航航母除了自卫战斗机外，不能搭载较重的攻击机和俯冲轰炸机，而且其防护、航速和飞行甲板的尺寸也无法满足正规海战的需要。另一方面，"光辉"级大小的正规舰队航母又因为造价昂贵、工期过长，不可能在短时间内大批建成。因此"巨人"级被设计为与美国的"独立"级尺寸相仿的轻型舰队航母：基于"光辉"级基本设计，但取消机库装甲以增加载机量；除关键部位有一定装甲防护外，其余舰体（特别是水下部分）按"劳氏船级社"的商船标准建造。因此尽管该级舰的排水量比"光辉"级少近1万吨、舰体也较短，却能搭载48架飞机，单舰工期也能控制在两年之内。第一批4艘"巨人"级（又称"1942型轻型航母"）于1944年12月完工，随即投入远东战场，但因其轻防护难以抵御"神风"机的撞击，并未参加对日作战的最后几次行动。原定建造16艘的"巨人"级在战争期间相继开工10艘（完成6艘）后，其余的6艘改为按照"尊严"级设计继续兴建。

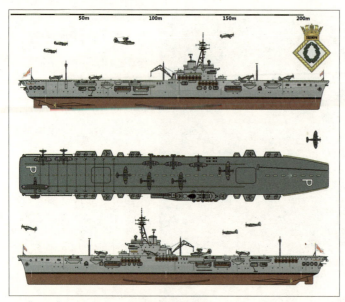

▲ "凯旋"号航母，1950年状态。

"二战"结束后，"巨人"级很快因海军预算削减而被大量出售给盟国。1946年，首舰"巨人"号首先被租借给法国海军（5年后法国正式购买），随后"可敬"号也在1948年转交给荷兰，取代之前英国租借给荷兰的一艘"奈拉纳"级（Nairana class）护航航母，命名为"卡雷尔·多尔曼"号。"勇士"号在1946年曾短期租借给加拿大海军，当"尊严"级的"庄严"号在1948年完工并正式出售给加拿大后，"勇士"号重新归还给皇家海军。1952年，"复仇"号也被短期租借给澳大利亚海军，直到"尊严"级的"尊严"号建成。卖给荷兰的"卡雷尔·多尔曼"号（原"可敬"号）在1968年再度出售，买主是阿根廷，这艘更名为"五月二十五日"号的航母与巴西的"米纳斯吉拉斯"号（原"复仇"号）都使用到90年代以后。

值得一提的是，正是在"巨人"级中的几艘航母上，英国海军最先进行了喷气机着舰、斜角甲板、蒸汽弹射器、光学透镜着舰装置等试验。1945年12月3日，海军上尉埃里克·布朗驾驶德哈维兰"海上吸血鬼"Mk.1三号原型机，在"海洋"号上实现了第一次喷气机着舰，此后在两天里又集中进行了15次起飞和降落，证明喷气式飞机可以用于航空母舰上面。

由于喷气式飞机的翼载、重量和起飞速度都远远大于此前的螺旋桨飞机，因此若实现喷气机上舰，还需解决弹射、拦阻、降落指挥等技术难题。最初的海军喷气式飞机的速度每小时比螺旋桨飞机快100多公里，降落指挥官的操作开始接近人类的反应极限，英国海军军官古德哈特少校为此发明了用于给飞行员指示进场高度的凹面镜灯光反射系统，并在"海洋"号上进行了试验。此外，二战时期的航母飞机弹射器是由油压或压缩空气驱动的，英国海军军官米切尔中校发明了大功率的蒸汽弹射器，并首先安装在"英仙座"号维修航母上。"凯旋"号则是第一艘进行斜角甲板试验的航母，当时在甲板上用白漆画出斜向的降落区，由海军飞机进行"触地重飞"的降落试验，根据试验结果，新建的4艘"半人马座"级航母全部改为斜角甲板。

喷气式飞机时代到来后，带有应急舰性质的"巨人"级立即暴露出设计过于简陋的缺点：由于大多在二战末期建成，它们没能及时安装斜角甲板和蒸汽弹射器，改装成本又太高，只好在50年代末期成批退役。"英仙座"号、"光荣"号、"海洋"号和"忒修斯"号在1958－1962年拆毁，"复仇"号在1956年成为巴西海军的"米纳斯吉拉斯"号。"勇士"号在1948－1949年曾进行过铺设橡胶甲板的试验，随后于1952－1953年接受了现代化改装，1954－1956年又装上斜角甲板、新型拦阻索和功率更大的主机，可以起降更大的喷气式飞机。1957年英国在太平洋上的圣诞岛举行一系列核试验，"勇士"号担任指挥舰，随后在

1958年7月出售给阿根廷，更名为"独立"号。"凯旋"号在1953年后成为训练舰，并在1957年12月起改装成大型修理舰，但工程在1960年暂停，1962年中又继续，直到1965

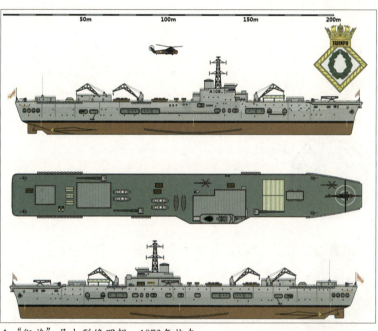

▲ "凯旋"号大型修理舰，1973年状态。

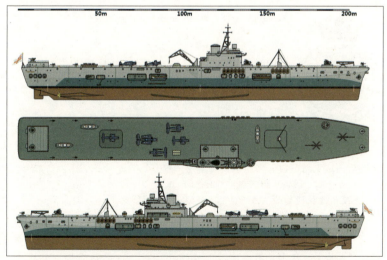

▲ "先锋"号维修航母，1945年状态。该舰在建造时就预定作为太平洋舰队的维修母舰，所以完工时即已无法起降飞机。

巨人级	
排水量	标准13190吨，满载18040吨
主尺度	211.8（全长）×24.4×7.1米
动 力	2台"帕森斯"式蒸汽轮机，4座"海军部"式三鼓重油锅炉，功率40000马力，航速25节；续航力12000海里/14节
舰载机	（设计）F4U或F6F战斗机常用15架，TBM攻击机常用22架，合计常用37架
火 力	（设计）24门2磅"砰砰"炮（四联×6），32门"厄利孔"20毫米机炮；（战后）21门"博福斯"40毫米机炮（四联×4，单装×5），4门3磅炮
电子设备	79B型对空雷达，281B型对空雷达，277型测高雷达，293型寻的雷达
编 制	1300人

"巨人"号（HMS Colossus, 15/R61）

建造厂：维克斯－阿姆斯特朗公司泰恩河船厂
1942.6.1开工，1943.9.30下水，1944.12.16竣工
1946.7.23退役，1946.8.6租借给法国并更名为"阿罗芒什"号（Arromanches，R95），1951年正式出售予法国
※ "Colossus"原指希腊罗得岛阿波罗神像，是西方古代七大奇迹之一。这是皇家海军的传统舰名，从风帆海军时代起就用来命名战列舰等主力舰只。

"复仇"号（HMS Vengeance, 71/R64/R71）

建造厂：斯旺·亨特船厂
1942.11.16开工，1944.2.23下水，1945.1.15竣工
1952.11.13租借给澳大利亚，1955.8.13归还，1955.10.25退役
1956.12.14出售给巴西并更名为"米纳斯吉拉斯"号（NAeL Minas Gerais，A11）

"可敬"号（HMS Venerable, 04/R63）

建造厂：卡梅尔－莱尔德船厂
1942.12.3开工，1943.12.30下水，1944.11.27竣工
1947.3.30退役，1948.4.1出售给荷兰并更名为"卡雷尔·多尔曼"号（HNLMS Karel Doorman，R81）。

"战神"号（HMS Mars）/"先锋"号（HMS Pioneer, D76/R76/A198）

建造厂：维克斯－阿姆斯特朗公司泰恩河船厂
1942.12.2开工，1944.5.20下水，1945.2.8竣工
1953.6改为飞机运输舰（A198），1954.9出售解体

"光荣"号（HMS Glory, 62/R62）

建造厂：哈兰－沃尔夫船厂
1942.8.27开工，1943.11.27下水，1945.4.2竣工
1956年退役，1961年出售解体

"海洋"号（HMS Ocean，68/R68）

建造厂：苏格兰亚历山大·斯蒂芬父子（Alexander Stephen and Sons）船厂
1942.11.8开工，1944.7.8下水，1945.8.8竣工
1957.12.5退役，1960年出售解体

"埃德加"号（HMS Edgar）/"英仙座"号（HMS Perseus，D51/51/R51/A197）

建造厂：维克斯－阿姆斯特朗公司泰恩河船厂
1942.6.1开工，1944.3.26下水，1945.10.19竣工
1953.6改为飞机运输舰（A197），1954年退役，1958年出售解体

"忒修斯"号（HMS Theseus，64/R64）

建造厂：法菲尔德船厂
1943.1.6开工，1944.7.6下水，1946.2.9竣工
1956.12.21退役，1961.11.29出售解体

"凯旋"号（HMS Triumph，16/R16/A108）

建造厂：泰恩河畔豪森·莱斯利（Hawthorn Leslie）船厂
1943.1.27开工，1944.11.2下水，1946.5.6竣工
1965年改为修理舰（A108），1975.12转入预备役，1981年出售解体

"英勇"号（HMS Brave）/"勇士"号（HMS Warrior，31/R31）

建造厂：哈兰－沃尔夫船厂
1942.12.12开工，1944.5.20下水，1946.1.24竣工
1946－1948年租借给加拿大，1954.12－1956.8安装斜角甲板
1958.2退役，1958.7.4出售给阿根廷并更名为"独立"号（ARA Independencia，V-1）

年1月7日方始完成，整个改装耗资1920万英镑、历时7年余，原来的机库成为机舱和维修车间，可以为中小舰艇和直升机提供全面的零件支援和随时整修。但此间皇家海军并无经常性的远航任务，改装完的"凯旋"号大多数时候是无所事事地搁置在查塔姆（Chatham），直到1981年出售，并于次年拆毁。

"巨人"级中的"英仙座"号和"先锋"号有时也单独划分为"英仙座"级维修航母。这两舰在建造时就预定作为太平洋舰队的维修母舰，因此拥有大面积作业车间和

▲1972年1月，大西洋，正从远东返回本土的"凯旋"号（A108）大型修理舰。之后，该舰即长期搁置在查塔姆海军基地，直到1981年出售解体。

全套维修设施，排水量也比同型舰稍小（满载16475吨）。不过由于飞行甲板上安装了2台大型起重机和修理舱，已经无法像"独角兽"号一样起降飞机。1950－1951年"英仙座"号在舰首前端安装了一台"米切尔"式蒸汽弹射器，成为世界上第一艘安装同类设备的航母。1953年6月两艘"英仙座"级和"独角兽"号一起重新定义为飞机运输舰，"先锋"号于次年出售解体，"英仙座"号也在4年后拆毁。"巨人"级中最后一艘航母——"复仇"号，即巴西海军的"米纳斯吉拉斯"号，在巴西海军中一直服役到2001年，2004年在印度解体。

尊严级（Majestic class）轻型舰队航母

6艘"尊严"级原属于16艘"巨人"级航母建造计划的一部分，也被归类为"1942型轻型舰队航母"。但是与前10艘"巨人"级相比，"尊严"级在飞行甲板面积和内舱居住性上略有改善，机库增加了厚度为1－2英寸的防护装甲，其余性能则完全一致。为缩短工期，"尊严"级被设定为将在战争结束后三年内拆毁的应急型航母，因此舰体大部分采用商船标准，用普通钢板建造，水下防护尤其薄弱。6艘"尊严"级在1943年里相继开工，预定于1944－1945年服役，但由于战局变化迅速，实际没有一艘在战争结束前完工。1945年8月日本投降时，"尊严"级前5艘已经下水（六号舰"大力神"号在同年9月下水），均未完成舾装，随即在战后的裁军浪潮中停工。

"尊严"级综合性能不佳，原定将在1947年后相继拆除，但由于澳大利亚海军和加拿大海军对其表示了兴趣，"可怕"号和"庄严"号的舾装工程得以恢复。1948年，按照原设计建造完成的两舰分别移交给澳大利亚和加拿大，前者系正式购买，并更名为"悉尼"号；后者租借20年，以原名继续服役。接下来一年里，首舰"尊严"号也重新开工，准备在完工后移交给澳大利亚（澳大利亚为该舰和"悉尼"号支付了830万英镑），并在设计上考虑到了使用喷气式飞机的要求，增加了斜角甲板、蒸汽弹射器和光学助降装置。1952年，加拿大海军再度购买了一艘未完成的"尊严"级（"有力"号），按照与"尊严"号相同的新设计继续建成，改名为"邦纳文彻"号。到1957年，下水已经12年的"大力神"号也被印度买下，在1961年3月建成，取名"维克兰特"号（与"尊严"号、"有力"号一样在舾装当中即配备了斜角甲板、蒸汽弹射器等新设备）。只有1945年6月下水的"利维坦"号始终无人问津，该舰的船壳在1968年拆除，部分设备和零件作为同型舰改装时

的备件使用，比如其全套锅炉设备就卖给了荷兰海军，后来被该国用于替换准同型舰"卡雷尔·多尔曼"号（"巨人"级"可敬"号）上的损坏锅炉。

作为"二战"后英国数量最大的一批外销航母，澳大利亚的"悉尼"号（原"可怕"号）和加拿大的"邦纳文彻"号（原"有力"号）都使用到70年代。"墨尔本"号（原"尊严"号）1985年卖给中国拆毁。花了近20年时间才建成的"维克兰特"号（原"大力神"号）则是所有"尊严"级航母中最后的存世者：本舰在服役生涯中经历多次现代化改装，80年代以后还安装了滑跃起飞甲板，搭载上最新的"海鹞"垂直/短距起降飞机。它和2艘准同型的"巨人"级（分别属于巴西、阿根廷）都使用到90年代。"1942型轻型航母"本来是战时的应急设计，但在英国建造的所有航母中却是使用寿命最长的。当然，这也与其使用者——尤其是阿根廷和印度——国力不足、无力及时更新航母、又抱有"准大国"心态，以航母充壮海军门面有关。1997年1月31日"维克兰特"号从印度海军中正式退役，随后作为博

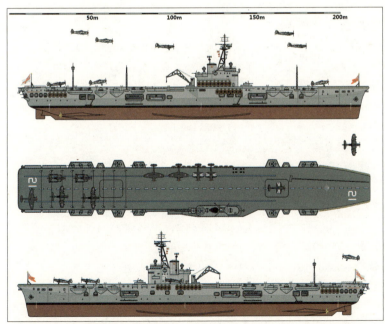

▲ "庄严"号航母，1948年状态。

尊严级	
排 水 量	标准14224吨，满载18085吨
主 尺 度	211.8（全长）×24.4×7.2米
动 力	2台"帕森斯"式蒸汽轮机，4座"海军部"式三鼓重油锅炉，功率40000马力，航速25节；续航力12000海里/14节
舰 载 机	（设计）F4U或F6F战斗机常用15架，TBM攻击机常用22架，合计常用37架
防 护	机库甲板25－50毫米
火 力	（设计）24门2磅"砰砰"炮（四联×6）；（战后）25门"博福斯"40毫米机炮（四联×4，单装×9）
电子设备	（设计）277Q型寻的雷达，293Q型寻的雷达，978型航海雷达
编 制	1200人

物馆在孟买展出。该舰是最后一艘、也是唯一一艘存世的英国二战航母（现在印度海军的"维拉特"号（原"竞技神"号）虽然也系战时开工，但建成时设计已经完全现代化）。

"尊严"号（HMS Majestic，R77）
建造厂：维克斯－阿姆斯特朗公司巴罗因弗内斯船厂
1943.4.15开工，1945.2.28下水后停工，1947.6出售给澳大利亚随即复工并进行现代化升级
1955.10.28完工服役并更名为"墨尔本"号（HMAS Melbourne，R21）

"庄严"号（HMS Magnificent，21/R36）
建造厂：哈兰－沃尔夫船厂
1943.7.29开工，1944.11.16下水后停工
1948.3.21租借给加拿大（舷号CVL 21）并先期服役，1948.5.21竣工
1957.6.14归还英国，1965.7出售解体

"可怕"号（HMS Terrible，93/R93）
建造厂：德文波特海军船厂
1943.4.19开工，1944.9.30下水后停工，1947.6出售给澳大利亚后复工
1948.12.16先期服役并更名为"悉尼"号

（HMAS Sydney，R17）
1949.2.5竣工

"利维坦"号（HMS Leviathan，97）
建造厂：斯旺·亨特船厂
1943.10.18开工，1945.6.7下水后停工
1968.5出售解体
※"利维坦"原为旧约圣经中的巨大海兽，形象类似鲸鱼，后由17世纪英国思想家霍布斯（Thomas Hobbes）引申成为强势国家的象征。

"有力"号（HMS Powerful，95/R95）
建造厂：哈兰－沃尔夫船厂
1943.11.27开工，1945.2.27下水后停工，1952年出售给加拿大后复工并更名为"邦纳文彻"号（HMCS Bonaventure，CVL 22）
1957.1.17建成服役

"大力神"号（HMS Hercules，49/R49）
建造厂：维克斯－阿姆斯特朗公司泰恩河船厂
1943.11.12开工，1945.9.22下水后停工
1957.1出售给印度后复工并进行现代化升级
1961.3.4建成服役并更名为"维克兰特"号（INS Vikrant，R11）
※原名系指希腊神话中的英雄、大力神赫丘力士。

1952年航母计划

朝鲜战争爆发后，英国海军部官员发起了新一轮航母论证工作，认为除保留原来赋予"马耳他"级航母的舰队支援任务外，今后还要在航母上增加直升机起降能力，并能够向岸上的陆军提供支援。与此同时，皇家海军的打击任务还要求从航母上起飞的飞机能够使用核武器或常规武器打击1000英里内的目标。为实现这些要求，英国最大的飞机公司之一英国电气与军需部在1953年开始着手研究"第二代轻型轰炸机"方案。为了使之能够在航母上操作，军需部还委托维克斯公司的设计部门参照美国海军的"佛瑞斯特"级航母，设计一级60000

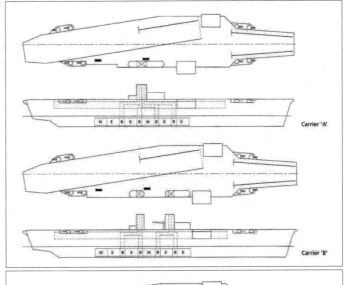

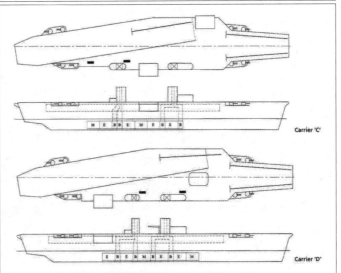

▲1952年舰队航母的四种设计方案。

吨以上的超大型航母，称为"1952年舰队航母"设计。维克斯公司随后为之研制出一套完整的新设计图纸，包括四种变型，其中的C型沿用了"马耳他"级的双舰岛设计。按照维克斯公司的估算，如果在1953年或1954年开工建造这些航母的话，在1957年、最迟1959年即可竣工入役，应比继续耗费人力物力建造"皇家方舟"号或改造"胜利"号航母更划算。

1951年10月，以丘吉尔为首的英国保守党重新上台组阁。新内阁在次年的国防项目报告中认为，今后如果与共产主义阵营作战的话，英国将会与美国签订新的租借协议，皇家海军现有的重型航空母舰应能够供租借

1952型航母	
排水量	标准53150吨，满载60000吨
主尺度	265.2(全长)/248.4(水线长)×48.7(全宽)/35.36(型宽)×10.21米
动力	4组Y300型蒸汽轮机，功率205000马力，航速32节；续航力6000海里/22.5节
舰载机	约60架
弹射器	1台199英尺BS Mk.4弹射器，弹力60000磅/113节；1台151英尺BS Mk.4弹射器，弹力35000磅/126节
升降机	舷侧1台，轴线1台或2台，升力4万磅
火力	12门76毫米炮（双联×6），24门40毫米炮
电子设备	984型三元雷达，CDS计算机，992型搜索雷达，974型导航雷达，174型声呐
编制	约2800人

来的、可携带核弹的A-3"空中战士"飞机起降，于是不再考虑开发新的舰载型核轰炸机，转而决定发展皇家空军的核打击力量，"1952年舰队航母"项目也随之无疾而终。

CVA-01级航母

到20世纪60年代，英国海军仍拥有世界第二大的航母力量，拥有"皇家方舟"号、"鹰"号、"胜利"号、"竞技神"号和"半人马座"号5艘舰队航母。然而当时英国最大的航母"皇家方舟"号排水量只有43000吨，只能搭载48架飞机，而同时期美国已开工建造排水量超过80000吨、可搭载90架以上舰载机的"小鹰"级航母。由于舰载机的尺寸和重量越来越大，英国现有的航母显然已无法满足航空升级的需要。此外30年代建造的"胜利"号舰体已经老朽化，"竞技神"号和"半人马座"号则无法搭载刚进入海军服役的"掠夺者"攻击机。

1962年1月，英国国防参谋委员会开始讨论新航母建造计划。当年5月，英国海军提交了排水量从42000吨到68000吨的六种航母设计方案，代号为CVA-01。其中最大的那种与美国"佛瑞斯特"级航母相仿，安装4台全尺寸蒸汽弹射器。该方案由于造价最昂贵而被最先否决，讨论集中于载机27架的42000吨方案和载机49架的55000吨方案上。后一方案的舰载机包括18架F-4K"鬼怪Ⅱ"战斗机、18架"掠夺者"攻击机、4架"塘鹅"预警机、5架"海王"反潜直升机和2架"海王"搜索/营救直升机，此外在执行紧急任务时还可在甲板上临时搭载1个皇家空军直升机中队和1个轻轰炸机中队。

CVA-01型航母计划建造4艘，首制舰"伊丽莎白女王"号预计在1970年初替换"胜利"号，二号舰"爱丁堡公爵"号在1972年替换"皇家方舟"号，三号舰"暴怒"号（推测名）在1974年替换"鹰"号，四号舰（未命名，有可能为"光辉"号）在1976年前后替换"竞技神"号。后来国防部将CVA-01项目的数量砍到2艘。

1963年初，英国国防大臣彼得·桑尼克罗夫特（George Edward Peter Thorneycroft）

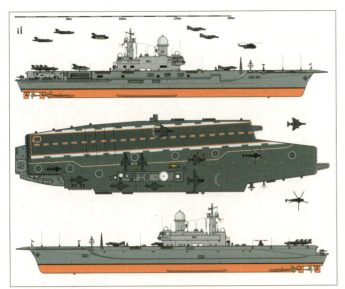

▲CVA-01航母设计图。

998型三元雷达。

1964年英国工党在大选中上台后，开始了新一轮国防预算大削减。皇家空军为了保住TSR-2攻击机项目，对海军的CVA-01项目大肆排挤，国防部限令航母排水量限制在53000吨以下，皇家海军不得不想尽办法在保持基本性能和机库容积的前提下削减CVA-01的排水量。最

在国会宣布开工建造第1艘新航空母舰，估计造价为5600万英镑，但财政部根据以往的经验，估计最终造价将超过1亿英镑。此时国防部要求海军和空军在将来使用相同型号的新飞机，即"鹞"式的前身P.1154垂直/短距起降战斗机，CVA-01项目为此不得不再次修改设计，并准备安装与荷兰联合开发的

后决定将左舷弹射器角度从7度变为4度，以减少飞行甲板面积，同时将两座"海标枪"导弹发射架减为1座，设计中的"伊卡拉"反潜导弹发射架也被取消。最后，两组988型三元雷达也取消安装，航速降至28节。但即使如此，重新设计后的CVA-01满载排水量还是超过了6万吨。

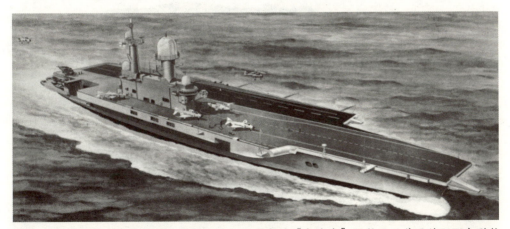

▲CVA-01航母的完成预想图。该舰尺寸与同时期的"中途岛"级航母及美国的CVV中型航母相近，其外观最大特征是位于舰岛右侧的飞机滑道，被称为"阿拉斯加滑行道"（Alaskan Taxiway），预计用作飞机维修工作区域。

CVA-01级航母	
排 水 量	标准54500吨，满载63000吨
主 尺 度	281.94(全长)/248.4(水线长)×37.3(型宽)×10.21米
动 力	8台"海军郡"式锅炉，3台"帕森斯"涡轮蒸汽机，3轴，135000马力。作战巡航航速25节，最高巡航航速28节，过载航速30节。续航力7000海里
舰 载 机	18架F-4K战斗机，18架"掠夺者"攻击机，4架"塘鹅"预警机，5架"海王"反潜直升机，2架"海王"搜索/营救直升机
弹 射 器	2座BS-6蒸汽弹射器
升 降 机	2台
火 力	（1962年）2座双联装CF 299"海标枪"舰空导弹发射架，1座"伊卡拉"反潜导弹发射架；（1965年）1座双联装"海标枪"舰空导弹发射架，备弹40枚
电子设备	984型和965型对空搜索监视雷达，992型搜索雷达，982型航空管制雷达，983型测高测向雷达，2座909型"海标枪"火控雷达，974型导航雷达
编 制	3250名舰员及航空人员

1964年上台的新国防大臣丹尼斯·希利在皇家海军与空军的预算之争中支持后者，虽然取消了TSR-2项目，但支持空军购买美国的F-111战斗轰炸机。在1966年发布的国防白皮书中，最终宣布取消CVA-01航母计划，代之以"鹰"号和"皇家方舟"号的升级改造（以接纳F-4和"掠夺者"上舰）。与CVA-01计划配套的4艘82型驱逐舰也只建造1艘，即"布里斯托尔"号（HMS Bristol，D23）。英国海军转而开始研究在"虎"级反潜巡洋舰基础上开发可搭载直升机的"指挥巡洋舰"计划，并最终在此基础上发展出"全通甲板巡洋舰"，以应付患有"航空母舰过敏症"的英国政治家。

"伊丽莎白女王"号（HMS Queen Elizabeth）

（取消建造）

"爱丁堡公爵"号（HMS Duke of Edinburgh）

（取消建造）

"暴怒"号（HMS Furious）

（取消建造）

"光辉"号（HMS Illustrious）

（取消建造）

▲图为几种英国造航母的飞行甲板及尺寸对比。自上至下分别为阿根廷海军"5月25日"号（原"巨人"级"可敬"号）、"皇家方舟"号和CVA-01。

无敌级（Invincible class）轻型舰队航母

"无敌"级航空母舰起源自一款排水量6000吨、配有导弹发射架及直升机甲板的"指挥巡洋舰"，原为CVA-01航空母舰的支援舰。CVA-01计划于1966年取消后，这款巡洋舰需要代替其为舰队提供反潜作战能力以及战斗指挥的功能。为了达到这一要求，产生了两款新的设计方案：方案一为一款12500吨的直升机巡洋舰，配备导弹及飞行甲板，能搭载6架"海王"直升机。方案二为排水量17500吨的方案，舰体右前方装有导弹发射架，在舰艉有更大的飞行平台，可搭载9架"海王"直升机，外观类似苏联的"莫斯科"级直升机巡洋舰。至1970年，海军要求将方案二改良为排水量18750吨并

具有完整甲板的"全通甲板指挥巡洋舰"（Through-Deck Command Cruiser，简称TDCC）。

1963年2月，"鹞"式垂直起降战斗机（Vertical Take-Off and Landing，简称VTOL）在"皇家方舟"号航母上成功起降。后继的FGA.1垂直起降战斗机也在两栖突击舰上成功试飞，这证明了在"全通甲板巡洋舰"上搭载垂直升降战斗机是完全可行的。但是出于政治因素的考虑，英国海军并未将这种军舰称为航母。

英国于20世纪70年代早期的经济问题拖慢了"全通甲板巡洋舰"的开发进度，不过船身的设计仍在继续进行。1973年4月17日，海军部与维克斯船厂签订了建造第一艘"全通甲板巡洋舰"的合同，此时新设计已定案为一艘排水量19000吨、具备直升机搭载能力的"直升机重巡洋舰"（Helicopter Carrying Heavy Cruiser），可搭载14架直升机，舰首装备"海标枪"导弹发射架。

1975年5月，英国政府批准生产海军版本的"海鹞"式攻击机，这意味着"直升机重巡洋舰"的设计需要再度进行更改，以容纳一个分队的"海鹞"式攻击机。为了使满载的"海鹞"式攻击机能更有效地起飞，新的设计方案采用了短距离起飞/垂直降落（STOVL）

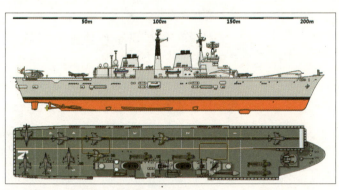

▲"无敌"号航母，1982年状态。

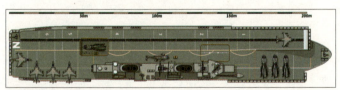

▲90年代，拆除"海标枪"导弹发射架、加装"守门员"近防系统后的"无敌"号航母飞行甲板平面图。

▲1980年初，在干船坞里舾装中的"无敌"号航母。

快退役了。1982年2月25日，澳大利亚国防部公布了即将以1.75亿英镑价格购买"无敌"号的消息，计划用其代替退役的"墨尔本"号航母，并将其更名为"澳大利亚"号。然而五个星期之后，当年4月2日，阿根廷突然占领英属马尔维纳斯群岛。英国立即中止了出售"无敌"号的计划（同时取消了将"竞技神"号出售给印度的计划），并派其与"竞技神"号组成编队，驶往南大西洋参战。

的概念，在舰艇安装170英尺长的滑跃起飞跑道。跑道最初的倾斜角为7度，"无敌"号及"光辉"号均采用了这一设计，"皇家方舟"号则改为12度。

1977年5月3日，英国女王伊丽莎白二世在巴罗因弗内斯的维克斯船厂亲自主持了"无敌"号的下水仪式。"无敌"级的正式名称是"全通甲板巡洋舰"，因此首舰和三号舰以英国历史上两艘著名战列巡洋舰的名字命名："无敌"号、"不屈"号。不过为了弥补英国公众对拆毁"皇家方舟"号航母的不满情绪，海军部在1980年宣布将"不屈"号改名为"皇家方舟"号。"无敌"二号舰命名为"光辉"号。

"无敌"号于1980年服役，当时英国海军的现役航母只剩下了"竞技神"号和"堡垒"号，后者也在"无敌"号服役之后很

马岛战争爆发时，服役近两年的"无敌"号除了一座"海标枪"发射架外并无其他防空火力。根据马岛战争的教训，"无敌"号在战争结束后加装了两座美国提供的"密集阵"近防系统，1982年6月入役的"光辉"号在入役前的最后一刻也加装了这种近防系统。泰利斯公司为"无敌"级提供了电子干扰设备，包括干扰与反电子干扰系统，以及导弹诱导装置。

在1982年以前，"无敌"号的舰载机由"海王"HAS.5反潜直升机及"海鹞"FRS.1攻击机组成，标准编制为9架"海王"与4至5架"海鹞"。这是因为"无敌"

▲ "无敌"号航母早期的照片，舰艏配备"密集阵"近防系统与"海标枪"导弹发射架（扇形基座处）。

级的本来任务就是针对部署于北大西洋的苏联潜艇，提供战时反潜的核心打击力量。在这个大前提下，"无敌"级的主要武器并非"海鹞"，而是反潜直升机。搭载"海鹞"只是为了击落偶然进入英国舰队防御圈附近的苏联侦察机。然而马岛战争改变了原定的配置，因为这次战役证明英国仍需要维持其传统航母投放空中力量于敌方陆上或海上部队的能力。"无敌"号与较旧的"竞技神"号均表现了这种能力。除了反潜直升机以外，皇家海军的"海鹞"式及皇家空军的"鹞"式战斗机在马岛战役中的贡献均不容忽视。皇家空军的"鹞"式后来证明只是一种过渡期的战斗机，然而"海鹞"却成为皇

家海军常备的固定翼舰载机，每艘"无敌"级均增添了1个常备的"海鹞"分队。"光辉"号是第一艘按此编制的航母，1982年6月入役后便马上驶往马尔维纳斯群岛，为"无敌"号协防。

1982年6月1日，澳大利亚总理马尔科姆·弗雷泽（John Malcolm Fraser）宣布说，考虑到英国的需要，澳方可以取消购买"无敌"号的合同。英国国防部据此在当年7月1日宣布取消出售"无敌"号，并在皇家海军中保持3艘现役航母的编制。1985年"皇家方舟"号竣工服役，英国在次年将"竞技神"号出售给印度。

马岛战争以后，"无敌"级的舰载机标

▲1982年9月17日，从马尔维纳斯战场凯旋回国的"无敌"号航母。

准配备为3架"海王"预警直升机、9架"海王"反潜直升机以及8到9架"海鹞"。最初的"海鹞"机型为FRS.1，后被1993年服役的FA.2替代，并参加了波斯尼亚战争。FA.2型装备了世上最先进的"蓝雌狐"多功能雷达和AIM-120空对空导弹。90年代"无敌"级除了升级舰载机外，还将"密集阵"近防系统更换为"守门员"（Goalkeeper）系统，拆除了舰艇的"海标枪"导弹发射架，将飞行甲板延长至原发射架位置。"无敌"号和"光辉"号还将滑跃甲板改成12度。

"无敌"号在2003年进行了大修，以将服役期再延长10年。但是英国国防部在2005年宣布"无敌"号将退出现役，在未来有需要时可以用18个月的时间重新启封服役，但预计在2010年前将不会启封。"无敌"号在当年8月3日退役，停泊于朴茨茅斯海军基地。2010年12月，英国宣布将出售这艘退役航母。一名中国商人愿以500万英镑价格将其买下，然后拖往珠海"改造为水上国际学校"，但英国国防部否决了该购买计划。2011年"无敌"号出售给土耳其的雷亚尔（Leyal）船舶回收公司，随后拖往土耳其解体。

2010年4月冰岛火山爆发后，"皇家方舟"号曾和"海洋"号两栖攻击舰一道驶往

▲2008年4月3日，正在美国东海岸参加两栖作战演习的"皇家方舟"号航母。

无敌级航母	
排 水 量	标准16970吨，满载20710吨
主 尺 度	209×36×8米
动 力	4组罗尔斯·罗伊斯"奥林帕斯"（Olympus）蒸汽轮机，功率97000马力，航速28节；续航力7000海里
舰 载 机	(反潜任务)12架"海鹞"攻击机，10架"海王"或"灰背隼"直升机/(打击任务)18架"海鹞"，4架直升机
升 降 机	1台
火 力	（服役时）1座"海标枪"导弹发射架，2座"密集阵"近防系统；（90年代后）3座"守门员"近防系统，2座"厄利孔"GAM-B01 20毫米近防炮
电 子 设 备	1022/965P型对空雷达，996/992Q型3D雷达，909 GWS-30型火控雷达，1007型导航雷达，2050/2016型搜索声呐，162型海底声呐
编 制	舰员726人，航空人员348人

"无敌"号（HMS Invincible, R05）

建造厂：维克斯公司巴罗因弗内斯船厂
1973.7.20开工，1977.5.3下水，1980.7.11服役
2005.8.3退役，2011年出售解体
绰号：文斯（Vince）

"光辉"号（HMS Illustrious, R06）

建造厂：斯旺·亨特船厂
1976.10.7开工，1978.12.14下水，1982.6.20服役
预计于2014年退役
绰号：卢斯蒂（Lusty）

冰岛接运滞留游客。当年10月19日，英国政府公布了一项新的国防削减计划，受此影响，"皇家方舟"号也在2011年3月退役，以确保"威尔士亲王"号CVF航母的预算不受影响，其皇家海军旗舰的任务由"阿尔比翁"号两栖攻击舰接替。此后有计划将"皇家方舟"号改造为水上赌场或博物馆，或者停泊在伦敦泰晤士河上，作为直升机场使用，但英国国防部最终于2012年9月10日以近300万英镑的价格将这艘船卖给了土耳其的雷亚尔船舶回收公司。

"光辉"号从2011年起成为英国皇家海

▲2010年3月12日，航行在北海上的皇家海军旗舰"皇家方舟"号航母从"波浪骑士"号（RFA Wave Knight，A389）舰队油船上接受燃料补给。

军唯一的一艘现役航母，但是其在皇家海军中的角色已可以由"海洋"号和两艘"阿尔比翁"级两栖攻击舰来替代。英国国防部打算在2014年将"光辉"号退役，并允诺该舰退役后将不会拆除，而将作为博物馆舰予以保留。

"皇家方舟"号（HMS Ark Royal，R07）

建造厂：斯旺·亨特船厂
1978.12.14开工，1981.6.2下水，1985.11.1服役
2011.3.11退役，2012年出售解体

伊丽莎白级（Queen Elizabeth class）航空母舰

皇家海军现役的三艘"无敌"级航空母舰均为冷战时期以反潜作战为主要任务而开发的军舰，建造之时便被设计成北约联合舰队的一部分，因此只能搭载数量非常有限的攻击型舰载机（9架"鹞Ⅱ"式GR7攻击机）。1982年"无敌"号与"竞技神"号航母在马岛战争中的表现证明还是需要航空母舰才能维护英国的海外利益。然而"无敌"级的载机能力有限，也限制了所能使用的飞机大小，而且缺乏专用的预警机。虽然采用了许多折中方案，例如使用"海王"直升机挂载各种感应舱来充当预警平台，但性能上还是远不如固定翼预警机。

1997年5月，新的工党政府上台启动战略防御总评，设想当"无敌"级航空母舰达到舰体寿命年限之后以两艘更大型的航空母舰取而代之。最初设想的新舰大体上是3万至4万吨排水量的水平，能搭载50架舰载机。该总评的最后结论是取消原本的"无敌"级旧舰体升级计划，因为新舰先进的设计与维护技术可以抵消升级旧舰所能带来的效益。此外"海洋"号两栖攻击舰也分担了许多原本由"无敌"级所担负的角色。计划中的新航母被称为"未来航母"。

1999年1月25日，六个合作厂商进入CVF设计估价阶段：波音、英国航宇（BAe）、洛克希德-马丁、马可尼、雷神和汤姆森-CSF。1999年11月23日，细节审查阶段最后浓缩成两个方案，一个是BAe案，一个是汤姆森-CSF案。最低限度是每个设计案必须能搭载30到40架的未来联合打击战机（Future Joint Combat Aircraft，简称FJCA）。评估合约案分成两个阶段：第一阶段标价590万英镑，内容是设计评估和飞机选择；第二阶段标价2350万英镑，是"被选中方案的风险降低性设计"。

2001年1月17日，

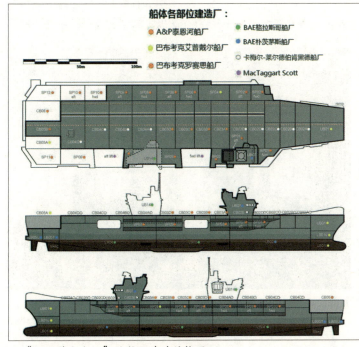

▲"伊丽莎白女王"号航母建造结构图。

▲"伊丽莎白女王"级航母剖视图。

英国国防部和美国国防部签署了一份理解备忘录，英国参加联合打击战机计划，并确认美国的联合攻击战斗机（JSF）就是英国所称的FJCA。此举可让英国获得一些飞机设计图，并参与洛克希德·马丁XF-35原型机与波音XF-32原型机的选择过程。2001年10月26日美国国防部裁定洛克希德-马丁XF-35得标，也就是后来的F-35。2002年9月30日，英国海空军宣布引进F-35的垂直/短距起降型号F-35B。同时宣布将建造新一级大型常规动力航母，即"伊丽莎白女王"级。新舰预计服役50年，并且在将来F-35退役后可以进行改装，加装电磁弹射器和斜角甲板，以适应未来更先进的战机。

2003年1月30日，英国国防大臣杰弗里·霍恩宣布泰利斯公司（原汤姆森－CSF公司）设计案胜出，但BAE Systems（原英国航宇公司）将是CVF的主要承包商。

这两家企业组成了"航母联盟"（Carrier Alliance），其成员包括BAE公司、泰利斯公司和凯洛格－布朗－鲁特（Kellogg Brown & Root，简称KBR）公司，以及后来加入的沃斯珀－桑尼克罗夫特集团和巴布考克国际集团。2004年7月21日，霍恩宣布航母开工时间延后一年，以评估成本与计划。2005年2月，"航母联盟"宣布凯洛格－布朗－鲁特公司为"实体总成"部分的承包商，总揽大结构设计和工程。2005年12月决定"伊丽莎白女王"级的舰体将由四家造船厂分工建造，最后在罗赛思船厂组装。

"伊丽莎白女王"级的排水量约为65000吨，几乎比"无敌"级大三倍，也是英国有史以来建造的最大军舰。技术规格要求能搭载40架以上固定翼舰载机和直升机，

▲分段建造的"伊丽莎白女王"号的球鼻艏，罗赛思船厂，2011年4月9日。球鼻艏上绘有该舰的舰徽（红白玫瑰图案和ER字母，ER即拉丁文伊丽莎白女王Elizabeth Regina的缩写）。右边可见"光辉"号航母的桅杆。

其中至少要有36架F-35B"闪电Ⅱ"战斗攻击机。空中监控管制（Airborne Surveillance and Control，简称ASaC）部分，也就是未来舰上要搭载的空中预警机和对应设备，已经开始先期计划"未来组织化空中早期预警"（Future Organic Airborne Early Warning，简称FOAEW）。2001年4月，BAE公司、诺斯罗普－格鲁曼（Northrop Grumman）公司和泰利斯公司签订研发合同，翌年4月BAE和诺斯罗普－格鲁曼进入研发第二阶段，改名为"海上空中监控管制"（Maritime Airborne Surveillance and Control，简称MASC）。

"伊丽莎白女王"级全舰系统高度自动化，舰员约为600名，只有15人的工作是无法取代的。此外舰上还有飞行员和临时搭载人员的预备住舱，总计可容纳1450人以上。"伊丽莎白女王"级的预定长度是284米，目前英国的两个主要海军基地——朴茨茅斯海军基地和德文波特海军基地都没有适当的干船坞可以供"伊丽莎白女王"级入坞维修，最大的德文波特基地10号船坞只能容纳259米长的军舰，因此目前英国海军正在兴建新的检修船坞。

"伊丽莎白女王"级外观最大的特色是两座独立的舰岛，前舰岛负责航母的航行控制，后舰岛负责舰载机控制。这种设计可以有效降低单一舰岛受创后导致丧失全部作战能力的风险，而且两座舰岛间还有多余空间可以增加大型升降机等设备。"伊丽莎白女王"级预计搭载两组罗尔斯·罗伊斯Marine Trent MT 30型36兆瓦燃气轮机，各放置在两个舰岛下，一次补充燃料之后可以连续航行10000海里。此外鉴于英国海军在60、70年代为接纳新型舰载机而不得不对"胜利"号、"鹰"号及老"皇家方舟"号进行多次升级改造的教训，"伊丽莎白女王"级从一开始的设计阶段就充分留出飞行甲板和机库的扩容空间，以应对未来的舰载机升级换代。

"伊丽莎白女王"级首舰"伊丽莎白女王"号已于2009年开工，预计在2017年服役，未来以朴茨茅斯为母港。二号舰"威尔士亲王"号于2011年5月26日开工，起初计划将其建为安装弹射器和拦阻索的常规起降航母，但英国国防部在2012年宣布"威尔士亲王"号也按"伊丽莎白女王"号的滑跃起飞方案建造。此外，在"皇家方舟"号于2011年退役后，英国王储威尔士亲王查尔斯曾与英国国防部讨论将"威尔士亲王"号改名为"皇家方舟"号的可能性，但此事后来并无下文。

▲2013年2月7日，"伊丽莎白女王"号的前舰岛已完成预铸正准备运离朴茨茅斯港前往罗赛岛组装。右侧的高大白色建筑是2005年建成的朴茨茅斯市地标建筑"大三角帆塔"。

伊丽莎白女王级航母	
排 水 量	标准65600吨
主 尺 度	284×73(飞行甲板宽)/39(型宽)×11米
动 力	2组罗尔斯·罗伊斯Marine Trent MT 30型36兆瓦燃气轮机+全电力推进系统，功率96000马力，航速25节；续航力10000海里
舰 载 机	40架，最高载机能力50架，包括36架F-35攻击机，另有MASC顶警机，"灰背隼"、"野猫"、"支努干"（Chinook）、"阿帕奇"直升机
升 降 机	2台
火 力	"密集阵"近防系统，DS30M舰炮
电子设备	S1850M远程雷达，"工匠"（Artisan）3D雷达，后舰岛有可能安装BAE SAMPSON雷达
编 制	舰员679人，最多可容纳1600人

"伊丽莎白女王"号（HMS Queen Elizabeth，R08）

建造厂：BAE公司、泰利斯公司、巴布考克集团
2009.7.7开工，预计2014年夏下水、2017年初服役
格言：永远一致（Semper Eadem）

"威尔士亲王"号（HMS Prince of Wales，R09）

建造厂：BAE公司、泰利斯公司、巴布考克集团
2011.5.26开工，预计2018年服役
格言：我效劳（Ich Dien）

▲"伊丽莎白女王"号后舰岛的吊装作业，巴布考克罗赛思船厂。

法国海军航空母舰

战后法国航母发展史（1945—2013）

始于"拿来主义"

作为二战前公认的海军五强国之一，第二次世界大战之前的法国在自主发展航母方面有一定基础。"海军假日"期间，他们把2.2万吨的未完工战列舰"贝亚恩"号改造成了航母，1938年又开始建造2艘1.8万吨的"霞飞"级（Joffre class）航母。但1940年的战败使"霞飞"级中途夭折，唯一一艘航母"贝亚恩"号则解除武装搁置在西印度群岛。1943－1944年，转投自由法国旗下的"贝亚恩"号在美国改造为飞机运输舰，这意味着法国海军航空兵失去了唯一可用的母舰。

为弥补这一缺憾，戴高乐"战斗法国"的海军在1945年1月向美国海军寻求援助，但美军在太平洋战场的行动尚未结束，不可能把一线的正规航母租借给法国，于是只允许后者从英国交还的二手护航航母中选择一艘，即"复仇者"级（Avenger class）的"欺骗者"号（HMS Biter，D97）。"欺骗者"号当时经历过一场大火，内部结构受损，正作为宿泊舰搁置在泰晤士（Thames）河口。法国派拖船将该舰曳航到土伦（Toulon），在美国工程师指导下更换了主机、进行全面修复，随后于1945年4月9日移交给法国，重新命名为"迪克斯梅德"号（Dixmude）。

戴高乐光复法国之后，制订了为期十年的海军复兴计划，准备为海军装备新型航母、战列舰和远洋潜艇，建成一个以法国为

▲2010年12月10日，美国海军核动力航空母舰"亚伯拉罕·林肯"号（USS Abraham Lincoln，CVN-72）和法国海军航母"夏尔·戴高乐"号正在阿拉伯海、美军第5舰队防区执行海上安全任务。

工业基地（战败的德国成为法国的煤矿产地）、地中海为内湖、法属西北非和印度支那为海外领地的"拉丁帝国"。复兴计划拟新建6艘航母、3艘巡洋舰、113艘驱逐舰和小型舰艇，使海军实力恢复到世界第三的水平。

在6艘航母中，2艘是按照战前的"霞飞"级图纸修改的PA-28型，1艘由4.8万吨的未完工战列舰"让·巴尔"号（Jean Bart）改造，1艘由1942年自沉于土伦港的航空运输舰"塔斯特司令官"号（Commandant Teste）捞起改建，后两艘军舰的改造案随后因成本太高而取消。1947年，包含第一艘PA-28型（拟命名为"克莱蒙梭"号）预算在内的复兴计划第一阶段拨款案遭到第四共和国国民议会否决，两年后整个计划都被搁置。议会认为，战后的工业复兴和武装力量调整需要更多资金，海军航空兵没有扩充的必要。

但这一观念在遥远的东方遭到了挑战。1946年3月初，包含"贝亚恩"号在内的一支法国舰队从西贡出发，企图在东京湾（今北部湾）登陆，重新控制二战末期被日军占领的法属印度支那北部，遭到奉

命进驻海防、接受日军投降的中国军队的攻击。中国军队撤出后，胡志明领导的"越盟"开始策划让整个法属印度支那独立，法国不得不投入海陆军力量进行攻击，这就是1946－1954年的第一次印度支那战争。当时法国可用的航母只有"迪克斯梅德"号一艘（在法军中分类为轻型航母），该舰除去派SBD俯冲轰炸机参与对陆支援和空袭掩护外，还要承担从本土向西贡运输飞机的任务，不堪重负，法国因此于1946年夏天转向英国求援。恰好皇家海军因预算削减、正准备裁撤二战末期完工的"巨人"级轻型航母，法国遂于1946年8月租得其中的"巨人"号，更名为"阿罗芒什"号，五年后又正式买下。与航速只有17节、舰载机不到20架的"迪克斯梅德"号相比，"阿罗芒什"号不仅可以搭载40余架飞机，航速也达到25节，在高温无风的东南亚海域更适于使用较重的飞机。

▲2009年2月9日，返港维修的"夏尔·戴高乐"号航母正驶入土伦军港。

除去自英国租借"阿罗芒什"号外，法国也依据1949年开始的《共同防御援助法案》（Mutual Defense Assistance Art，简称MDAA），向美国提出租借新航母。但法国海航的舰载机都由美国提供，部分人员的训练也要在美国完成，正在"瘦身"的美国海军不愿把较大的"埃塞克斯"级转让给法国，以免造成新的负担。谈判进行了两年，到1951年，美国决定把较小的"独立"级轻型航母"兰利"号（CVL-27）租借给法国，更名为"拉法耶特"号。该舰的主尺度和吨位比"阿罗芒什"号小，但远大过"迪克斯梅德"号，后者在1952年重新分类为"运输航母"，不再承担作战任务，主要作为训练舰和飞机运输舰使用。

"阿罗芒什"号和"拉法耶特"号成为了印度支那法军的主力舰，它们搭载美制F6F、F8F、F4U-6型战斗机和SB2C俯冲轰炸机，对越盟的补给线进行空中打击，但因为越盟得到中华人民共和国的支持，法军数量有限的空中支援仅是杯水车薪。1954年初的奠边府战役中，两艘法国航母派出1267个架次的战斗机为运补援军的C-47运输机护航，但无力扭转战局。

当时法国政府甚至向美国方面提出了由美军直接干涉的要求，希望以菲律宾的苏比克（Subic）湾为基地的美军TF77特混舰队（拥有"埃塞克斯"号、"黄蜂"号、"拳师"号3艘大型航母）派出大批舰载机对奠边府周围的越军进行攻击。但双方对这次行动的许多细节争执不休：法国希望美军只执行空中打击任务，陆上的反攻由法国人自行

完成，一旦战局好转，美舰就驶离东京湾；但美国总统艾森豪威尔希望由英、法、美三国海军采取联合行动，并且美国要对印支半岛的和平安排有发言权，这使得美国的介入最终不了了之。奠边府战役以悲剧收场后，新当选的激进党总理孟戴斯（Pierre Mendes France）决意停战，1954年7月21日，双方在日内瓦达成和平协议，法国撤出印支半岛。

自主政策与中型航母

第一次印支战争改变了法国政府和议会对航母的看法。1951年时，国民议会对租借"拉法耶特"号持怀疑态度，甚至打算抵制继续按MDAA从美国租借航母的行动，不过这种偏见在两年后完全被打消了。1953年秋，法国接收了第2艘"独立"级航母"贝劳伍德"号（USS Belleau Wood，CVL-24），更名为"贝洛森林"号，议会同时还批准了新建一艘2.2万吨级中型航母的预算，也就是后来的"克莱蒙梭"号，两年后又批准续建二号舰"福煦"号。两艘"克莱蒙梭"级将成为1945年之后由法国自己完全新建的最大军舰（1955年正式服役的"让·巴尔"号战列舰在1940年战败时就已经完工了75%），也是第一型专为喷气式飞机设计的法国航母。

不过在"克莱蒙梭"级完工之前，法国海军还得继续使用"阿罗芒什"号、"拉法耶特"号以及"贝洛森林"号这三艘二战老舰，它们的舰载机也仍是旧的F6F、F4U-7

和TBM-3，不能搭载喷气式飞机。1956年法国和英国一起出兵干涉埃及、企图迫使纳赛尔放弃收回苏伊士运河时，使用的也是"阿罗芒什"号、"拉法耶特"号两艘旧舰和旧飞机，而英国的3艘航母"鹰"号、"阿尔比翁"号与"堡垒"号已经搭载了最新的"海毒液"、"海鹰"式喷气战斗机。因为性能不足以对抗埃及从苏联和捷克斯洛伐克接收的MiG-15bis及MiG-17F，法国的F4U-7和TBM-3在战争中只负责舰队上空的巡逻和侦察任务，不参与空袭和制空作战，这大大伤害了法国人的自尊。

所幸两艘"克莱蒙梭"级在1955年和1957年的相继开工冲淡了这种尴尬。由于法国在二战后没有现成的大型航母，它并未像英美两国一样先在旧航母上加装斜角甲板、蒸汽弹射器等新产品，而是直接把这些要素融入了"克莱蒙梭"级中，这也是后发国家的一种优势。作为对比，美国第一艘专为喷气式飞机设计的航母"佛瑞斯特"号开工于1952年，法国只晚了三年，成绩已相当可观。

不过法美两国在海军使用目标乃至国家战略方面的差异也很好地体现在了两艘新航母上：相比于庞然大物的"佛瑞斯特"级，"克莱蒙梭"级是一种尺寸有限的中型航母，它比英国的"半人马座"级大，但比现代化改装后的"埃塞克斯"级小，飞行甲板面积还略小于加装了斜角甲板的"皇家方舟"号，但内部空间安排十分合理，航速达32节，2台蒸汽弹射器和2部升降机使其可以有效地起降40架舰载机（2个战斗机中队、1个反潜机中队、1个直升机中队）。

达索（Dassault）公司为两艘新航母研制了"军旗IV"（Etendard IV）海军型战斗轰炸机，这是一种具有空中加油能力的超音速飞机，不过因为缺乏合适的制空机，1964年又从美国购买了42架F-8E"十字军战士"

▲1992年5月5日，地中海意大利萨丁尼亚海域，法国海军航母"福煦"号参加代号为"龙之锤"（Dragon Hammer）的北约年度演习，舰上搭载有"超级军旗"攻击机、"军旗IV"攻击机、F-8E"十字军战士"战斗机、"贸易风"反潜机和"海豚"直升机。

（Crusader）。

1961－1963年，两艘"克莱蒙梭"级相继完工，法国决定停用甲板过小的"拉法耶特"号和"贝洛森林"号，在1957－1958年加装了斜角甲板的"阿罗芒什"号改为搭载"贸易风"（Alize）反潜机和美制"海蝙蝠"（Seabat）直升机的反潜航母。海军原本还打算在1956年开工一艘直升机航母，类似美国海军的CVS，执行反潜、训练等次级任务，但预算遭到议会削减，最终只能改建1万吨级的直升机巡洋舰，这就是舰尾带有飞行甲板的"决心"号（La Resolue，后更名为"贞德"号（Jeanne d'Arc, R97））。

从1960年代到1980年代，两艘"克莱蒙梭"级航母始终是法国海军的一线主力，它们搭载的"十字军战士"、"军旗IV"和"超级军旗"（Super Etendard）构成了法国制空、制海作战的基干力量，"超级军旗"挂带的

ASMP（Air-Sol Moyenne Portee）中程空地导弹（1988年以后）还是法国海航仅有的核打击力量；当时美国海军已经确定不再由舰载机承担核打击任务，所以ASMP也是西方世界唯一一种配备在航母舰载机上的核武器。

▲（上及下）2013年10月16日，齐装满员的"夏尔·戴高乐"号航母驶离土伦军港，开往近海进行训练并验收飞行员的飞行技术，舰上载有"阵风"战斗机、"超级军旗"攻击机、"鹰眼"预警机和"海豚"直升机。下图画面正在进行的机种即是"阵风"多用途战斗机，着舰钩已放下，准备降落。

不过，为两艘"克莱蒙梭"级寻求补充的尝试一直不成功：1958年，法国海军计划兴建放大版"克莱蒙梭"级"凡尔登"号（Verdun，即PA-58案，PA为法文航空母舰Porte-Avions的缩写），排水量3.5万吨，但这一工程在1961年被议会否决。"阿罗芒什"号在1974年退役后，海军又提出建造2艘1.64万吨的直升机航母，用于执行反潜和登陆任务，即PH-75案（PH为法文直升机航母Porte-Helicopteres的缩写），但也在1981年无果而终。PH-75的设计思路在20世纪末得到延续，成为"西北风"级（Mistral class）两栖攻击舰的技术渊源之一。

到1980年，"克莱蒙梭"级已经服役近20年，为它们寻求继任者的工作刻不容缓。当年9月，法国国防委员会制定了2艘3.5万吨级PAN（Porte-Avions Nucleaire，核动力航母）的建造计划，要求弹射器和拦阻索适用于最大重量22吨的新型飞机，首舰于1992年之前服役。

法国的新航母之所以采用核动力，可能是受到戴高乐提出的"威慑－介入－防御"的国防方针和1972年制订的"蓝色计划"的影响，这些指导性纲领都认为：法国在海外有独特利益，不能指望北约的联合防御。"克莱蒙梭"级退役后，法国海军航母短期内仍为2艘，未来可能增加到3－4艘，在远期目标达成前，现役航母的续航力必须有明显提升，才能同时确保对地中海门户和印度洋"后院"（吉布提、马约特、留尼汪岛）的控制与介入能力。

如果建造两艘常规动力航母，当其中一艘进行检修或改装时，另一艘的续航力不足以长期往返于地中海和印度洋之间；如果建造两艘核航母，即使其中一艘在更换燃料，另一艘也可妥善完成多海区作战任务。计划同时决定为新舰安装与在研的"凯旋"级（Triomphant class）核潜艇相同的压水反应堆。受财政因素影响，首舰"夏尔·戴高乐"号于1986年下订，但直到1989年才正式开工。

尴尬的"面子工程"

"夏尔·戴高乐"号的设计与建造可谓一波三折。该舰虽为核动力，但并未如美国航母一般建成超级巨舰——当时法国仅有布雷斯特（Brest）海军船厂有能力建造航母，而该厂的船台尺寸仅与"克莱蒙梭"级相等，故"夏尔·戴高乐"号的主尺度只能维持在"克莱蒙梭"级的水平。但"克莱蒙梭"级的飞行甲板不足以起降在研的"阵风"（Rafale）M重型战斗机，新航母不得不参照美国航母的样式延长斜角甲板、扩大停机区面积，所以完工后的"夏尔·戴高乐"号是小船身装大甲板，干舷偏低、头重脚轻。而法国自产的弹射器推力不足，不得不从美国购入2台C-13-3型75米蒸汽弹射器（"尼米兹"级弹射器的紧凑版），后来又购买了E-2C"鹰眼"（Hawkeye）预警机。

不过，随着甲板和起降设备重量一再提升，"夏尔·戴高乐"号的动力也显得不够了：两台潜艇用小型压水反应堆总功率仅为83000马力，设计航速29节，增重后只能达到27节左右；要提升航速，就必须增加第三台反应堆，舰体也必须进一步加大。最终的结果仍保留了原动力设计，军舰的航速和性能因此受到影响。

"冷战"结束后，开工仅两年多的"夏尔·戴高乐"号进度明显放慢，加上设计多处修改，迟至1994年5月才告下水，四年半以后才开始首次海试。该舰的海试和进一步改装进行了两年多，发现问题近百处，包括舵机震颤、推进器脱落、电子设备兼容性冲突等，大半是因过于紧凑的结构而起；斜角甲板也被证明长度不足、无法起降固定翼预警机，最后不得不在舰尾焊接了一段4.42米长的甲板。2001年5月，该舰终于加入现役，比预定时间晚了5年，距开工已过去12年；而使用近40年的两艘"克莱蒙梭"级已

经在1997年和2000年相继退役出售了。

到今天，"夏尔·戴高乐"号已是除美国外其他国家仅有的一艘核动力航母，也是海军史上绝无仅有的中型核航母。该舰在建造和使用中暴露的问题彰显了中等海上力量在追求"跨越式发展"时不可避免的挫折，而因为"夏尔·戴高乐"号艰难的建造过程、惊人的故障率和高昂的成本（造价达26亿美元），同型的二号舰工程始终未能进行。

2004年，法国政府一度决定第二艘新航母（通称PA-2工程）将加入英国的CVF项目，采用泰利斯公司的设计案在法国建造，为常规动力型，最晚于2012年开工。2006年，英法两国就合作问题达成协议，但此后法国出尔反尔、重新要求为PA-2安装核推进

▲1990年8月24日，波斯湾战争期间，执行"沙漠盾牌行动"的法国航母"克莱蒙梭"号。

装置，谈判遂告破裂，法国于2008年宣布终止合作。从当前情况看，3艘"西北风"级两栖攻击舰已足以完成法国海军大部分低烈度作战和支援任务，新航母的主要意义在于当"夏尔·戴高乐"号更换核燃料时（2015年前后）保持舰载机部队的战斗力。

关于PA-2项目的种种猜测已经成为新的"狼来了"故事，最新的说法有两种：一是法国海军造舰局将自行设计新一代航母，仍采用核动力，但这一项目迄今未获得拨款。另一个版本为：鉴于英国政府表示难以承担两艘"伊丽莎白女王"级航母的运行费用，该级的二号舰"威尔士亲王"号有望由英法海军共用。在"夏尔·戴高乐"号更换核燃料期间，法国将向英国租借"威尔士亲王"号来维持舰载机部队的训练和部署。但这一方案需要的可行性验证颇多："威尔士亲王"号安装的是滑跃起飞甲板，而法国的"阵风"M战斗机此前都是用弹射器起飞的；并且从现在的进度看，"威尔士亲王"号在2020年之前都不可能完工。经历过自主政策的艰难尝试，21世纪的法国海航可能重新回到"拿来主义"，依靠与英国的合作来维系脆弱的血脉。

"二战"后法国海军航母列表

贝亚恩级
"贝亚恩"号Bearn

复仇者级
"迪克斯梅德"号Dixmude

PA-28工程
"克莱蒙梭"号Clemenceau（取消建造）

巨人级
"阿罗芒什"号Arromanches（R95）

独立级
"拉法耶特"号La Fayette（R96）
"贝洛森林"号Bois Belleau（R97）

克莱蒙梭级
"克莱蒙梭"号Clemenceau（R98）
"福煦"号Foch（R99）

凡尔登级
"凡尔登"号Verdun（取消建造）

PH-75工程
"布列塔尼"号Bretagne（取消建造）
"普罗旺斯"号Provence（取消建造）

夏尔·戴高乐级
"夏尔·戴高乐"号Charles de Gaulle（R91）

PA-2工程
"黎塞留"号Richelieu（论证中）

贝亚恩级（Bearn class）实验航母

本舰系1922－1927年由"诺曼底"级（Normandie class）战列舰改建而来，在二战爆发前是法国海军唯一的一艘航空母舰，法国投降后滞留在加勒比海的法属马提尼克（Martinique）岛。1942年11月德国占领法国南部后"贝亚恩"号加入自由法国一方，并于1944年驶往美国新奥尔良（New Orleans）进行全面的整修和大规模改装。改装后的"贝亚恩"号缩小了舰岛尺寸，拆除了舰艉的飞行甲板，加装大量防空火力，舰桥后方安装一台大型起重机，成为一艘飞机运输舰，曾多次执行自美国向法国本土运输飞机的任务。

二战结束后，"贝亚恩"号又奉命前往中南半岛，负责向法属印度支那运送飞机、车辆和人员，支援当地的法国殖民地部队。1948年，由于法国从英国租借到的"阿罗芒什"号航母已经开始服役，"贝亚恩"号退出现役，停泊在土伦作为潜艇补给舰。为方便进行海航飞行员的初期训练，舰艉的飞行甲板得到了恢复。经历近20年的废舰生涯后，"贝亚恩"号于1966年11月最终除籍。次年3月，舰体被卖给意大利拆船商解体。该舰是到当时为止世界上最长寿的航母，也是世界各国海军第一代航母中唯一幸存到1960年代之后的。

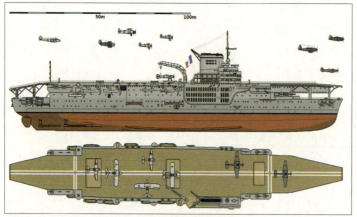

▲ "贝亚恩"号航母，1939年状态。

▲ "二战"前法国海军唯一的一艘航母"贝亚恩"号，1944年在美国进行了改装，成为飞机运输舰。飞行甲板前端长度缩短，舰首增加高射机炮平台，安装了大量美制防空武器。左舷中部加装了一台用于车辆和物资搬运的起重机。前桅顶端安装了水面搜索雷达。为了防止潜艇攻击，舰身侧面和上层建筑涂装了双色迷彩。该舰在1945年10月曾向冲突中的法属印度支那运送飞机、车辆和人员。"二战"结束后，法国海军一度希望将完工75%、战争期间在法属北非被美国海军重创的"让·巴尔"号战列舰改建为大型航母，同时让"贝亚恩"号退役，但因为预算原因没能实现。

贝亚恩级	
排 水 量	标准22146吨，满载28400吨
主 尺 度	182.6（全长）/180.0（飞行甲板长）×27.1×9.3米
动 力	2台"帕森斯"（Parsons）式蒸汽轮机，2台VTE式三段膨胀往复式蒸汽机，12座"诺曼-坦普尔"（Normand du Temple）式重油专烧锅炉，功率37500马力，航速21.5节；载重油2160吨，续航力7000海里/10节
舰 载 机	（设计）"威博特"（Wibault）Wib.74式战斗机12架、"勒瓦索尔"（Levasseur）LB.2式战斗机8架、"勒瓦索尔"PL.7式水上轰炸机12架，合计32架；（二战爆发前）"德瓦丁纳"（Dewoitine）D.373式战斗机12架、"波泰"（Potez）631式战斗机8架、"沃特"（Vought）V-156F式俯冲轰炸机12架，合计32架
防 护	主装甲带83毫米，飞行甲板25毫米，机库甲板70毫米，火炮防盾70毫米
火 力	（设计）8门155毫米L/55炮，6门75毫米L/50高炮，4具550毫米水下鱼雷发射管（双联×2）；（1944年改装后）4门Mk.12型127毫米L/38高炮，24门"博福斯"40毫米高炮（四联×6），26门"厄利孔"20毫米机炮
编 制	（设计）875人；（1944年改装后）651人

贝亚恩号（Bearn）

建造厂：地中海铁工和造船厂，法国土伦

1914.1.10作为战列舰开工，1915年工程中止，1920.4.15下水；1923.8开始改造为航母，

1927.5.27服役

1944年改为飞机运输舰，1948年退役，用作潜艇补给舰

1966.11除籍，1967.3.31出售给意大利拆船商解体

▲停泊在土伦港的潜艇补给舰"贝亚恩"号，1964年。为方便进行海军航空兵飞行员的初期训练，该舰重新安装了前半段飞行甲板（1944年在美国拆除）。甲板后方的白色十字标志是直升飞机的起降点。本舰在两年后正式除籍，出售给意大利拆船商解体，是到当时为止世界上最长寿的航母。

迪克斯梅德级（Dixmude class）护航航母

1944年底法国本土大部光复。为了重建海军航空兵、特别是至关重要的舰载机部队，自由法国海军希望在短期内获得数艘可用的航母。1945年初，由于欧洲战局趋向明朗化，英国正在逐步归还其依据《租借法案》从美国获得的护航航母。法国在同年1月向美国提出了获取援助的要求。美方建议法国在几艘战时受过重伤、出动次数不多的护航航母中选择一艘，由美国技术人员修复后移交给法国海军。法方人员挑中了10366吨、载机21架的"欺骗者"号，该舰当时停泊在英国。"欺骗者"号随后由拖船拖曳到土伦，在美国工程师的指导下对内部结构进行全面整修，并更换了损坏的主机，随后在4月9日正式移交给法国，重新命名为"迪克斯梅德"号。

"迪克斯梅德"号属于美国依据《租借法案》为英国代建的"复仇者"级护航航母，系在C-3型货船"巴拉纳河"号的基础上加装单层机库和飞行甲板而成，防护薄弱，航速仅16节，主机故障率很高。本舰在短暂的服役生涯中两次发生重大事故：1943年11月17日，一架"箭鱼"（Swordfish）鱼雷机在降落时鱼雷被意外引爆，炸坏了航母的舵机；1944年8月24日又在停泊时发生大火，内部结构严重受损，此后只作为泊宿舰使用。所以当"迪克斯梅德"号租借给法国海军时，该舰其实已经不能负担作战任务

了，只能用于训练和飞机运输，舰况与前一年改造成飞机运输舰的"贝亚恩"号大致接近。法国海军将"迪克斯梅德"号归类为轻型航母。

1947年1月，法国海军将"迪克斯梅德"号派往越南，为西贡运去了海航4F中队的9架SBD俯冲轰炸机和29架陆军飞机，这批飞机抵达后就对越盟占据的北越地区发动了猛烈空袭。4月2日，"迪克斯梅德"号还弹射SBD空袭北部湾，但该舰的弹射器随后就发生故障，被迫回国修理。由于本舰只有一台升降机，航速又过于缓慢，此后主要用于飞机运输。当年9月，"迪克斯梅德"号再度向西贡运去了9架SBD、12架Ju-52运输机和12架"喷火"（Spitfire）战斗机，并参与了对同塔等地的空袭。1948年和1950年，该舰最后两次前往越南，为法国殖民地军运去了P-63A"眼镜王蛇"（Kingcobra）、F6F-5"泼妇"（Hellcat）战斗机和SB2C"地狱俯冲者"（Helldiver）俯冲轰炸机。

1946年，法国海军从英国租借到"巨人"级航母"阿罗芒什"号，1951年又与美国达成租借2艘"独立"级轻型航母的协议。"迪克斯梅德"号在1952年重新归类为运输航母，拆除部分武装后继续往返于美国、法国本土、越南、印度、北非和塞内加尔之间，执行飞机运输任务。1954年《日内瓦协定》签署后，该舰也曾参与撤退在越南的法国军队和侨民。1960年之后"迪克斯梅德"号停泊于土伦港作为两栖部队的宿泊舰。1965年1月戴高乐宣布法国退出北约军

迪克斯梅德级	
排 水 量	标准8200吨，满载15125吨
主 尺 度	150.0（全长）/141.7（水线长）×21.2×7.67米
动 力	1台"道克斯福特"（Doxford）式柴油机，功率8500马力，航速16节
舰 载 机	（1945年时）F4U战斗机20架；（1948年时）SBD俯冲轰炸机9架，F6F-5战斗机7架
火 力	3门Mk.19型102毫米L/50高炮，19门"厄利孔"20毫米机炮
编 制	800人

▲1948年前后停泊于法属印度支那港口的"迪克斯梅德"号。当时该舰主要负责为驻越南的法国殖民地部队提供飞机运输和对地火力支援。有趣的是，该舰在印度支那战争期间运往越南的既有从德军手中缴获的Ju-52运输机，又有战时获自英国的"喷火"战斗机，以及根据《租借法案》从美国人手中接受的大批F6F、SBD和SB2C飞机，但就是没有一架法国自己制造的飞机。

事组织后，美法关系恶化，"迪克斯梅德"号在次年6月10日被美国索还，在移交仪式（14日）后的第三天，在地中海上作为靶舰被美军第6舰队的巡洋舰击沉。

"巴拉纳河"号（SS Rio Parana）/ "欺骗者"号（HMS Biter, BAVG-3/D97）/ "迪克斯梅德"号（Dixmude，A609）

建造厂：美国宾夕法尼亚州切斯特城太阳造船公司

1939.12.28作为穆尔－麦科马克（Moore-McCormack）海运公司客货船"巴拉纳河"号

开工，1940.12.18下水，1941.9.4竣工

1941.5.20被美国海军收购，1942.4.6移交英国并更名为"欺骗者"号，1942.5.1完成改造，作为护航航母服役

1945.4.9租借给法国并更名为"迪克斯梅德"号，1966.6.10归还美国，6.17作为靶舰击沉于地中海

舰名由来："迪克斯梅德"得名自比利时西佛兰德（West Flanders）省的迪克斯梅德市（弗拉芒语拼写为Diksmuide），该城在公元9世纪由法兰克人建立，第一次世界大战期间，法、比联军曾在此与德军展开激战

阿罗芒什级（Arromanches class）轻型航母

法国于1946年从英国租得"巨人"级轻型航母的首舰"巨人"号，租期五年，更名为"阿罗芒什"号，租借期满后正式购入。1946－1954年，该舰四度前往印度支那战场，出动SBD、SB2C俯冲轰炸机和"海火"（Seafire）Mk.15、F6F战斗机执行制空和对地支援任务，并为当地法军运输飞机；1956年又搭载F4U战斗机和TBM攻击机参加了入侵埃及的苏伊士运河战争。

由于缺乏现代化舰载机和合格的起降设备，"阿罗芒什"号在法国海军服役的前十年只能使用二战时期的战斗机和轰炸机。"克

莱蒙梭"级开工后，"阿罗芒什"号也在1957－1958年进行现代化改装，安装了4度斜角甲板和助降镜，拆除旧的弹射器和高射炮，成为"贸易风"反潜机的训练舰。1962年该舰搭载上一个中队的HSS-1直升机，担当两栖攻击任务，1968年后又成为反潜、运输、登陆支援兼训练航母。1974年该舰退役，预定由PH-75型航母接替。

"巨人"号（HMS Colossus，15/R61）/"阿罗芒什"号（Arromanches，R95）

建造厂：英国维克斯－阿姆斯特朗公司泰恩河

▲1953年，第一次印度支那战争期间，"阿罗芒什"号航母在东京湾（今北部湾）执行任务，一架F6F-5战斗机正在降落。

阿罗芒什级	
排 水 量	标准14000吨，满载17900吨
主 尺 度	211.2（全长）/192.0（垂线间长）×24.5×7.2米
动 力	2台"帕森斯"式蒸汽轮机，4座三鼓燃油锅炉，功率40000马力，航速25节；续航力12000海里/14.6节
舰 载 机	（1956年时）F4U-7战斗机14架，TBM-3S/W攻击机5架，HUP-2直升机2架，合计常用21架；（1962年后）12～14架HSS-1"海蝙蝠"直升机
弹 射 器	1座液压弹射器（1958年后拆除）
升 降 机	2部
火 力	（1957年前）24门2磅"砰砰"炮（四联×6），19门"博福斯"40毫米机炮
电子设备	（1958年后）1部DRBV-22A型对空监视雷达
编 制	1400人

船厂
1942.6.1开工，1943.9.30下水，1944.12.16竣工
1946.8.6租借给法国并更名为"阿罗芒什"
号，1951年法国正式购买
1957－1958年安装斜角甲板，1974.1.22退役，
1978年出售解体
舰名由来：阿罗芒什为法国西北部诺曼底海岸
小镇，系1944年诺曼底登陆的心脏地带

拉法耶特/独立级（La Fayette/Independence class）轻型航母

对拥有众多大型舰队航母且正在进行战后舰载机换代的美国海军来说，由轻巡洋舰舰体改装而来的"独立"级轻型航母只是食之无味的鸡肋，但它们对仍在使用活塞式飞机的法国海军而言依然是稀缺品。1949年法国作为创始国加入北约，随后又参加美国发起的共同防御援助计划（Mutual Defense Assistance Program，简称MDAP），法国海军遂依据该计划向美国求租2艘航母。1950年，已经退役的"兰利"号解除封存、进行检修，于次年移交给法国，更名为"拉法耶特"号；1953年，另一艘"贝劳伍德"号也完成移交，更名为"贝洛森林"号。1953

年初，"拉法耶特"号曾短暂前往印度支那半岛执行支援任务，当时该舰搭载的是F6F战斗机和SBD俯冲轰炸机；1956年，该舰又参加了苏伊士运河战争，当时已经换装上DRBV-22A雷达，搭载F4U-7"海盗"战斗机。

与英国建造的"阿罗芒什"号相比，两艘"拉法耶特"级虽然航速更快、防护也更强，但甲板和机库过于狭小，缺乏改造价值。从1954年到1959年，法国海军对它们的电子设备和弹射器进行了更换，但始终没有安装斜角甲板，也没有搭载新型舰载机。1960年，由于新型航母"克莱蒙梭"号即将服役，"贝洛森林"号退出现役、改任飞机运输舰，同年秋天归还给美国；三年后，被"福煦"号取代的"拉法耶特"号也被交还。两舰随后被美国海军出售拆解。

▲1962年3月阿尔及利亚独立，"拉法耶特"号在6月开往奥伦撤走部队及军事装备，图中可见舰上载有F4U战斗机和TBM攻击机，展示一定的战备，此次行动共撤走一万多人。

拉法耶特级	
排 水 量	标准11000吨，满载15800吨
主 尺 度	189.7（全长）/182.9（水线长）×21.9×7.2米
动 力	4台GE式蒸汽轮机，4座"巴布科克－威尔考克斯"式燃油锅炉，功率100000马力，航速32节；续航力11000海里/15节
舰 载 机	（1956年时）F4U-7战斗机22架，HUP-2直升机2架，合计常用24架
弹 射 器	（1954年后）1座液压弹射器
升 降 机	2部
火 力	26门"博福斯"40毫米机炮（四联×2，双联×9），6门"厄利孔"20毫米机炮（双联×3）
电子设备	1部SK-2型对空雷达，1部SG型对海雷达；（"拉法耶特"号1959年后）1部DRBV-22A型对空监视雷达，1部DRBI-10型测高雷达
编 制	1400人

"兰利"号（USS Langley，CVL-27）/"拉法耶特"号（La Fayette，R96）

建造厂：美国纽约造船公司
1942.4.11开工，1943.5.22下水，1943.8.31服役
1947.2.11退役，1951.1.8租借给法国并更名为"拉法耶特"号，1963.3归还，1964年出售解体
舰名由来：以参加过美国独立战争和法国大革命的军事家、政治家拉法耶特侯爵吉尔贝·杜莫提（Gilbert du Motier，1757－1834）命名

"贝劳伍德"号（USS Belleau Wood，CVL-24）/"贝洛森林"号（Bois Belleau，R97）

建造厂：美国纽约造船公司
1941.8.11作为轻巡洋舰开工，1942.2.16改造为航母，1942.12.6下水，1943.3.31服役
1953.9.5租借给法国并更名为"贝洛森林"号，1960.9.12归还，同年11.21出售解体
舰名由来：贝洛森林位于法国北部，系1918年6月协约国军队合力抵抗德军反击的著名战役发生地。美国海军舰名Belleau Wood是贝洛森林的英文写法

▲1956年前后的"贝洛森林"号航母，舰上满载TBM攻击机，此次航行极有可能是前往埃及支援英国发动的苏伊士运河战争。

PA-28工程轻型舰队航母

法国海军1947年8月公布的PA-28设计实际上是在战前的"霞飞"级航母图纸（PA-16方案）基础上修改而来的。1938年开工的"霞飞"号曾是法国在"海军假日"后开工的第一艘航母，排水量1.8万吨，航速33节，可以搭载15架战斗机和25架水上轰炸机。尽管该舰因为德国入侵、在完工28%之后就告夭折，但法国设计师也得以旁观欧洲和太平洋战场的航母大战，修正部分错误观念，比如"霞飞"号上巨大的水上飞机起重机、巡洋舰式上层建筑和8门130毫米舰炮就被取消了。从外观上看，PA-28案很像英国的"巨人"级（可能参考了"阿罗芒什"号），只是舰艏仍为开敞式。

由于法国实际上在1927年后就没有再建成完整的航母，对海军航空兵的认识也有许多偏颇，所以PA-28依然体现了新旧不一的理念。它和美国航母一样以机库甲板为强度甲板（英国在"光辉"级以后的几型舰队航母安装的是装甲飞行甲板），机库尺寸为164×24米，可以停放22架双发NC.1070中型轰炸机和5架"德瓦丁纳"D.582战斗机，另外22架D.582系留在飞行甲板上。两部12吨升降机布置在飞行甲板靠近右舷的位置（非舷侧式），舰岛则安装在右舷外一个矩形的突出部上，与下方的船体直接相连——这个奇葩的设计可以追溯至法国第一艘航母"贝亚恩"号，在"霞飞"号上也做此布置。法国人对此的解释是：如果舰桥不横亘在两部升降机之间，二号升降机上的飞机就可以直接向前移动到弹射位置，节省了时间。动力采用超级驱逐舰的主机，航速比英国的"巨人"级和"尊严"级高。防空火力布置也体现了浓厚的战前风格：8座双联100毫米高炮平均分布在飞行甲板两侧的舷台

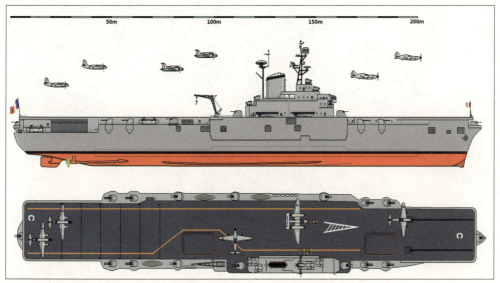

▲PA-28轻型航母设计图，其升降机位置非常靠右，但并非在舷侧。

PA-28型航母	
排 水 量	标准15700吨，满载20000吨
主 尺 度	230.0（全长）/215.0（垂线间长）×25.4×6.5米
动　　力	2台"帕森斯"式蒸汽轮机，4座燃油锅炉，功率105000马力，航速32节
舰 载 机	27架"德瓦丁纳"D.582战斗机，22架NC.1070轰炸机，合计常用49架
弹 射 器	2座液压弹射器
升 降 机	2部
火　　力	16门100毫米高炮（双联×8），16门57毫米高炮（双联×8）
编　　制	1800人

上，由4座高射装置指控。

PA-28案于1947年底提交国民议会表决，计划在1948年开工首舰"克莱蒙梭"号，次年再新建二号舰。如果两舰能如期开工，法国海军在1950年代初将拥有2艘中型航母，并且可能效仿英美两国，先在这两艘军舰上加装斜角甲板和助降透镜，后来的2.2万吨级中型航母的建造也可能推迟。不过法国议会在1947年还认识不到舰载航空兵的重要性，"克莱蒙梭"号的拨款案被暂时搁置；两年后法国加入北约，议会认为以近乎免费的价格从美国获得二战旧舰更为划算，遂于1950年彻底放弃PA-28工程。1955年PA-54工程新型航母首舰开工时，沿用了PA-28工程的预定舰名"克莱蒙梭"号。

"克莱蒙梭"号（Clemenceau）

建造厂：法国布雷斯特海军船厂
1950年计划取消

▲PA-28轻型航母完成预想图。

克莱蒙梭级（Clemenceau class）轻型多用途航母

作为二战后法国第一型新建航母、也是欧洲第一型专为喷气式飞机设计的航母，2艘PA-54工程舰（即"克莱蒙梭"级）在完工时就拥有8度斜角甲板、透镜助降系统、远程搜索和跟踪雷达、蒸汽弹射器等新设备，它们的开工标志着法国海军真正意义上的复兴。但吨位和主尺度也暴露了PA-54的局限性："克莱蒙梭"级的标准排水量仅有2.2万吨，不到美国超级航母的1/3；长度与现代化改装后的英国"皇家方舟"号接近，但船型明显偏窄，升降机和弹射器都只有2部。虽然设计载机量达60架，但随着1960年代之后主流战斗机尺寸的上升，实际载机量在40架左右。它们是一种适合中等海上力量的航母，设计目标是获取有限范围内的制海权和制空权，尤其适用于地区冲突，但在高烈度作战中价值有限（很难想象"克莱蒙梭"级能经受住大批反舰导弹或优势岸基空中力量的反复打击）。

"克莱蒙梭"级拥有165.5米长、29.5米宽的飞行甲板，两部15吨升降机一部安装在轴向甲板中央偏右处，一部在舰岛之后（舷侧式）；机库长180米，宽22－24米，净高7米。两部52米蒸汽弹射器一在舰艏，一在斜角甲板，当甲板风速为30节时，弹射器能以140节速度射出20吨重的飞机。飞行甲板有45毫米装甲防护，机舱和其他关键部位有30－50毫米的装甲盒结构。两台63000马力蒸汽轮机使其航速可以达到33节，仅次于美国超级航母。最初的舰载机仅有2个中队"军旗Ⅳ"和1个中队"贸易风"，1963年后以1个"十字军战士"中队替换了1个中队"军旗Ⅳ"。

尽管"克莱蒙梭"级被认为是一型成功的常规动力航母，但主尺度和吨位方面的制约严重影响了其作战能力的提升。1970年代以后，"军旗Ⅳ"被更新的"超级军旗"取代，但"十字军战士"始终难以觅得一种尺寸和重量不变、性能明显提升的后继者，结果这种1957年量产的中型战斗机居然一直服役到2000年"福煦"号退役（吨位、尺寸影响战斗力的问题也反映在后来的"夏尔·戴高

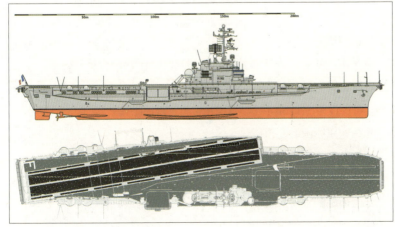

▲ "克莱蒙梭"号航母线图。

▲并行中的"克莱蒙梭"级两艘姐妹舰。

乐"号上，美国海军支持超级航母很大程度上就是为了避免这种情况）。"克莱蒙梭"级也无法起降高性能的固定翼预警机，只能用安装雷达的"贸易风"反潜机执行部分预警任务。

　　1977－1978年，"克莱蒙梭"号率先进行第一次现代化改装，换装新的弹射器，并增加SENIT-2战术数据系统，弹药库经过改造可容纳AN-52型战术核弹，1980－1981年"福煦"号也进行了类似的改装。1985－1987年，"克莱蒙梭"号又用八联装"海响尾蛇"（Sea Crotale）点防御舰空导弹替换了4门高炮，"福煦"号则在1987－1988年进行了改装。两舰的"超级军旗"随后还搭载了ASMP中程导弹，这是当时西方国家唯一一种由航母舰载机发射的战术核武器。

　　1975年之后，由于法国面临的直接海上威胁减少，而原定建造的两艘直升机航母工

程（PH-75案）被取消，"克莱蒙梭"级开始担当多任务航母。每个年度只有一艘军舰搭载战斗机和攻击机、维持战备状态，另一艘或者进行改装，或者搭载直升机充当反潜和两栖支援舰。1982－1984年，两舰先后前往黎巴嫩参与维和行动，1987－1988年，"克莱蒙梭"号奉命驶入波斯湾，保护法国油轮免遭伊朗导弹艇的攻击。1993－1996年，两舰还在亚德里亚海参与了北约多国部队在波黑的军事行动。由于"夏尔·戴高乐"号的服役时间一再延迟，"克莱蒙梭"级直到20世纪末才退役，"福煦"号出售给巴西海军，"克莱蒙梭"号原定售予印度海军，但因缺乏合适的舰载机（"十字军战士"和"贸易风"过于老朽），谈判未能达成。该舰后于2004年作为废钢铁卖给印度一家拆船商，但因内饰和管线中含有大量有毒的石棉，遭到环保组织和印度政府的质疑，最终在法国政府干预下转售给一家英国公司。2009－2010年该舰在哈特普尔（Hartlepool）解体完毕。

"克莱蒙梭"号（Clemenceau, R98）

建造厂：法国布雷斯特海军船厂
1955.11开工，1957.12.21下水，1961.11.22服役
1977－1978年第一次改装，1985－1987年第二次改装

克莱蒙梭级	
排 水 量	标准22000吨，满载32780吨
主 尺 度	265.0（全长）/238.0（垂线间长）×31.7×8.6米
动 力	2台"帕森斯"式蒸汽轮机，6座燃油锅炉，功率126000马力，航速32节，续航力7500海里/18节
舰 载 机	（1980年代）10架F-8E(FN)战斗机、3－4架"军旗Ⅳ"空拍侦察机、15－16架"超级军旗"攻击机、7架"贸易风"反潜机、2架"超级黄蜂"（Super Frelon）直升机、2架"云雀Ⅲ"（Alouette III）直升机，合计约40架；（作为直升机航母时）30－40架"超级黄蜂"直升机
弹 射 器	2座BS-5型蒸汽弹射器
升 降 机	2部
火 力	（完工时）8门Mod 1953型100毫米高平炮；（第二次改装后）2座八联装"海响尾蛇"舰空导弹发射架，4门Mod 1953型100毫米高平炮
电 子 设 备	（完工时）1部DRBV-20C型搜索雷达，1部DRBV-23B型对空哨戒雷达，1部DRBV-50型对空监视雷达，1部DRBI-10型测高雷达，4部DRBC-32A型火控雷达，1部NRBA-50型着舰控制雷达；SOS-503型舰壳声呐
编 制	1338人

1997.10.1退役，2009－2010年在哈特普尔解体

舰名由来：以领导法国取得第一次世界大战胜利的"老虎总理"乔治·克莱蒙梭（Georges Benjamin Clemenceau，1841－1929）命名。本舰为同名第三代，第一代是因二战爆发而取消的"黎塞留"级战列舰的三号舰，第二代是1950年取消建造的PA-28轻型航母项目

"福煦"号（Foch, R99）

建造厂：法国圣纳泽尔大西洋船厂/布雷斯特海军船厂
1957.2开工，1959.7.13在大西洋船厂下水，随后拖往布雷斯特海军船厂舾装，1963.7.15服役
1980－1981年第一次改装，1987－1988年第二次改装
2000.11.15退役，随后出售给巴西并更名为"圣保罗"号（NAeL Sao Paulo，A12）
舰名由来：以一战末期协约国军队总司令、法国陆军元帅费迪南·福煦（Ferdinand Foch，1851－1929）命名。本舰为同名第二代，第一代"福煦"号是1931年完工的"絮弗伦"级（Suffren class）重巡洋舰，1942年自沉于土伦

▲1983年5月19日，"福煦"号航母参加北约代号为"遥远的鼓"（Distant Drum）的演习。

凡尔登级（Verdun class）攻击航母

项目代号PA-58的3.5万吨级中型航母是在"克莱蒙梭"级尚未完工的1958年，作为其后续舰制订计划的。该型舰在外观和布局上与"克莱蒙梭"级完全一致，但尺寸更大（长1/10左右），可能是受到美国"佛瑞斯特"级超级航母的影响。由于飞行甲板面积变大，PA-58的两部升降机全部为舷侧式，分别布置在舰岛的前后方。机库长度增加到200米，两台弹射器的长度增加到75米，除去"贸易风"和"军旗Ⅳ"外，还可以使用起飞重量达20吨的"幻影Ⅳ"（Mirage Ⅳ）战略轰炸机。斜角甲板与"克莱蒙梭"级同为8度，但起飞跑道延长到192米（"克莱蒙梭"级仅163米）。由于主机增加到4台，航速反而上升到33节，并安装了新型"玛舒卡"（Masurca）舰空导弹作为自卫手段。

1958年戴高乐重新上台后，确定了"威慑－介入－防御"的新国防方针，并将海军一线水面舰艇设定为航母3艘，新型两栖舰多艘。PA-58项目被总参谋部列入实施日程，首舰计划命名为"凡尔登"号。但当时法国还在发展核武器及潜艇部队，第三艘航母被排在优先度较低的位置。总参谋部曾计划缩小PA-58的尺寸，变为改装"玛舒卡"的"克莱蒙梭"级准同型舰，仍因预算不足而搁置。1961年PA-58工程被彻底放弃。

"凡尔登"号（Verdun）
建造厂：法国布雷斯特海军船厂
1961年取消计划
舰名由来：以第一次世界大战中的凡尔登之战命名

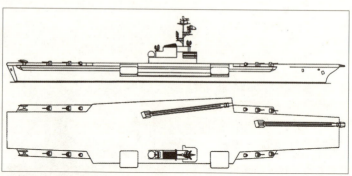

▲"凡尔登"级航母设计图。

凡尔登级	
排 水 量	标准35000吨，满载45000吨
主 尺 度	286.0（全长）/262.0（垂线间长）×34.0米
动 力	4台"帕森斯"式蒸汽轮机，功率200000马力，航速33节
舰 载 机	约50架
弹 射 器	2座蒸汽弹射器
升 降 机	2部
火 力	2座双联装"玛舒卡"舰空导弹发射架，8门Mod 1953型100毫米高平炮
编 制	不详

PH-75直升机航母

1972年，法军总参谋部制订的"蓝色计划"确定将在1985年之前新建2艘直升机航母，以替代即将报废的"阿罗芒什"号。该项目明显受到越南战争经验和美军两栖攻击舰、英军突击航母等工程的影响，设计目标在于获得一种兼具海上反潜和对岸两栖支援能力的多功能大型舰，为了减少维护难度，还确定将安装与"图尔维尔"级（Tourville class）驱逐舰（F67型）相同的2台蒸汽轮机作为主机。最初的方案排水量达2万吨以上，水线长187－200米，航速27节，内设40－50米长、14米宽的坞舱，可以容纳4艘LCM或2艘LCM加2艘CTM登陆艇。飞行甲板的外形类似美国的"硫黄岛"级两栖攻击舰，但舰岛和升降机的位置（2部舷侧式）与正规航母相同。90米长的机库可以装载8架"超级黄蜂"加18架"山猫"（Lynx）直升机，除舰员和航空人员外，舰体内还有容纳600名登陆部队和轻型车辆的空间。

不过，最终于1975

年确定的PH-75方案比最初的设想要小得多，它的排水量只有1.64万吨，全长208米。为了给计划中的PAN核航母（"夏尔·戴高乐"号项目的前身）提供技术验证，PH-75决定采用核动力，为一台CAS-230压水反应堆配合2部蒸汽轮机，输出功率65000马力，航速28节。升降机方案、机库尺寸和直升机搭载量与之前的设定相同，但强化了执行反潜和人道主义救援任务的功能，还具有反潜指挥舰和快速补给舰的功能。舰体内部拥有可容纳1000名登陆士兵的铺位，必要时可以在机库再搭载500人。值

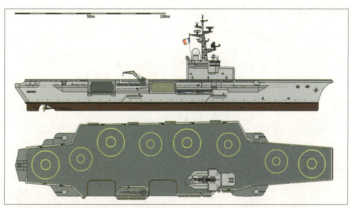

▲PH-75直升机航母设计方案。

▲PH-75直升机航母设计模型。

PH-75型航母	
排 水 量	标准16400吨，满载18400吨
主 尺 度	208.0（全长）×26.4×6.5米
动 力	1台CAS-230型核反应堆，2台蒸汽轮机，功率65000马力，航速28节
舰 载 机	8架"超级黄蜂"大型直升机、18架"山猫"中型直升机
弹 射 器	无
升 降 机	2部
火 力	2座八联装"响尾蛇"舰空导弹发射架，2门Mod 1968型100毫米高平炮，2座"萨盖"（Sagaie）诱饵发射器
电子设备	1部DRBV-26型对空搜索雷达，1部DRBV-51型对海搜索雷达，1部DRBC-32型火控雷达；DUBA-25型舰壳声呐
编 制	890人加1000名登陆部队

得一提的是，从今天留下的模型看，PH-75拥有和正规航母完全相同的斜角甲板，可能保留了加装弹射器、改为正规航母的概率。

PH-75案首舰预定于1981年之前完工，但因财政问题，该舰和PAN工程一起被推迟。该工程的代号随后陆续变更为PA-75、PA-78、PA-82和PA-88，实际上已经变成了正规航母，法国海军一度设想从英国购买"鹞"式飞机，使该型舰成为垂直/短距起降飞机专用航母，不过这已经背离直升机母舰的初衷了。"夏尔·戴高乐"号开工后，PH-75工程被取消。

夏尔·戴高乐级（Charles De Gaulle class）核动力多用途航母

"夏尔·戴高乐"号自完工之日起就笼罩在各种光环当中：它是第一艘由美国以外的国家建造完成的核动力航母，也是世界上绝无仅有的中型核航母，下水时的吨位35500吨创造了1950年以来的欧洲纪录（未来将被英国的"伊丽莎白女王"号打破）。它搭载的"阵风"M型是第一种付诸量产的舰载三代半战斗机，"超级军旗"挂载的ASMP中程导弹则是唯一一种由航母舰载机携带的核武器。但该舰的诸多污点更加引人注目：从开工到正式服役花去12年之久，下水后的舾装用了5年，四次因预算不足而停工；因为斜角甲板长度不足、无法完成"鹰眼"预警机的起降，不得不在舰尾焊接了一段4.42米长的飞行甲板；2000年11月在第一次北大西洋远航中就丢失了一个推进器，只好换上退役的"克莱蒙梭"号的备用品；航速只能达到27节，比下水于1953年的印度航母"维拉特"号（28节）还要慢……

作为"克莱蒙梭"级的替换者，法国海军建造2艘"加大型"中型航母的规划早在1972年的"蓝色计划"中就提出来了，当时定于1985年之前完工。实际因为预算问题，1980年才确定基本设计方案，六年后正式下订单，1989年开工。最初的舰名为"黎塞留"号，1987年由戴高乐主义者、时任总理的希拉克（Jacques Rene Chirac）改为现名。受船台规模限制，"夏尔·戴高乐"号的舰体部分与"克莱蒙梭"级完全相同，但为了容纳更长的弹射器、更重的飞机和核推进装置，飞行甲板和上层建筑变得极为庞大，相当于中型航母塞进了缩水版的超级航母飞行甲板（为增大宽度，大量采用外飘设计），这使得完工后的"夏尔·戴高乐"号不仅头重脚轻，而且五大三粗（斜角甲板极长而轴向甲板极短），如同低伏的海龟，毫无美感可言。

为了实现纸面上的强大战斗力，"夏尔·戴高乐"号塞进了DRBJ-11B三坐标对空雷达、"紫菀"（Aster）舰空导弹单元、外观采用隐形设计的箱形舰岛和138.5米长、29.4米宽的机库（可容纳25架"阵风"M战斗机）等部件，执行制空任务时最多可以搭载33架"阵风"M和3架"鹰眼"预警机。虽然两部升降机改成了比"克莱蒙梭"级更合理的舷侧样式（均在舰岛之

后），但轴向甲板长度不足、一号弹射器末端伸入斜角甲板，这使得该舰无法同时进行起飞和降落舰载机。

和之前的"克莱蒙梭"级一样，"夏尔·戴高乐"号最大的硬伤是舰体尺寸不足，只能安装两部弹射器和两台升降机，最大载机量和战斗力不到美国"尼米兹"级超级航母的一半，造价却已相差无几（"夏尔·戴高乐"号为26亿美元，1992年完工的"华盛顿"号为34亿美元）。实际上法国人为了降低成本，选装了与"凯旋"级核潜艇相同的K15小型压水反应堆，并且因尺寸关系只能安装两台，这使得该舰的主机推力只有"克莱蒙梭"级的2/3，核动力带来的航程优势被航速上的劣势抵消了，法国航母编队的整体航速也被拖低，抗打击力明显削弱。此外，法国缺少发展大推力弹射器和固定翼预警机的经验，为了实现战斗力的提升，不得不从美国引进C-13-3型蒸汽弹射器和"鹰眼"预警机，这使得"夏尔·戴高乐"号名为国产，在重要部件的维护和升级上依然受制于人，这是提倡"自主化"的法国海军规划者始料未及的。

2001年正式完工以来，"夏尔·戴高乐"号是法国海军的象征

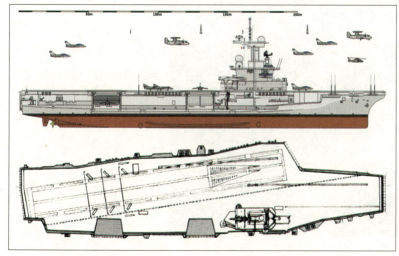

▲ "夏尔·戴高乐"号航母线图。

术条件尚不成熟的1980年代，为了追求"大国"面子和仅次于美国的"第二等海军强国"地位而强行上马的，如果改在造船设备和系统整合能力更加成熟的1990年代开工（那时大西洋船厂新建的船台可以容纳更大的舰体），军舰的整体性能和协调性必将有明显提升。

▲1架"阵风"M战斗机正飞越"夏尔·戴高乐"号航母上空。

和出镜率最高的军舰，在阿富汗战争、利比亚设立"禁飞区"行动，以及地中海、波斯湾的大型联合演习中亮相频频，但围绕该舰的争议依旧不减。一种有代表性的观点认为：该舰实际是在法国建造大型航母的技

但"夏尔·戴高乐"号跟跟跄跄的工程进度和"不给力"的动力系统已经彻底打消了法国继续建造中型核动力航母的可能性，即使法国海军在未来继续兴建航母，多半也会改回传统动力，"夏尔·戴高乐"号作为前无古人的中型核航母恐怕将后无来者。目前该舰仍然作为法国唯一一艘航母和大国地位的象征四处活动，预定于2015年前后第一次更换燃料棒。尽管有这样那样的缺点，但在后继者"难产"、早早停用损失又太大的情况下，孤独的"夏尔·戴高乐"号仍将作为法国海军的旗舰和第一大水面舰艇继续服役下去。

▲2012年3月29日，地中海，"夏尔·戴高乐"号核动力航母行进间试射了"紫菀15"舰空导弹。

夏尔·戴高乐级	
排 水 量	标准37085吨，满载42000吨
主 尺 度	261.5（全长）/238.0（水线长）×31.5×8.5米
动 力	2台K15型核反应堆，功率83000马力，航速27节
舰 载 机	（服役初期）12架"阵风"M战斗机、20架"超级军旗"攻击机、3架E-2C预警机、2架"美洲狮"（Cougar）直升机、2架"海豚"（Dauphin）直升机
弹 射 器	2座C-13-3型蒸汽弹射器
升 降 机	2部
火 力	4座8单元"紫菀15"舰空导弹，2座六联装"西北风"（Mistral）近程舰空导弹，8门20毫米近防炮，4座"萨盖"诱饵发射器
电子设备	1部DRBV-26D型对空搜索雷达，1部DRBV-15C型低空目标搜索雷达，1部DRBJ-11B型三坐标对空雷达，1部"阿拉贝尔"（Arabel）FC型目标探测雷达
编 制	1850人

"夏尔·戴高乐"号（Charles de Gaulle，R91）

建造厂：法国布雷斯特海军船厂
1989.4.14开工，1994.5.7下水，2001.5.18服役
母港：土伦海军基地
舰名由来：以法兰西第五共和国之父夏尔·戴

高乐将军（1890－1970）命名。原定的舰名为"黎塞留"号，后由戴高乐主义者、前法国总统雅克·希拉克重新命名为"夏尔·戴高乐"号

▲满载战机的"夏尔·戴高乐"号航母，甲板上计有12架"阵风"M战斗机、14架"超级军旗"攻击机、2架E-2C预警机、1架"海豚"直升机。

PA-2航母项目

PA-2项目最初是作为"夏尔·戴高乐"级二号舰编列计划的，但"夏尔·戴高乐"号在开工后四度因费用超支而暂停工程，PA-2的正式启动也一再延期。"夏尔·戴高乐"号完工后，其推进系统的缺陷明显暴露，而法国尚未有其他成熟的舰用核动力装置，PA-2是否依然采用核动力因此成为了争论的焦点。2004年，法国

政府决定参与英国的CVF（未来航空母舰）工程，两国国防部于2006年达成正式协议：法国为CVF项目投资2500万英镑（保留进一步投资4500万英镑的可能），由法国海军造舰局与CVF工程主承包商泰利斯公司共同完成设计，在法国建造。

泰利斯提供给法国海军的基础设计实际上是当初参与CVF竞标的常规起降型方案（英国自己选择的是滑跃起飞甲板方案），排水量约7万吨，主尺度比"夏尔·戴高乐"号要大（长280米），在圣纳泽尔（Saint-Nazaire）大西洋船厂新建的船台建造，再由布雷斯特海军船厂进行舾装。军舰采用柴燃联合动力，航速26节，轴向甲板和斜角甲板各安装一部90米长的C-13-2型蒸汽弹射器（与美国"尼米兹"级使用的型号相同），预定载机量为32架"阵风"M、3架E-2C加5架NH-90直升机。从纸面上看，本舰的载机量与"夏尔·戴高乐"号相同（最多可达48架），但机库和甲板空间更大，操作不会显得逼仄，自动化程度的提高则使得舰员人数比较小的"夏尔·戴高乐"号还少1/5。如果

一切顺利，PA-2将在2011－2012年开工，未来还可能继续建造改进型，以彻底取代头重脚轻、故障率极高的"夏尔·戴高乐"号。

但法国海军对该方案的动力系统提出了质疑。他们认为：柴燃联合动力的输出功率不足，这使得PA-2的航速可能比"夏尔·戴高乐"号还慢；与其如此，不如干脆利用充裕的舰体空间安装3部K15型压水反应堆，将航速提高到30节以上。但泰利斯方案的甲板尤其是舰岛布局是按照双燃四柴动力配置来规划的（双舰岛、双烟囱，分别排放两个主机舱的废气），如果改用核动力，整个方案就必须推倒重来，而法国方面拒绝追加投资。2008年6月，时任法国总统的萨科齐（Nicolas Sarkozy）宣布终止与英国在CVF项目上的合作。次年，法国海军再度审核了泰利斯方案，结论是很难与法国海航的要求相契合，最终的决定是由海军造舰局另起炉灶、重新开始设计一艘核动力航母。

但随着近年来法国经济形势的恶化，PA-2工程始终是雷声大、雨点小，迄今也难窥得其实际进展。2010年前后又传出一种说法：鉴于F-35B战斗机项目严重超支，英国在2015年之后很难同时维持已经确定建造的两艘CVF航母（"伊丽莎白女王"级）的运行，待两艘该级舰完工后，法国可望租得其中一艘，在"夏尔·戴高乐"号更换燃料棒期间维持"阵

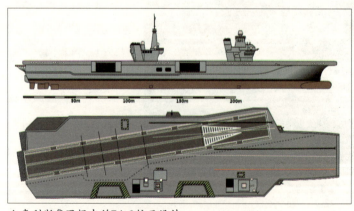

▲泰利斯集团提出的PA-2航母设计。

▲PA-2型航母完成预想图。

PA-2型航母	
排 水 量	70000－75000吨
主 尺 度	280.0（全长）×73.0（飞行甲板宽）×11.5米
动 　 力	2台"罗尔斯－罗伊斯"MT 30型燃气轮机，4台柴油机，航速26节，续航力10000海里/15节
舰 载 机	32架"阵风"M战斗机、3架E-2C预警机、5架NH-90直升机
弹 射 器	2座C-13-2型蒸汽弹射器
升 降 机	2部
火 　 力	2座8单元"紫菀15"舰空导弹，8门20毫米近防炮
编 　 制	1650人

风"M战斗机的出动。但该设想也有两大疑点：一是英国的两艘新航母采用的是滑跃起飞甲板，而"阵风"M一直是利用弹射器起飞的，尽管该型机优秀的推重比决定了存在滑跃起飞的可能性，但理论与实际毕竟是两

回事，试验与大规模部署更是有着本质区别；二是英国航母的建造进度也已严重滞后，从现状来看，首舰"伊丽莎白女王"号可能要到2018年才能完工，第二艘"威尔士亲王"号则排到了更晚的2020年，而"夏

尔·戴高乐"号2015年左右就要更换核燃料并进行现代化改装。在PA-2成为现实还遥遥无期的情况下，法国在2015年之后可能有一段时间要面临无航母可用的窘境。

附录：贞德级直升机巡洋舰

进入1950年代中期，法国海军旧的训练巡洋舰"贞德"号（完工于1931年）已经老朽，需要建造替代舰。当时2艘"克莱蒙梭"级舰队航母即将开工，海军还想获得一艘1万吨左右的轻型航母，既能用于士官生的远洋训练，又能执行反潜、飞机运输等辅助作战任务。最初的方案与美国现代化改装后的"科芒斯曼特湾"级（Commencement Bay class）护航航母相仿，换用更强劲的主机和防护设计，但因预算过高遭到否决。1956年国民议会最终批准建造一艘较小的"特殊直升机航母"，要求平时作为远洋训练舰，战时可执行反潜、两栖攻击等任

务，并具有搭载700名登陆部队的能力，项目代号PH-57。完工时的军舰实际上是一艘具有大面积航空甲板、可搭载多架直升机的巡洋舰，预定舰名为"决心"号（La Resolue），后来沿用了由该舰接替的上一代"贞德"号训练舰的舰名，于1960年开工，四年后正式服役。

"贞德"号沿用的实际上是1953年开工的"科尔贝"号（Colbert，C611）防空巡洋舰的舰体，但上层建筑更加紧凑。巡洋舰式的舰桥和烟囱（烟囱高度最初与罗经舰桥齐平，海试后进行了加高）之后是62×21米的航空甲板，末端有一台12吨升降机，下方为机库和实习生住舱。航空甲板设有5个直升机起降点，平时携带4架"海蝙蝠"、"云雀Ⅲ"或"美洲狮"中型直升机，战时增加到8架，还可换用更大的"超级黄蜂"重型直升机。舰尾安装2门100毫米炮（2000年拆除），舰桥甲板上另有2门，电子设备与"克莱蒙梭"级航母相仿。原计划在艏

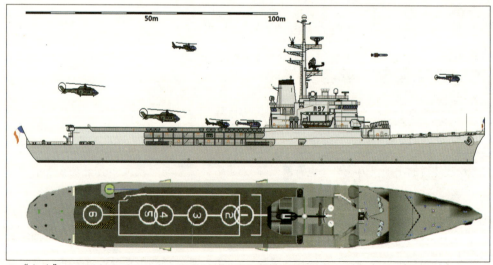

▲ "贞德"号巡洋舰2005年状态，舰尾2门100毫米炮已拆除。

▲"贞德"号巡洋舰的舰尾直升机停机坪，后方升降机已降下。

楼甲板安装一座四联305毫米反潜迫击炮，实际并未安装。1974年的现代化改装中，舰桥甲板增加了2座三联装MM38"飞鱼"（Exocet）舰舰导弹发射装置。

作为一种节约经费的产物，"贞德"号在法国海军中长期处于二线舰地位。该舰航速不快（不到27节）、搭载的直升机也不多，在搜索和攻击苏联潜艇时势必相当吃力，通常要由一艘反潜驱逐舰伴随才会进行远距离航行；作为两栖支援和航空训练舰，它不能使用固定翼或垂直/短距起降飞机，内部也没有坞舱，价值远不如美国的两栖攻击舰或英国的突击航母。

不过这种"通而不精"的设计也有额外的好处——作为法国海军唯一的专用远洋训练舰，"贞德"号的出镜率奇高。每年秋天，该舰都会满载军校实习生、和伴航驱逐舰一起

驶离布雷斯特，在大西洋及地中海进行为期六个月的远航训练，有时还会远航至印度洋和太平洋，顺道访问沿途各国。从1964年正式竣工到2010年退役，该舰完成了40次左右的环球航行，2009年12月的最后一次出航环大西洋航行，访问了西非海岸、巴西、阿根廷、美国、加拿大等国家和地区，于2010年5月27日驶返布雷斯特，随后于同年6月7日正式退役，9月1日除籍。目前该舰已经拆除了武装，搁置在布雷斯特，未来将出售

▲1986年访问纽约港的"贞德"号巡洋舰，可见舰桥甲板前在1974年的现代化改装时加装的2座三联装MM38"飞鱼"舰舰导弹发射装置。

拆毁。不过"贞德"号和"克莱蒙梭"号一样含有诸多有毒化学物质，在法国海军的76艘待解体退役军舰中排在比较靠后的位置，2015年之前可能依然系泊在布雷斯特。

"贞德"号（Jeanne d'Arc，R97）

建造厂：法国布雷斯特海军船厂
1960.7.7开工，1961.9.30下水，1964.6.30服役，2010.6.7退役，等待出售解体
舰名由来：以英法百年战争时的女英雄、奥尔良的贞德（Jeanne d'Arc，1412—1431）命名。本舰为同名第六代，上一代"贞德"号是1931年完工的训练巡洋舰。

贞德级	
排 水 量	标准10000吨，满载12365吨
主 尺 度	182.0（全长）/172.0（垂线间长）×24.0×7.3米
动 力	4台"拉托－布列塔尼"（Rateau-Bretagne）式蒸汽轮机，4座燃油锅炉，功率40000马力，航速26.5节；续航力6000海里/15节
舰 载 机	4－8架"云雀Ⅲ"、"美洲狮"及"超级黄蜂"直升机，最多10架
弹 射 器	无
升 降 机	1部
火 力	4门Mod 1953型100毫米高平炮；（1974年加装）2座三联装MM38舰舰导弹发射架
电子设备	（完工时）1部DRBV-22D型对空哨戒雷达，1部DRBV-50型对空监视雷达，1部DRBI-10型测高雷达（1983－1984年拆除），3部DRBC-32A型火控雷达；SOS-503型舰壳声呐
编 制	627人（另加183名实习生）

▲2010年，布雷斯特干船坞，已经拆除武装、等候最后安排的"贞德"号巡洋舰。

苏联/俄罗斯海军航空母舰

明斯克出击：苏联及俄罗斯战后航母发展史

技术断代的"要塞舰队"

"海权论之父"马汉上校在评论1904－1905年的日俄战争时曾经指出：俄国海军在战略和战术方面深受大陆模式的影响，他们不像英国和美国海军那样敢于派舰队主动出击、争夺对海上交通线的控制，而是更加看重对若干固定基地和大港的防守。俄国人总是事先在重要的港口、窄海和海峡筑起坚固的要塞，安装重炮，随后把主力舰队分成几支，各自保卫这样一个港口。当敌方舰队前来攻击时，要塞中的重炮将承担主要的防御任务，舰队则只在岸基武器的射程内活动，承担有限的牵制和诱敌任务。

这种"以陆制海"、使舰队成为岸基火力附属物的模式被马汉称为"要塞舰队"（Fortress Fleet），克里米亚战争中的俄国黑海舰队和日俄战争中的太平洋舰队都是因为执行这种战略而全军覆没的。严格说来，苏联海军到1960年代为止依然受到"要塞舰队"思想的左右，只不过昔日的海岸炮台换成了射程更远的岸舰导弹，由潜艇、驱逐舰和高速巡洋舰组成的近海力量也比过去的老式军舰更具破坏力而已。

当然，并不是每个俄国海军军人都墨守完全防御性的思想。1938年前后兴起的"苏维埃海军学派"受到英国战略家科贝特（Julian Stafford Corbett）和法国海军上将、五卷《海军战略理论》的作者卜斯特（Raoul Victor Patrice Castex）的影响，虽然依旧承认陆上战场才是决定俄国国运的关键，但认为苏联海军可以在主要战场争取相对兵力优势，获得有限的制海权；为了确保这种区域制海权，苏联必须建立实力可观的"存在舰队"（Fleet in being）。斯大林是这个学派的支持者，他对传统的"陆主海从"战略怀有诸多不满，宣扬"俄国人天生就是具有悠久海军传统的海上民族"等观点。1940－1950年代，苏联官方媒体对乌沙科夫（Fyodor Fyodorovich Ushakov）、纳希莫夫（Pavel Stepanovich Nakhimov）、马卡洛夫（Stepan Osipovich Makarov）等帝俄时代的海军名将极尽吹捧，就是出于这种动机。

但仅凭少数理论家的思考和宣传当局的支持并不足以改变苏联海军积弱不振的局面，在1930－1940年代，俄国革命造成的海军技术断代是他们面临的最大考验。1914年第一次世界大战爆发时，俄国在主力舰方面与先进国家的差距还不到五年，其第一级无畏舰即将完工，更大的超无畏舰和战列巡洋舰也在建造当中。但"二月革命"后漫长的内战摧毁了海军已有的许多大型舰艇，1922年成立的苏联政权则因其特殊的性质，成为主流国际社会中的孤岛。苏联海军仅能勉强修复和完成一些较新的沙俄时代主力舰，在建造新的大型舰船方面则完全无能为力。

斯大林试图以个人的权威性介入来改变这种局面。这位领导人对重巡洋舰和大型战列舰有着近于偏执的热爱，"大清洗"时期，凡是质疑这一倾向的海军将领和军舰设计师都遭到了处决或软禁。斯大林支持从德国、意大利和美国引进技术来强化苏联海军，但他的个人权威具有两面性：一方面，1941年6月德国入侵之前，苏联的确开始了规模庞大的造舰工程，仅正式开工的大型舰艇就包括4艘"苏联"级战列舰、2艘"喀琅施塔得"级战列巡洋舰和20余艘巡洋舰；另一方面，领导人的主观意志并不能根据理性建议作出适时的调整和更新，这无疑影响到了战后苏联海军的发展。

作为斯大林在1939年提拔的海军领导者和规划者，海军人民委员兼海军司令员库兹涅佐夫（Nikolay Gerasimovich Kuznetsov）上将支持苏联建造航母。二战期间，他指令第17中央设计局（TsKB-17，即今天的圣彼得堡"涅夫斯基"（Nevskii）设计局）进行航母方案的研究，后者推出了与英国"光辉"级类似的3万吨级中型航母设计案（第

72号工程），后来又打算把未完成的"喀琅施塔得"号战列巡洋舰改造成航母（第69AV号工程）。

但这些设想在1945年全部落空了。斯大林决意在1946－1955年的十年里继续完成战前设计的5艘"恰巴耶夫"级（Chapayev class）轻巡洋舰，并开工6艘4万吨的"斯大林格勒"级（Stalingrad class）战列巡洋舰和30艘"斯维尔德洛夫"级（Sverdlov class）大型轻巡洋舰。所有这些军舰都是基于1930年代的设计思想和海战模式炮制出来的，它们拥有大口径主炮和为数不多的高射炮，防护薄弱，根本经受不住1942－1945年太平洋战场那种高强度的空中打击。这显然是斯大林的独断专行造成的恶果：如果说他在1938年鼓吹大舰巨炮是为了缩短苏联与先进海军国家之间的差距，那么在海军航空兵已经大显身手的1945年，继续追逐这种过时的装备就很不理智了。

当然，没有人有能力制约斯大林的大舰巨炮崇拜症，库兹涅佐夫能做的唯一补救不过是把2艘15000吨级轻型航母塞进领袖的大舰队计划。这两艘航母拥有34节的高速，搭载30－40架战斗机，它们将负责为那些防空火力贫弱的主力舰提供掩护。从这里可以看出，苏联的航空母舰从一开始就不是美国式的力量投射平台和争夺大范围制海、制空权的工具，甚至也不是获取区域制海

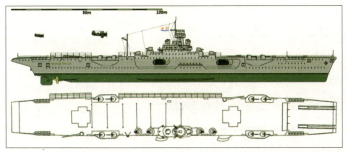

▲苏联中央舰船研究所1939年提出的"71号工程"：用"恰巴耶夫"级轻巡洋舰的舰体改造为13000吨级航母。后该方案在1940年参照德国"齐柏林伯爵"级航母，修改为71B工程，舰体增大至24500吨。

权的核心；它们只是主力舰的附属品，后者才是制海权赖以寄托的中坚。

类似的思想在二战前夕的德、日、美等国海军中也出现过，如美国的CV-4"突击者"号就是为伴随战列舰活动而设计的，意大利未完工的"天鹰"号（RN Aquila）也是这种只搭载战斗机的"主力舰护航航母"，但这类观念经过二战的洗礼已经被抛弃了。而苏联直到1945年才开始论证这种原始的航母方案，它也将势必影响到之后苏联海军航母的发展，我们在"莫斯科"级、"基辅"级载机巡洋舰上都可以看到航母为某种"决战武器"服务的倾向。

但斯大林即使是对这样的"跛脚航母"也不感冒。1947年1月，他解除了包括库兹涅佐夫在内的一大批海军将领的职务，理由是"苏联海军未能在支持世界革命方面发挥积极作用"（也就是说在建造巡洋舰和传统水面舰艇上做的不够）。库兹涅佐夫先是被贬为海军学院院长，接着又被"发配"到太平洋舰队，军衔也降为中将。不过到了1951年7月，因为继任海军司令员的尤马舍夫（Ivan Stepanovich Yumashev）不堪重用，斯大林不得不恢复库兹涅佐夫的职务。后者在1952年再度递交了发展轻型航母的报告，航空工业人民委员部表示可以用在研的喷气式战斗机来武装航母，但主管造船的部长会议副主席马雷舍夫（Viacheslav Alexandrovich Malyshev）宣称建造航母会影响斯大林钟爱的巡洋舰项目，于是这一提议再度搁浅。

几个月后，斯大林逝世（1953年3月5日），库兹涅佐夫终于有机会继续他在航母问题上的探索了。1953年5月18日，已经官复原职的上将提出了"舰队防空型航母"的设计指标：机库可以容纳40架5.5吨重的战斗机，安装16门130毫米高平炮、32门45-57毫米高炮和16门25毫米机炮，航速35节以上，排水量则未作要求。

TsKB-17根据1939年的第71号工程、1944年的第72号工程以及研究德国未完成航母"齐柏林伯爵"号的有限经验，在1954年提出了8个设计方案，排水量为2.7万-3万吨（后来进一步降低至2.3万-2.4万吨），搭载40架喷气式战斗机，并获得了"第85号工程"的立项名称。1954年10月，库兹涅佐夫向新任部长会议主席赫鲁晓夫和国防部长布尔加宁（Nikolai Alexandrovich Bulganin）提交了要求发展航母的报告，主张在1956-1964年为北方舰队和太平洋舰队各装备2艘防空型航母。

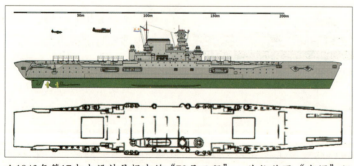
▲1943年第17中央设计局提出的"72号工程"，为仿英国"光辉"级航母的3万吨级装甲航母，计划建造2到4艘。

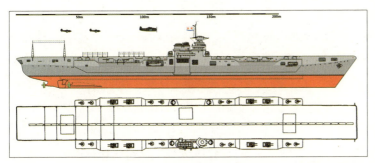

▲第17中央设计局在1945年提出的将"69号工程"（"喀琅施塔得"级战列巡洋舰）舰体改造为航母的方案，规格类似英国的"大胆"级。但因斯大林偏好火炮战舰，希望将"喀琅施塔得"级继续建造竣工，该方案作罢。

出乎他意料的是，这一提案遭到了赫鲁晓夫极其激烈的抨击——如果说斯大林是浪漫的怀旧主义者，一厢情愿地追求技术上已经落后的大舰巨炮，那么赫鲁晓夫就是激进的超前主义者，他对导弹、远程轰炸机、核武器等"终极兵器"有着毫不掩饰的欣赏，并认为传统的大型军舰已经过时。这一思想在"大清洗"前的苏联海军中就已发端，当时称为"青年学派"（Jeune Ecole，得名自1870年代法国鼓吹发展巡洋舰和鱼雷艇、批判战列舰的"青年学派"），他们继承了"要塞舰队"的战略防御观念，又承认"陆主海从"的国情，受到陆军将领的追捧。赫鲁晓夫甚至宣称，苏联海军未来只需建造远洋潜艇和5000吨左右、安装反舰导弹的驱逐舰，现有的大型舰艇都是"浮动棺材"，应当彻底拆除。

在这种情况下，库兹涅佐夫公开提出应当发展航母这种传统大型舰艇，后果是可想而知的。1955年5月，在库兹涅佐夫突发心脏病后，赫鲁晓夫指派海军第一副司令员戈尔什科夫（Sergey Georgiyevich

Gorshkov）代理他的职务。五个月后发生了"新罗西斯克"号（Novorossiysk）战列舰爆沉的事故，赫鲁晓夫与国防部长朱可夫乘机指责库兹涅佐夫渎职。1956年2月，这位悲剧人物第二次被降级为中将，随后遭到强制退役，不得从事与海军有关的工作，苏联早期航母的探索也就此告终。

平心而论，对库兹涅佐夫以及苏联早期航母计划的命运做过多的"悲情"渲染是没有理由的。从技术特征上看，以护卫主力舰或单纯的防空作为设计目标的航母是一种落后15－20年的概念，即使它们真的在1960年前后建造出来，很快也将随着"斯维尔德洛夫"级巡洋舰和"斯大林格勒"级战列巡洋舰的过时而变成彻头彻尾的鸡肋；它们当然也可以尝试搭载其他类型的飞机，但因为吨位和主尺度太小、载机量少，性价比势必不高（美国在战后裁撤轻型航母就是因为这个原因）。

从时代背景上看，原子弹、战略轰炸机和远程制导武器的出现对主要大国海军的冲击是普遍的，美国和英国也出现了裁撤航母和常规武装、以战略空军为中心构想下一次大战的思潮，赫鲁晓夫的"浮动棺材论"绝不只是一种孤立的看法。苏联海军的问题和他们的美国同行一样：首先是还没有找到一种与新的技术环境和战争方式相契合的战略，其次才是不能为这种战略配备相应的手段（武器），简单地站在历史后端指责"赫鲁晓夫阻碍了苏联航母的起步"是既不严肃、又不真实的。

俄国特色的"杂交航母"

赫鲁晓夫后来在回忆录中写道："航空母舰是现代海军中继潜艇之后的第二大有效武器……我承认，我也想让我们的海军拥有一些航母，但是我们负担不起费用。它们超出了我们的能力范围。"这一说法否定了一种流行的论调：苏联不发展航母是因为他们认定"航母是帝国主义的侵略工具"。意识形态从来就不是决定一种武器兴废的深层原因，问题在于"必要性"和"可能性"——前者涉及战略思想和系统观念，后者则取决于技术和经济因素。

作为库兹涅佐夫的继任者，戈尔什科夫上将（1967年晋升为元帅）本质上也属于"苏维埃海军学派"，他承认区域制海权的意义，认为苏联更需要一支平衡的舰队，而不是"超级兵器"（远程导弹、核潜艇等）来获取这种特定海域的行动自由。但超级武器并不是全无意义的，它们可以排除北约在苏联关心的决定

性海域取得控制权的可能性，为苏联自己去获取这种控制权创造机会。所以戈尔什科夫在新上台时接受了赫鲁晓夫的某些见解，重点发展潜艇、反舰导弹和岸基航空兵；航母的研发虽然实际上还在秘密进行，但已经沦为设计部门自娱自乐的保留地了。

到1958年为止，TsKB-17还在自行设计某种"战斗机浮动基地"（设计师是主持了第71号、第72号和第85号工程的阿尔卡季·莫里恩），它的排水量为3万吨，搭载30架战斗机、4架巡逻机和2架直升机，实际上是库兹涅佐夫那个护航航母方案换汤不换药的产物。

当然，依靠潜艇和岸基武器建立的保护圈并非全无漏洞。1955年之后，美国海军作战部长伯克（Arleigh Albert Burke）上将提出了"有限威慑"（Limited Deterrence）战

▲1962年11月9日，古巴导弹危机期间，美国海军"巴里"号（USS Barry，DD-933）驱逐舰和一架P-3巡逻机拦截苏联货船"阿诺索夫"号（Metallurg Anosov）。苏联领导人在这次危机之后决定发展海军航空兵力量。

略，在原有的航母战斗群之外加速建造可携带"北极星"洲际弹道导弹的核潜艇，以航母的机动性、核潜艇的隐秘性和导弹的远射程对苏联形成威慑。从1958年到1965年，美国相继建成41艘携带"北极星"导弹的核潜艇（即"41艘换自由"工程），这些潜艇可以在近2000公里外（这是"北极星"A1的射程，最终的A3型射程达4600公里）的地中海或挪威海对苏联发动核打击，而苏联既有的岸基反潜机完全不可能长时间跟踪和攻击它们。最便捷的方法是建造一种搭载一个分队直升机的反潜巡洋舰，它们可以前出到美国核潜艇活动的边缘地带，提前发现和攻击"北极星"潜艇，也可以在本方水面舰队出航时为其提供反潜支援和掩护，水面舰艇则以反舰导弹保护反潜舰。这就是1123型反潜巡洋舰的由来，后来演化为苏联第一型直升机航母"莫斯科"级。

"莫斯科"级从概念到实物的演化过程彰显了后发海军国家在应用新概念和新武器方面经常出现的毛病。苏联海军在1958年向TsKB-17提出1123型（项目代号"秃鹰"）的战术指标时，想要的只是一种8000吨级大型驱逐舰，后甲板搭载8架直升机，在1964年之前完成。但以

萨维切耶夫（A. S. Savichev）为组长的设计组急不可耐地要把在研的所有反潜装备都集成到新舰上去，他们认为8架直升机只够完成发现和驱逐敌潜艇的任务，要对潜艇实施长期接触并进行有效攻击，载机量必须增加到14架，还要安装大型变深声呐、反潜导弹和火箭深弹发射器。这样贪多求全的结果，1123型的排水量从最初的8000吨膨胀到了15000吨，上层建筑臃肿不堪，而该型舰最初选定的船体和动力装置并未考虑到重量增加的因素，致使完工后的军舰头重脚轻，适航性和抗浪性极差：这也是走向远洋不得不付的"学费"。

无论如何，2艘1123型已经是到1960年代末为止苏联实际建造完成的最大军舰了。1962年底开工的"莫斯科"号在两年之后下水，二号舰"列宁格勒"号随即开工，到两舰全部服役已经是1969年了。它们的工程也为后续舰只的建造确立了规范：所有航母都

▲作为古巴导弹危机之后的应急反应，苏联首先建造了两艘"莫斯科"级直升机巡洋舰。图为该级二号舰"列宁格勒"号，摄于1988年。

在尼古拉耶夫（Nikolayev）南厂（第444船厂，现名黑海造船厂）兴建，该厂的0号船渠长330米、宽40米，可容纳7万吨级大型舰船，苏联解体前开工的9艘航母全部都是在0号船渠上建造的。

一种流行的说法认为，苏联把"莫斯科"级、"基辅"级甚至正规航母"库兹涅佐夫海军上将"级统称为"反潜巡洋舰"或"重型载机巡洋舰"是为了规避1936年的《蒙特勒公约》，该公约曾对主力舰（战列舰、航母）在土耳其海峡的通过权进行限制。但核实相关条款后可以发现，《蒙特勒公约》限制的是非黑海沿岸国家主力舰的通过权——后来中国购买的"瓦良格"号舰体在土耳其海峡搁置多年无法通过，直接原因就是土方援引公约对地区外国家的限制、拒绝让该舰通过海峡，而俄罗斯在1991年11月把"库兹涅佐夫海军上将"号航母从黑海调往摩尔曼斯克（Murmansk）时就没有受到这种刁难。而条约对苏联这个黑海沿岸国家

实际上是没有约束力的，后者完全可以利用公约未限制黑海沿岸国家舰船通过吨位的漏洞，自由地派航母驶入地中海。似是而非的"载机巡洋舰"称谓主要是为了麻痹苏联政府中反航母的"青年学派"。

尽管"莫斯科"级存在适航性不佳、主机故障频发、机库尺寸过小等缺陷，但它们出色地完成了预定的反潜巡逻和搜索任务，其中"莫斯科"号最长的一次巡航达222天之久（1977年11月到1978年7月）。1970年，"莫斯科"级参加了苏联海军史上规模最大的"海洋"联合演习，1972年还进行了Yak-38垂直/短距起降战斗机的试飞。有了这两艘航空巡洋舰的存在，美国核潜艇从容不迫地自地中海发射"北极星"导弹的情况不可能轻易发生了。这使得最高当局产生了另一种想法：既然美国潜艇可以前出到地中海，苏联核潜艇能不能在飞机掩护下对美国发动反制打击呢？

1143型（"基辅"级）反潜巡洋舰就是在这种背景下诞生的。当时苏联海军正为北方舰队建造搭载12枚SS-N-8战略导弹（射程7700公里）的"德尔塔Ⅰ"（DeltaⅠ）型核潜艇，希望能突破北约在格陵兰、冰岛和英国之间设置的GIUK防线，对美国本土形成直接威胁。

由于北约在GIUK

▲1985年5月1日，行进在太平洋的"基辅"级"新罗西斯克"号。

一线配备了巡逻机和水面舰艇，苏联需要以一种兼具制空和制海能力的大型舰艇摧毁这些封锁力量，为潜艇创造突破的机会。TsKB-17在"莫斯科"级的基础上换用了更大的舰体，前甲板安装4座双联装SS-N-12"沙箱"（Sandbox，北约代号）反舰导弹发射装置（射程550公里，需要由直升机提供中继制导）以及与"肯达"级（Kynda class）巡洋舰相同的再装填设备，航空甲板上的直升机着降点由"莫斯科"级的4个增加到6个，最终确定为7个。因为前甲板和舰岛安装了大量导弹发射架和电子设备，后甲板面积不足，新舰在左舷设置了一道4－6度的斜角甲板来提供起降空间，这使得它们看上去和普通航母更加形似。

1143型装备的最重要武器是22架Yak-38M"铁匠-A"（Forger-A，北约代号）垂直起降战斗机（实际搭载量一直在12－13架左右，辅以19架反潜直升机），这种1971年首飞的新型飞机使得没有弹射器和滑跃甲板的苏联载机巡洋舰获得了一定的空中攻击力。

与采用分流套管和矢量喷口来提供升力的单发飞机"鹞"式不同，Yak-38M同时安装3台发动机，两台提供升力、一台用于巡航，出力更为强劲，这使得该机的有效载荷比"鹞Ⅱ"式（AV-8B）多25%，速度也较快。但三发结构带来了自重过大、故障率高、操作烦琐以及机动性不佳的问题，使得Yak-38M的最大航程只有1300公里，不到"鹞"式的一半，较小的机头整流罩内只能安装原始的测距雷达（没有射控雷达），空

战能力极其低下。到苏联解体为止，"铁匠-A"实际上一直被当作对敌攻击机来使用，为了保护这种复杂而脆弱的舰载机，1143型不得不反过来又装备了大量中近程舰空导弹，这使得该型舰的外观比"莫斯科"级还要臃肿复杂，人员则增加了近一倍之多。

4艘1143型依然在尼古拉耶夫南厂兴建，首舰"基辅"号于1970年开工，两年半以后下水，1975年底竣工，二至四号舰分别以每2－3年一艘的速度接续建造。1977年所有1143型被重新分类为"重型载机巡洋舰"，其中三、四号舰"新罗西斯克"号和"巴库"号不仅能搭载Yak-38，还可以使用研发中的Yak-141超音速垂直起降战斗机。Yak-141依然采用"一推二升"的三发设计，但机体更大、系统更成熟，有效航程增加到2100公里，格斗性能和载荷也有明显提升（装备与MiG-29战斗机相同的雷达和头盔瞄准具）。不过这种新飞机直到1987年才完成首飞，1991年苏联解体前只生产出4架样机，最终也未能量产。

"基辅"级的四号舰"巴库"号迟至1982年才告下水，该舰用6座双联装"沙箱"导弹发射装置取代了前3艘的4座双联装设置，但没有再装填设备。苏联海军为该舰安装了新研发的"望天"（Sky Watch，北约代号）相控阵雷达和新型防空导弹，不过因为新增的电子设备性能不稳定，"巴库"号在1987年正式服役后的五年里一直在进行调试和改装。到该舰真正形成战斗力之时，苏联已经解体，而专为核潜艇的前出攻击而

设计的"基辅"级也全无用武之地了。

核动力与大型化：未竟的事业

"基辅"级开工之时，止值戈尔什科夫大建设"平衡舰队"和"主动性存在舰队"的事业走向巅峰。1964年上台的新任总书记勃列日涅夫一反赫鲁晓夫的激进主义路线，他从1962年古巴导弹危机的经验中发现：海军在扩大苏联的全球影响力、抗衡美国的遏制方面具有不可替代的作用，他那"没有苏联的经济和军事介入，世界任何一个角落的事务都不可能得到彻底的解决"的野心尤其需要借重海军的支持。因此，从1960年代中期到1980年代初的近20年间，苏联海军在大型水面舰艇、核潜艇和航空兵方面获得了可观的发展资金，实力一跃而上升为世界第二。

正是因为苏联海军的井喷式发展，进入1970年代，俄国也出现了和同一时期的美国类似的"中型航母与大型航母之争"。美

▲1992年范堡罗（Farnborough）航展上的Yak-141垂直起降战斗机。

国海军的路线之争集中于要核动力超级航母还是中型常规动力航母，俄国海军路线之争的焦点则是要"重型载机巡洋舰"还是美国式的正规舰队航母。库兹涅佐夫时代的资深舰船设计师莫里恩（Arkadi B. Morin，他参与了"莫斯科"级之前所有的航母研究项目）和1967－1976年担任国防部长的格列奇科（Andrei Antonovich Grechko）元帅是舰队航母的支持者，他们认为："基辅"级本质上是一种功能型军舰，它只能在敌方缺乏大型水面舰艇和航母的场合使用，如果遭遇"佛瑞斯特"级或"尼米兹"级这样的超级航母，美国人的F-14战斗机将把不可靠的Yak-38打得毫无还手之力，而俄舰是否有机会发射反舰导弹还是个问题（"沙箱"只有在由直升机提供制导的情况下才能达到最大射程，而美军可以提前击落区区2架制导机）。为了更好地对抗这种威胁，或者按官方的话来说，"更好地支持世界革命"，苏联也应当建造美国式的大甲板航母。

1972年，TsKB-17正式开始了代号1160工程的大甲板航母设计，由莫里恩担任设计组长。该方案与美国正在建造的"尼米兹"级航母极为类似，排水量7.5万吨，采用核动力，安装蒸汽弹射器和3台舷侧式升降机，以MiG-

23A战斗机而不是舰空导弹作为制空工具，载机量近70架。海军总司令部的建议是把排水量控制在7万吨以内，因为太大的船体无法在尼古拉耶夫建造；另外戈尔什科夫还担心合格的舰载机无法及时生产出来，为避免攻击力出现空窗期，应当为军舰安装反舰导弹。当1160方案呈递给格列奇科审核时，国防部长指着甲板下的导弹发射筒讥笑道："为什么要加上这么些小零碎？就让我们的航母看上去和美国人的一样好了，我们还要建造一支和他们一样的航母舰队。"

1973年，1160工程设计案获得海军、造船工业部和航空工业部的一致批准，但主管国防工业的中央书记乌斯季诺夫（Dmitriy Feodorovich Ustinov）对此感到不满，他要求暂缓建造该舰，首先在"基辅"级航母三号舰"新罗西斯克"号上进行弹射器和MiG-23A的测试，随后再决定是否要建造大甲板航母。由于"基辅"级既定的结构强度和空间安排，前一提议实际上完全不具备可操作性，"新罗西斯克"号最终按原设计完工。

1974年，国防工业委员会重新确定了代号1153工程的大甲板核动力航母项目，计划在1978－1985年间建成2艘同型舰，并于两年后确定了基本设计方案。1153工程航母仍将

在尼古拉耶夫建造，为此排水量被控制在6万吨，它将安装和在研的"基洛夫"级（Kirov class）核动力战列巡洋舰相同的推进装置以及2部蒸汽弹射器，载机量50－60架。但海军和政府中的"青年学派"继续对大甲板航母进行攻击，副总参谋长、前海军副司令阿梅利科（Nikolay Nikolayevich Amelko）上将提出优先建造2艘新的反潜直升机航母（1020工程），总参谋长奥加尔科夫（Nikolai Vasilyevich Ogarkov）元帅则赞成首先扩充核潜艇部队。雅科夫列夫飞机设计局总设计师、在苏联政界颇有影响力的雅科夫列夫院士也在四处活动，他一心要把Yak-38及其后续机Yak-141兜售给海军，担心常规布局的大甲板航母会影响垂直起降飞机的投资。最关键的是，大甲板航母的支持者格列奇科在1976年病逝，继任者刚好是他的反对者乌斯季诺夫，于是1153工程戛然而

▲竣工后不久的"第比利斯"号航空母舰。苏联及俄海军将航母称为"重型载机巡洋舰"，但其原因与限制主力舰通过黑海海峡的1936年《蒙特勒公约》无关。该公约第11条规定"黑海沿岸国家有权使本国超过第14条第1款规定吨位（注：15000吨）的主力舰通过海峡，但须一艘接着一艘，护卫的鱼雷艇不得超过2艘"（原文附件规定"主力舰"依1936年第二次《伦敦海军条约》之定义，即航母和战列舰）。

止，核动力和弹射器方面的研究也不得不暂时"刹车"。

1977年，"基辅"级后续舰的研究重新开始进行，项目代号1143.5，这显示新舰仍是上一代载机巡洋舰的直接延续。戈尔什科夫尽力使1143.5更适合制海作战的要求，它虽然没有安装弹射器，但拥有12度上翘的滑跃起飞甲板，可以使用比Yak-38更重的固定翼舰载机。反舰导弹发射筒虽然也保留下来，但位置移到了甲板以下，这使得飞行甲板的可用面积大大增加，更类似美、法等国的正规航母，而不是那些非驴非马的"载机巡洋舰"。它的主尺度比夭折的1153案略小，排水量约5.5万吨，载机量约50架，综合性能仍不如美国最后一型常规航母"小鹰"级，但差距毕竟大大缩小。

1143.5工程的首舰"里加"号（后更名为"列昂尼德·勃列日涅夫"号，下水后再度更名为"第比利斯"号）在1982年开工，1985年底下水。它也是戈尔什科夫时代开工的最后一艘航母，这位缔造了一个黄金时代的海军元帅于1985年2月退休，由前北方舰队司令切尔纳温（Vladimir Nikolayevich Chernavin）海军上将接任，后者任内开工了第2艘1143.5型"里加"号（与前一艘同名）。两舰都由拥有900吨级芬兰造龙门吊和全尺寸船台的乌克兰尼古拉耶夫船厂建造。

在戈尔什科夫退休前三个月，大甲板核动力航母最顽固的反对者乌斯季诺夫元帅病死，这使得苏联海军中的"航母派"有机会让1153工程借尸还魂了。1987年，代号1143.7的"第比利斯"级后续舰设计案获得批准，该舰的排水量超过7万吨，尺寸达到尼古拉耶夫厂0号船渠所能容纳的最大限度（长324米），既有滑跃起飞甲板、又有蒸汽弹射器，可以使用Su-27K战斗机和Yak-44固定翼预警机。这艘名为"乌里扬诺夫斯克"号的核动力航母于1988年11月正式开工，定于1991年下水，随后还将建造一艘同型舰。当时美国海军情报部门估计，苏联将以每两年一艘的速度继续建造航母，到2010年，苏联海军一线航母数量将增加到15艘（含"莫斯科"级和"基辅"级），彻底压倒美国。

但是，1991年12月，苏联在一夜之间从世界上消失了，完工不足20%的"乌里扬

▲Su-33重型舰载战斗机，原编号为Su-27K。自1998年起约生产24架。中国从乌克兰购买2架原型机后，在其基础上自行研发出"歼-15"型战斗机。

诺夫斯克"号被乌克兰政府下令拆毁，腾出船渠用于建造商船，完工度超过70%的"里加"号（1990年底更名为"瓦良格"号）未来也岌岌可危。乌克兰还希望获得黑海舰队的2艘"莫斯科"级直升机母舰。作为苏联海军遗产的主要继承者，俄罗斯竭尽所能进行了反击：苏联解体前一个月，刚刚完工的"第比利斯"号以近乎逃亡的方式驶出土耳其海峡，经地中海和斯堪的纳维亚半岛前往北摩尔曼斯克，成为俄罗斯海军的第一大舰。但这艘更名为"库兹涅佐夫海军上将"号（1991年更名）的航母也是随后十几年里俄罗斯唯一可用的航母。

伴随不堪重负的Yak-38在1992年的最终退役和Yak-141的夭折，4艘"基辅"级和"莫斯科"级一样沦为了直升机航母，俄罗斯在1990年代初打算把它们兜售给中国或印度，但这两个新兴海军国家对这种俄国特色的"杂交航母"毫无兴趣，它们的重型反舰导弹在后"冷战"时代也没有了用武之地。部署在太平洋的"明斯克"号和"新罗西斯克"号因为主机缺乏维护而早早报废，"新罗西斯克"号在1995年被当成废铁出售给韩国，"明斯克"号同年也售予了韩国，又于1998年转卖给中国后被改建成军事主题公园。"基辅"号随后也遭遇类似的命运，1996年出售给

中国一家公司，2004年改建成天津滨海航母主题公园，2011年5月起改建为航母酒店，总面积约6000平方米，2012年1月1日开始试营运，成为中国首家航母酒店。

同样由中国获得的还有乌克兰手里的"瓦良格"号，它在1998年卖出2000万美元的价格，后来由中国海军加以重新武装，更名为"辽宁"号。黑海的"莫斯科"号和"列宁格勒"号则成为印度拆船商的猎物，全都在20世纪结束前解体完毕；甚至"戈尔什科夫海军上将"号（原"巴库"号，1991年更名）也成为了印度海军的一员，但方式近乎屈辱——俄罗斯海军把这艘动力系统损坏的航母免费提供给印度，换取印方购买MiG-29K舰载战斗机并出资在俄罗斯对该舰进行现代化改装。这艘更名为"维克拉玛蒂亚"号（INS Vikramaditya，R33）的航母已于2013年11月16日正式在印度海军中服役。

这样，到了21世纪已过去十多年的今天，孤独的"库兹涅佐夫海军上将"号依然

▲孤独的"库兹涅佐夫海军上将"号。从20世纪末起，在其他航母陆续退役或转售他国之后，硕果仅存的"库兹涅佐夫海军上将"号成为俄罗斯唯一和最后的大型舰队航母迄今。

二战后苏联/俄罗斯海军航母列表

莫斯科级（1123型）
"莫斯科"号Moskva
"列宁格勒"号Leningrad

基辅级（1143型）
"基辅"号Kiev
"明斯克"号Minsk
"新罗西斯克"号Novorossiysk
"巴库"号Baku/"戈尔什科夫海军上将"号Admiral Gorshkov/"维克拉玛蒂亚"号Vikramaditya

库兹涅佐夫海军上将级（1143.5型）
"里加"号Riga/"列昂尼德·勃列日涅夫"号Leonid Brezhnev/"第比利斯"号Tbilisi/"库兹涅佐夫海军上将"号Admiral Kuznetsov

"里加"号Riga/"瓦良格"号Varyag/"辽宁"号

乌里扬诺夫斯克级（1143.7型）
"克里姆林"号Kremlin/"乌里扬诺夫斯克"号Ulyanovsk（中止建造）

是俄罗斯海军硕果仅存的航母。该舰搭载的Su-33战斗机已经在苏联解体后停产，数量日渐减少，俄军计划以与印度合资改进的MiG-29K来替换它们。"库兹涅佐夫海军上将"号自身也将在2013年以后进行现代化改装，拆除累赘的SS-N-19反舰导弹发射筒，更换故障不断的主机，继续使用到2025年。

尽管近年来俄罗斯经济状况有所改善，为海军建造新型航母的传闻也屡见于报端，但实际可能性始终不大：从技术角度看，苏联时代的所有航母都在乌克兰的尼古拉耶夫厂兴建，俄罗斯本身的造船厂并无建造航母经验；从印度的"维克拉玛蒂亚"号问题频发的改装工程看，俄罗斯要恢复设计和建造航母的能力也绝非一朝一夕之功。

从需求和目标看，今日的俄罗斯很大程度上是借助陆上优势和领土规模谋取国际利益，对航母的需求远不如苏联时代迫切，

而苏联时代的航母设计思路和遗产也不适于今日的俄罗斯。如果只是为了执行对岸两栖支援、快速运输和各种辅助任务，当前流行的大甲板多用途航空支援舰会比航母经济得多。事实上，俄罗斯海军已经在法国订购2艘"西北风"级（Mistral class）两栖攻击舰（首舰定于2014年完工），未来还将在国内建造同型舰，代替昂贵而用途单一的航母执行低烈度作战任务。这意味着未来十年内，硕果仅存的"库兹涅佐夫海军上将"号仍将是俄罗斯唯一和最后的大型舰队航母。

莫斯科级（Moskva class）直升机航母

2艘1123型反潜巡洋舰是为了对抗美国"41艘换自由"工程的第一代产品——5艘"乔治·华盛顿"级核潜艇而设计的，

这种潜艇搭载16枚射程1900公里的"北极星"A1弹道导弹，可以在挪威海或地中海对苏联发动核打击，而性能不佳的苏联岸基反潜机却无法长时间监视和跟踪它们。可携带声呐浮标和反潜鱼雷的直升机是一种灵活高效的选择，但直升机的续航时间有限，要实现有效的反潜搜索和攻击，必须确保有2架直升机始终处于升空状态（法国的PH-75直升机航母也提出了类似的战术指标）；如果把每个直升机编队连续执行任务的时间设定为15天，那么至少要有8架飞机轮换才能达到要求。这就是1959年1月31日戈尔什科夫为新型反潜巡洋舰提出的设计指标：搭载直升机8架以上，既可以单独搜索和攻击美国核潜艇，又可以担当本方水面舰艇编队的反潜护航任务。TsKB-17提出了两个方案，一是以未完工的"斯维尔德洛夫"级巡洋舰的船体改造的15000吨级轻型航母（有5艘已下水的该型舰在赫鲁晓夫上台后停工），二是新建一种7000-8000吨的小型载机舰，海军高层选中了后者。

▲1978年，航行中的"莫斯科"号直升机航母舰尾一景。

1123型以巡洋舰式的前半截上层建筑"混搭"后半截航空甲板而著称，这一设计并非别出心裁，而是设计部门与海军间的矛盾所致：海军高层忌惮于赫鲁晓夫厌恶大舰的意志，坚决要求削减排水量，为此选用了"肯达"级巡洋舰的小舰体、上层建筑布局和主机加以"微扩"；而设计部门贪多求全，希望把变深声呐、反潜导弹、火箭深弹发射架和自卫用的防空导弹等新设备全部集成到军舰上，以便在恶劣海况下（届时直升机可能无法使用）执行全天候反潜任务。而直升机的搭载数量也是水涨船高，最初为8架，后来因TsKB-17的要求逐步上升到14架。增加的导弹发射架和电子设备全部堆砌在巡洋舰式的上层建筑周围，后半截的航空甲板和舰体内部的机库也因载机量增加而水涨船高，这样一来，最初设定的吨位和人员编制限额就远远不够了。海军高层、TsKB-17以及负责直升机开发的卡莫夫（Kamov）设计局为此多次爆发争执，军舰设计一改再改，最后赫鲁晓夫本人在1962年夏天视察北方舰队时拍板：优先满足反潜武器的射程需求，搁置吨位限制，1123型的设计方案才最终确定——标准排水量11300吨，航速29节，乘员541人。

1123型首舰"莫斯科"号于1962年底在尼古拉耶夫船厂开工，两年后下水，直到1967年底才正式服役，配备给黑海舰队。尽管排水量方面的限制已经放宽，但该舰安装的SUW-N-1反潜导弹、SA-N-3舰空导弹和"牝马尾"（Mare Tail）变深声呐的实际重量还是远远超过了最初的估计，这使得军舰的实际排水量达到15000吨以上，而过小的巡洋舰舰体重心太高、抗浪性差，显得头重脚轻。吨位膨胀还造成动力系统故障频发："莫斯科"级的主机与"肯达"级完全相同，后者长141.7米、宽15.8米，排水量4400吨，而"莫斯科"级的吨位是其三倍以上，虽然设计航速达到28.5节，实际却只能开到24节左右。1975年"莫斯科"号的机舱火灾据信也与高速航行中主机过热有关。

不过从战术性能看，"莫斯科"级还是大体实现了最初的设计目标。该舰拥有81×31米的飞行甲板，设置4个直升机起降点和2部小型升降机，下方的机库可容纳12架Ka-25PL"荷尔蒙-A"（Hormone-A，北约代号）反潜直升机；上层建筑尾部另有一个可容纳2架大型直升机的机库，用于14吨重的Mi-14PL大型反潜直升机（因为尺寸和重量过大、不能由升降机送入甲板下的机库），有时也搭载中继制导直升机。1968年9-

10月，"莫斯科"号由黑海驶入地中海，在48天中航行了11000海里，完成直升机起降400余架次；次年二号舰"列宁格勒"号也加入黑海舰队，它们都参加了1970年的"海洋"演习。当时地中海是美国弹道导弹核潜艇对苏联进行核打击的必经之路，黑海舰队通常将1艘"莫斯科"级与1艘"克列斯塔Ⅱ"级（Kresta II class）反潜巡洋舰（安装

▲1996年，退役后搁置在塞瓦斯托波尔港的"莫斯科"号直升机航母。

▲1997年，搁浅于印度古吉拉特邦阿朗（Alang, Gujarat）海滩的"列宁格勒"号，干舷上显示的是它最后的舷号"702"。阿朗是世界上最大的拆船业中心，其拆船量相当于全世界的一半。

有SS-N-14反潜导弹）合编为一组，在地中海进行长时间的反潜巡逻和训练，另一艘留在黑海检修或改装。1972年，"莫斯科"号还进行了Yak-38垂直起降战斗机的起降试验。

不过"莫斯科"级的防空能力毕竟太弱，不足以应对1970年代之后的空中力量，加上适航性不佳、远洋活动能力受限，在1970年代中期以后就不再承担核心反潜任务了。1973－1974年，"列宁格勒"号搭载2架Mi-8扫雷直升机前往中东，协助埃及扫除第四次中东战争期间布设于苏伊士运河南口的水雷；1977－1978年，"莫斯科"号还创造了连续战斗巡航222天的纪录。进入1980年代，苏联海军主要将这两艘军舰作为远洋训练舰和进行"炮舰外交"的工具使用，如"列宁格勒"号在1980年夏天巡访了东南欧多个国家，1984年3－4月又在加勒比海活动，表示对古巴的支持。每年夏季它们在地中海巡弋时，都会成为北约飞机和舰船跟拍的焦点对象。

1991年苏联解体之际，"列宁格勒"号已经因主机故障处于报废状态，该舰随后出售给印度解体。身为黑海舰队旗舰的"莫斯科"号则成为俄罗斯第一艘列籍为航母的军舰，当时该舰刚刚在塞瓦斯托波尔完成检修，舰况尚佳。但乌克兰与俄罗

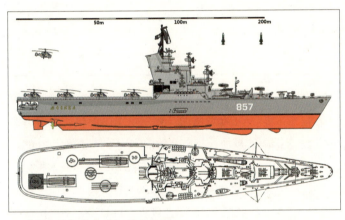

▲"莫斯科"号直升机航母线图。

"莫斯科"号 (Moskva)

建造厂：乌克兰尼古拉耶夫造船厂

1962.12.15开工，1965.1.14下水，1967.12.25竣工

1995.4.27退役，同年将舰名转交给"光荣"级导弹巡洋舰一号舰，1997.5.27出售给印度解体

曾用舷号：857（1968）、851（1969）、848(1970)、841(1971)、854(1972)、843(1973)、853（1974）、846(1975)、850(1977)、851(1978)、847(1978)、104（1979）、100（1980）、106(1982)、110（1988）、108（1990年至退役）

"列宁格勒"号（Leningrad）

建造厂：乌克兰尼古拉耶夫造船厂

1965.1.15开工，1968.7.31下水，1969.6.2竣工

1991.6.24退役，1995.8.24出售给印度，后转卖至希腊解体

曾用舷号：848（1969）、845（1969）、844（1972）、853（1973）、854（1973）、847（1974）、858（1976）、103（1978）、107（1979）、113(1981)、103(1984)、428（1987）、109（1988）、106（1990）、702（1994）

莫斯科级	
排 水 量	标准14590吨，满载17500吨
主 尺 度	189.0（全长）/179.0（水线长）×23.0×8.5米
动 力	2台GTZA TV-12型蒸汽轮机，4座KVN-95/64型燃油锅炉，功率90000马力，航速28.5节；载燃油2600吨，续航力9000海里/18节
舰 载 机	12架Ka-25PL反潜直升机、1架Ka-25TSU中继制导直升机、1架Ka-25PS搜救直升机，合计14架
弹 射 器	无
升 降 机	2部
火 力	2座双联SA-N-3舰空导弹发射架（备弹44枚），1座双联SUW-N-1反潜导弹发射架（备弹18枚），4门Ak-725型57毫米高平炮（双联×2），2座12管RBU-6000反潜火箭发射器，2座五联装533毫米鱼雷发射管（1970年代拆除）
电子设备	1部"顶帆"（Top Sail）三坐标对空雷达，1部"头网-C"（Head Net C）三坐标对空雷达，2部"前灯"（Head Light）火控雷达，2部"皮手笼"（Muff Cob）火控雷达，3部"顿河2"（Don 2）导航雷达；1部"麋颚"（Moose Jaw）低频舰壳声呐，1部"牝马尾"中频变深声呐，8座"侧球"（Side Globe）、8座"钟"（Bell）系列电子对抗设备，2座双联干扰火箭发射器
编 制	850人（含航空人员）

斯对黑海舰队的争夺影响到了"莫斯科"号的归宿，该舰在1993年春天完成最后一次远洋巡航后，就因乌克兰方面的坚持而不再出港，搁置在塞瓦斯托波尔北港。1995年4月27日，俄罗斯海军将该舰转入预备役，一个月后又把"莫斯科"号这一舰名让渡给了新完工的"光荣"级（Slava class）导弹巡洋舰。此后原"莫斯科"号以"保管舰第108号"的名义继续搁置在塞瓦斯托波尔，1996年十月革命节最后一次升起海军旗，次年拖往印度解体。

基辅级（Kiev class）垂直起降航母

如果说1123型反潜巡洋舰（"莫斯科"级）带有明显的防御性色彩，是为搜索和攻击敌方核潜艇而准备的直升机航母，那么

随后的1143型就更富于攻击性：它是为掩护北方舰队的"德尔塔Ⅰ"型核潜艇前出挪威海、突破北约的GIUK封锁线而设计的，1968年10月16日向TsKB-17下达战术指标。考虑到北约在GIUK封锁线附近可能配备水面舰艇和P-3巡逻机，1143型将不仅搭载可携带常规炸弹和空舰武器的战斗机（研发中的Yak-38"铁匠"），自身也要安装大量反舰导弹；又因为Yak-38没有射控雷达、缺乏空战能力，母舰还须装备舰空导弹来保护舰载机。

TsKB-17为1143型选用了比"莫斯科"级长整整70米的船体，设计排水量超过3万吨，是到1970年为止苏联建造的最大军舰。为强化反舰能力，前甲板设置有4座双联装SS-N-12"沙箱"反舰导弹发射架，附带与"肯达"级巡洋舰相同的再装填设备，在由Ka-25TS直升机提供中继制导时射程可

达550公里，可以携带核弹头；这种粗糙但"生猛"的武器可以有效弥补俄国海航在远程攻击力方面的不足。反潜装备则与"莫斯科"级大致相同，都安装有1部低频舰壳声呐、1部中频变深声呐和SUW-N-1反潜导弹发射架。最大的亮点在于航空设备——1143型可以搭载雅科夫列夫设计局研发的Yak-38M"铁匠-A"垂直起降战斗机，虽然这种飞机结构复杂、故障率奇高且缺乏空战能力，但它的出现毕竟为俄国反潜巡洋舰提供了更可靠的制空手段，在突破GIUK封锁线时，携带AA-8"蚜虫"（Aphid，北约代号）空空导弹的Yak-38可以提前驱逐北约的P-3反潜机。不过"铁匠"的性能毕竟一般，1143型还是安装了大量舰空导弹来自卫。

"莫斯科"级受尺寸所限，飞行甲板上只有4个直升机起降点，而1143型的飞行甲板延长到了195米，直升机起降点增加到6个。不过该型舰需要同时操作Yak-38和Ka-25/27，而上层建筑因为堆砌了防空导弹发射架和电子设备，比"莫斯科"级更加臃肿，飞行甲板的有效宽度只有20.7米，对安全性和起降能力影响很大。

设计组不得不采取补救措施，在左舷增加了一个4-5度的斜角甲板，直升机起降点设在斜角甲板上，这样一来该型舰的外观就和普通舰队航母更像了。不过一般航母的斜角甲板主要用于舰载机起降时的滑跑或弹射，而1143型的斜角甲板没有此功能（Yak-38采用垂直起飞方式），纯粹是为扩大飞行甲板可用面积想出来的临时措施。经此扩大，该型舰的载机量增加到"铁匠"22架、直升机10-15架，实际一般搭载直升机20架、"铁匠"12-13架，后者通常只有1/2可出动。

1970年7月，1143型首舰"基辅"号在尼古拉耶夫南厂开工，两年半之后下水，后续各舰则以2-3年一艘的速度接续开工。1977年之后，它们被重新划分为"重型载机

▲ "基辅"号航母的Yak-38M垂直起降攻击战斗机，翼尖处于翻折状态。

巡洋舰"。由于完工时间相隔较长，后续几艘军舰在细节上与首舰有所不同，如二号舰"明斯克"号以新型声呐取代了"基辅"号上的"麋鹿"和"牝马尾"，机库空间设置也更合理。1978年底下水的三号舰"新罗西斯克"号取消了SA-N-4舰空导弹发射架（原定更换为SA-N-9"长手套"〔Gauntlet，北约代号〕舰空导弹垂直发射单元，后未安装），增加了燃料携带量；海军方面曾计划为该舰加装弹射器，后因飞机设计局、军舰设计组和海军高层未能达成一致而取消，改为搭载新型Yak-141垂直起降战斗机（1987年首飞，苏联解体后项目取消）。四号舰"巴库"号的改动幅度更大——该舰取消了过时的SA-N-3中程舰空导弹、SUW-N-1反潜导弹发射架和SA-N-4点防御导弹，改为24个SA-N-9垂发导弹单元，舰艏的"沙箱"导弹发射筒增加到12

个。为了给正在研发的1143.5型航母提供技术验证，"巴库"号还安装了"望天"相控阵雷达系统；不过新设备的稳定性和系统兼容度存在问题，以至于该舰在1987年服役后一直处于调试和改装中，到1992年正式形成战斗力时，苏联已经不存在了。

作为苏联航母发展史上的承前启后者，"基辅"级的意义是复杂的。一方面，它们的建造时间极长、数量又太少，以至于很难达成彻底突破GIUK封锁线的目标。"明斯克"号和"新罗西斯克"号完工后即调配到太平洋舰队，"巴库"号则迟迟未能完工，真正留在北方舰队充当反潜和区域制海中枢的只有首舰"基辅"号。而Yak-38的航程、机动性和妥善率着实惨不忍睹，以至于很难真正扮演区域制海－制空权的争夺者。另一方面，苏联设计师在"基辅"级的设计中探索了斜角甲板、相控阵雷达、垂发舰空导弹装置等技术，Yak-38也开始试验短距起飞、以提升有效载荷，这些尝试对后来的"库兹涅佐夫海军上将"级意义重大。苏联海军还逐步认识到舰载航空兵对两栖登陆和近岸火力支援极有帮助，1981年夏季的波罗的海"西方-81"演习中，"基辅"号就出动多架Yak-38进行了对地轰炸和火力支援行动——实际上，这也是缺陷颇多的Yak-38能够

▲1983年2月10日，日本海，日本空中自卫队的F-4和F-15战斗机对"明斯克"号航母进行航空监视。

完全胜任的唯一一项工作。

1991年苏联解体时，4艘"基辅"级有2艘在北方舰队、2艘在太平洋舰队。由于俄罗斯海军在1992年初退役了故障率极高的Yak-38，而后续的Yak-141未能继续开发下去，1143型实际上已经沦为直升机航母。在太平洋的"明斯克"号和"新罗西斯克"号舰况最为恶劣，海参崴港缺乏航母停泊和维护的必要设备，致使两舰主机长期超负荷运转，到1993年就被迫停用。两年之后，处于不断颓败之中的太平洋舰队把两舰作为废钢铁卖给韩国最大的钢铁生产厂商——浦项钢铁。"新罗西斯克"号随即拖往韩国，在浦项被拆毁。而"明斯克"号拖抵韩国时恰逢亚洲金融危机，浦项钢铁遂将其转售给一家中国公司，于1999年拖至广州文冲船厂进行拆卸和改装，2000年5月拖到深圳大鹏湾，成为一座海上主题公园，至今仍在对外开放。

至于留在北方舰队的两舰，"基辅"号在1993年与太平洋舰队的两舰同时停用，作为保管舰搁置起来，并为"戈尔什科夫海军上将"号（原"巴库"号）提供备用零件，因此该舰已不可能重新启用，遂于1996年作为废钢铁卖给中国天津一家拆船公司。"基辅"号抵达中国后，经双方重新协商，也被改造成海上主题公园，停泊在天津汉沽的八卦滩，由于在改造工程中破坏了舰体结构（在舷侧靠近水线的部分开口以架设观光通道），该舰和"明斯克"号一样已不可能重新用于军事用途。至于最晚完工的"巴库"号，该舰在1991年重新命名为"戈尔什科夫海军上将"号，继续系泊在摩尔曼斯克的谢夫莫尔普特（Sevmorput）船厂。1994年2月，该舰机舱发生火灾，锅炉全部损坏，经费短缺的俄罗斯海军只好将该舰封存起来。2004年，经过近四年的协商，该舰作为俄罗斯和印度军事合作计划的一部分被"赠予"印度海军，由印方出资在俄国进行全面改装，已于2013年11月16日正式在印度海军中服役。

有意思的是，当代著名战略学者、美国人勒特韦克（Edward Nicolae Luttwak）在1974年出版的《海权在政治上的用途》一书

▲1988年6月1日，行进在意大利南部海岸的"巴库"号航母，可见其舰艏甲板极其狭窄，以致日后北方机械厂将该舰改为滑跃起飞航母时，不得不拆除舰桥前部的延伸结构和2门100毫米炮。

▲正在秦皇岛市山海关船厂改装中的"基辅"号。该舰1996年出售给中国一家公司,2001年拖抵河北,改装后成为天津滨海新区航母主题公园。2011年5月,"基辅"号舰岛内的2层至9层改建为"航母酒店",总面积约6000平方米,设148间普通客房和2间"舰长套房",以原烟道为电梯出入通道。该酒店在2012年1月1日试营运,成为中国首家航母酒店。

中提出过一个概念"海军劝服力"(Naval Suasion),用以形容公众和观察家对一国海军技术水平的观感,以及这种观感在决策过程中可能发挥的影响。在他看来,"基辅"级就是运用"海军劝服力"的最好例子:这种军舰技术上并不先进,但外观威风凛凛、极其骇人,缺乏专业军事知识的美国公众和媒体很容易高估其价值,继而产生失败主义和畏战的情绪。1979年"明斯克"号编队从波罗的海出发,千里迢迢驶往海参崴加入太平洋舰队,一路造访安哥拉、东非和南也门,引起亚欧各国极大恐慌。20世纪80年代在中国军事爱好者中影响很大的日本架空战争小说《明斯克号出击》就是这次恐慌的副产品。

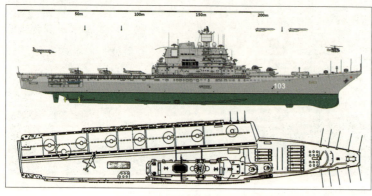

▲"基辅"级"巴库"号垂直起降航母线图。

基辅级	
排 水 量	标准36000吨，满载42000吨（"巴库"号44500吨）
主 尺 度	273.0（全长）/249.6（水线长）×32.7×8.2米
动 力	4台PTU型蒸汽轮机，8台燃油锅炉，功率180000马力，最高航速32.5节；载燃油7000吨，续航力8000海里/18节
舰 载 机	14－17架Ka-27PL反潜直升机、2架Ka-25TS中继制导直升机、12－13架Yak-38M垂直起降战斗机
弹 射 器	无
升 降 机	2部
火 力	4座双联SS-N-12反舰导弹发射架（备弹16枚，"巴库"号6座双联），2座双联SA-N-3舰空导弹发射架（备弹96枚，"巴库"号无），2座双联SA-N-4舰空导弹发射架（备弹48枚，"新罗西斯克"号无，"巴库"号24座8单元SA-N-9舰空导弹发射系统），1座双联SUW-N-1反潜导弹发射架（备弹16枚，"巴库"号无），4门Ak-726型76.2毫米高平炮（双联×2，"巴库"号2门Ak-100型100毫米炮），8门Ak-630型30毫米近防炮，2座12管RBU-6000反潜火箭发射器（"巴库"号2座10管RBU-12000），2座五联装533毫米鱼雷发射管（"新罗西斯克"号无）
电子设备	2部"棕榈叶"（Palm Frond）导航雷达，1部"顶帆"三坐标对空雷达，1部"顶舵"（Top Steer）搜索雷达，2部"前灯"火控雷达，2部"气枪群"（Pop Group）火控雷达，2部"枭声"（Owl Screech）火控雷达，4部"低音帐篷"（Bass Tilt）火控雷达，1部"活板门"（Trap Door）火控雷达；1部"麋颚"低频舰壳声呐（"明斯克"号以后为"麋颚"），1部"牝马尾"中频变深声呐（"明斯克"号以后为"牝马尾"）；8座"侧球"、12座"钟"系列电子对抗设备，4部"酒桶"（Rum Tub）电子侦察设备，2座双联干扰火箭发射器；"巴库"号增加"望天"相控阵雷达和"蛋糕台"（Cake Stand）战术导航雷达
编 制	1483人（不含航空人员）

"基辅"号（Kiev）

建造厂：乌克兰尼古拉耶夫造船厂

1970.7.21开工，1972.12.26下水，1975.12.28竣工 1993.6.30退役，1996年出售给中国，现停泊于天津汉沽作为主题公园

舰名由来：以乌克兰苏维埃社会主义共和国首都基辅命名

"明斯克"号（Minsk）

建造厂：乌克兰尼古拉耶夫造船厂

1972.12.28开工，1975.9.30下水，1978.9.27竣工 1993.6.30退役，1995.10出售给韩国，1998年转售给中国，现停泊于深圳大鹏湾作为主题公园

舰名由来：以白俄罗斯苏维埃社会主义共和国首都明斯克命名

"新罗西斯克"号（Novorossiysk）

建造厂：乌克兰尼古拉耶夫造船厂

1975.9.30开工，1978.12.26下水，1982.8.14竣工 1993.6.30退役，1995.8出售给韩国解体

舰名由来：苏联时期的"基辅"级航母基本上全都以加盟共和国首都命名，但"新罗西斯克"号为例外，盖因苏联领导人勃列日涅夫在1943年曾作为第18集团军政治部主任，参加了新罗西斯克市南郊的小地登陆战役。该战役在勃列日涅夫时期被苏联御用历史学家及文学家大肆吹捧。"基辅"级的第三舰编列建造预算时，恰逢小地战役30周年，故以"新罗西斯克"命名，以讨好勃列日涅夫

▲1979年3月，航行于东地中海地区的"明斯克"号航母编队。该舰随后经直布罗陀海峡折往西非，绕经安哥拉、埃塞俄比亚、南也门和印度，最终抵达海参崴加入太平洋舰队。

▲1988年6月1日，意大利南部海岸。"巴库"号舰艏的双联SS-N-12反舰导弹发射架的数量和排列方式是它与同级其他舰最大的区别。

"巴库"号（Baku）

建造厂：乌克兰尼古拉耶夫造船厂

1978.12.26开工，1982.4.1下水，1987.12.11竣工

1991年更名为"戈尔什科夫海军上将"号，1996年停用，2004年转让给印度并更名为"维克拉玛蒂亚"号

舰名由来：苏联时期的舰名以阿塞拜疆苏维埃社会主义共和国首都巴库命名。苏联解体后该舰被俄罗斯接收，以建设苏联海军的决策者谢尔盖·格奥尔基耶维奇·戈尔什科夫海军元帅的名字命名

1160/1153工程"鹰"（Project 1160/1153 Orel）

1160工程和1153工程核动力航母在一些资料中被称为"鹰"号（Orel），其实这不是该型舰预定的舰名，只是整个项目的内部保密代号，如"莫斯科"级工程曾被称为"秃鹰"（Kondor），"基辅"级则称为"隼"（Krechet）。更确切地说，"鹰"是作为"隼"的后继舰立项的，之后所有具体的设计案都沿用这个名称。比如在1972－1973年进行论证的1160型被称为重型载机巡洋舰"鹰"；1160方案下马后，1974－1976年进行论证的1153工程依然叫作"鹰"；1153方案流产后，实际建造的1143.5型（"库兹涅佐夫海军上将"级）在设计阶段的代号还是叫作"鹰"。

1160工程可以说是时势造就的产物。进入1960年代末，核潜艇部队的扩充以及保护手段的健全（用"莫斯科"级、"基辅"级这样的反潜巡洋舰以及攻击型核潜艇来保护弹道导弹核潜艇）使得红海军拥有了牵制对手的"存在舰队"和可靠的核威慑手段，

但这距离戈尔什科夫心目中的"有限制海权"仍有差距。说到底，由于缺乏以航母战斗群为核心的水面主力舰队、特别是航母所能提供的区域制空权，以及位置良好的海外基地网，苏联海军的巡洋舰依然无法进入公海作战；表面上看红海军的舰艇规模已经很惊人，但它们最多能对邻接大洋的"边缘海"建立控制，或者说使地中海和太平洋进入"争夺制海"（Dispute in Sea Control）状态，还远远谈不上"建立"制海权（不管是全面的还是有限的）。在此背景下，1972年，红海军、空军和造船工业部在建造大甲板舰队航母"鹰"的问题上达成了一致。

"鹰"的第一个设计案在1973年正式提出，称为"1160工程"，设计主任是TsKB-17的阿尔卡季·莫里恩，他从库兹涅佐夫时代起就参与苏联航母的设计和讨论，尤其倾心于美式航母设计。1160案可以看作是"尼米兹"级的俄国版，它的满载排水量达到8万吨，采用核动力，安装3台蒸汽弹射器和3部舷侧式升降机，载机量达60－70架。除去采用苏联式的电子设备和舰载机外，军舰的外观看上去和美国航母别无二致。预定搭载的机型为MiG-23A战斗机、Su-24K攻击机和Ka-27反潜直升机，还准备以别利耶夫（Beriev）设计局的P-42巡逻机改造一种固定翼预警机。

戈尔什科夫对新航母的吨位表示了担忧。他指出，1160型的主尺度超出了尼古拉耶夫厂0号船渠的限度，TsKB-17建议改在列宁格勒的波罗的海船厂建造该型舰，23500吨的"北极"号（Arktika）核动力破冰船刚刚在那里下水，但波罗的海船厂的船渠和设备也需要改造。经过争执，最终确定1160型仍在尼古拉耶夫建造，因此舰长不能超过332米，吨位降到7万吨左右。另外由于海军方面的坚持，1160型在飞行甲板前部下方依然安装了16座SS-N-19反舰导弹发射筒。

1160工程得到了海军总司令部、造船工业部、航空工业部和国防部长格列奇科的支持，但主管国防工业的中央书记乌斯季诺夫对此兴趣不大。后者是大陆军主义和"青年学派"的上层靠山之一，他认为建造大甲板航母意味着海军可能脱离陆军控制、自成派系，为此不遗余力地阻止1160工程付诸实施。乌斯季诺夫指出：苏联的蒸汽弹射器还处于研发阶段，在成熟可靠的产品问世之前，贸然建造蒸汽弹射方式的大型航母过于冒险。为稳妥起见，应首先在即将开工的"基辅"级三号舰"新罗西斯克"号

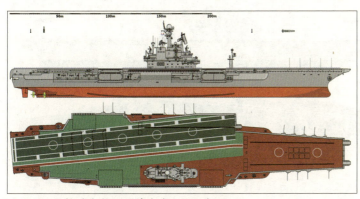

▲1160工程核动力航母设计方案，1972年。

上进行试验性安装，使其成为载机36架的正规中型舰队航母，随后再续造新舰。1160方案遂于1973年搁置，改为推进上述备选项目。但"新罗西斯克"号的内部空间和甲板布局完全是为使用反舰导弹设计的，宽度严重不足（"基辅"级的甲板外形和正规航母很像，实际上其舰艏极为狭窄，斜角甲板的跑道长度也不够。庞大的上层建筑占用了大量空间，即使安装弹射器，舰载机也不可能顺利完成起降。印度购买的"戈尔什科夫海军上将"号在进行改造时，不得不对上层建筑进行重建，并换装了一个15度的新斜角甲板），机库也不适于容纳比Yak-38更大的固定翼战斗机，最后无果而终。该舰最后依然按"基辅"级的原始设计开工，于1978年下水。

由TsKB-17的阿尼克耶夫（V. Anikeev）担任设计主任的1153型核动力航母在1974年6月获得了海军下达的性能指标，两年后出台基本方案。它实际上是1160型的"减配"版本，吨位削减到7万吨左右，舰载机减少到50架，只安装2台弹射器和2部升降机。站在戈尔什科夫的角度，这是他能接受的最低配置的核动力航母，代表了未来十年红海军的发展方向：到底是建立一支更加平衡的远洋舰队，还是把"潜艇第一"的

局面继续推进下去。但1153工程生不逢时，它的设计方案提出时，支持大甲板航母的格列奇科已经去世，继任者恰恰是乌斯季诺夫，后者对这一工程抱有政治上的敌意。海军和设计部门内部对新航母的性能指标也有异议，如副总参谋长阿梅利科海军上将建议优先建造一种3万吨级直升机反潜航母，正在主持Yak-141研发的雅科夫列夫院士则希望新航母安装滑跃起飞甲板，这样他的垂直起降战斗机就会得到订单。内外交困中的1153工程继续存活了不到一年，在1977年被彻底取消。

1160型和1153型是苏联海军史上绝无仅有的美式大甲板核动力航母方案，在它们之后，虽然"库兹涅佐夫海军上将"号和"乌里扬诺夫斯克"号在吨级及主尺度上也与美国的"小鹰"级持平，但依然采用滑跃起飞方式，与美国航母的技术差距也在拉大。如果红海军在1970年代就下定决心发展远洋型"平衡舰队"、批量建造大甲板核动力航母，1980年代的全球海上安全形势虽然不至于遭到颠覆，但

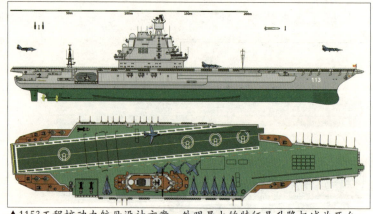

▲1153工程核动力航母设计方案，外观最大的特征是升降机减为两台。

1160工程	
排 水 量	满载75000－80000吨
动 力	4台核反应堆，航速30节
舰 载 机	24架MiG-23A战斗机、16架Su-24K攻击机、6架P-42反潜机、4架P-42预警机、8架Ka-27PL反潜直升机
弹 射 器	3台蒸汽式
升 降 机	3部
火 力	16座SS-N-19反舰导弹发射架，2座双联SA-N-3舰空导弹发射架，2座双联SA-N-4舰空导弹发射架，4座12管RBU-6000反潜火箭发射器
电子设备	不详

1153工程	
排 水 量	满载72000吨
动 力	4台核反应堆，航速29节
舰 载 机	12架MiG-23A战斗机、16架Su-25K攻击机、8架Ka-27PL反潜直升机、若干巡逻机和预警机
弹 射 器	2台蒸汽式
升 降 机	2部
火 力	20座SS-N-19反舰导弹发射架，2座双联SA-N-3舰空导弹发射架，4座双联SA-N-4舰空导弹发射架，4座CADS-N-1弹炮合一近防系统，2座12管RBU-6000反潜火箭发射器
电子设备	不详

也必然出现引人注目的变化。

库兹涅佐夫海军上将级（Admiral Kuznetsov class）多用途航母

作为1153工程流产之后的替代品，1143.5工程重型载机巡洋舰本质上仍是"杂交航母"迈向大型舰队航母过程中的过渡产物，它也是红海军中的航母派尽量利用现有技术建设有力的舰载航空兵的尝试。与激进的1153方案相比，新舰的吨位和载机量略小，标准排水量约6万吨，船体尺寸仍控制在尼古拉耶夫厂0号船渠所能容纳的范围内。核动力和弹射起飞方式也被放弃，仍采

用20万马力的蒸汽轮机，舰艏设置一道上翘12度的滑跃起飞甲板，在研的Su-27K重型战斗机（后命名为Su-33）可以以满负荷状态从舰尾开始滑跑、借助该甲板起飞，但仍无法使用固定翼预警机。

为了有效使用舰载战斗机，1143.5型不再像"基辅"级那样在甲板上安装大量反舰导弹发射筒，但一半是出于思维惯性，一半是出于决策者对"载机巡洋舰"反舰功能的强调，该型舰依然安装了12座SS-N-19"海难"（Shipwreck，北约代号）反舰导弹发射装置。这种射程550－625公里的远程反舰导弹装载在滑跃甲板前下方的垂直发射单元内，飞机起降时不能使用，对甲板的结构强

▲2007年底准备前往地中海进行远航训练的"库兹涅佐夫海军上将"号。这是1996年以后该舰第一次驶入地中海。

度也有影响。事实上，一直有研究者认为苏联海军坚持在1143.5型上装备"海难"的唯一原因是它太大了：除了"基洛夫"级核动力战列巡洋舰和"奥斯卡"级（Oscar class，北约代号）巡航导弹核潜艇，只有1143.5型有足够的空间容纳这种导弹。

与同一时期的美国航母相比，1143.5型的吨位比"尼米兹"级小、但大于"小鹰"级，长度比美国航母短1/10，两台升降机全部安装在右舷（均为舷侧式）。为了担当编队指挥舰，"巴库"号安装有"望天"相控阵雷达的巨大舰岛在本型舰上保留了下来，电子设备较"基辅"级则又有了更新。不过1143.5型在航空能力上较美国航母仍有差距：滑跃起飞方式较蒸汽弹射更受人员素质和起飞条件的限制，巨大的反舰导弹又挤占了舰体内部的

空间，使得该舰的机库较美国航母小得多。作为对比，"小鹰"级在20世纪最后十年的舰载机总数一般为80架，而1143.5型的最大载机量也不过65架。尽管Su-27K的研制成功使得苏联第一次拥有了性能与美国飞机持平的舰载战斗机，但系统方面的差距和用兵思路的偏差使得苏联海军依然要靠反舰导弹去争夺制海权，很难真正确立对关键海上通道的控制。

1143.5型首舰"里加"号于1983年11

▲"库兹涅佐夫海军上将"号升降机上的Su-33战斗机。

月6日在尼古拉耶夫厂开工，其间为纪念去世的苏共总书记勃列日涅夫，曾一度更名为"列昂尼德·勃列日涅夫"号，1985年12月下水，1988年10月重新确定舰名为"第比利斯"号。1989年11月1日，苏霍伊（Sukhoi）设计局试飞员普加乔夫（Viktor Georgiyevich Pugachyov）驾驶Su-27K战斗机第一次降落在该舰上，但整艘军舰直到1990年12月25日才竣工。此时苏联政权已处于风雨飘摇的阶段，为防止海军第一大舰、已更名为"库兹涅佐夫海军上将"号的"第比利斯"号被乌克兰扣留，俄联邦总统叶利钦在1991年11月紧急将该舰的编制转到北方舰队，甲板空空如也的"库兹涅佐夫海军上将"号穿过土耳其海峡，经地中海和斯堪的纳维亚半岛向北航行，最终抵达摩尔曼斯克。而1988年底下水、完工约70%的二号舰"瓦良格"号（初名"里加"号）则由乌克兰接管，在1992年1月停工。

▲"库兹涅佐夫海军上将"号舰艏甲板下的SS-N-19反舰导弹发射筒的盖板已经打开。

"库兹涅佐夫海军上将"级在苏联解体后的命运是坎坷的。首舰"库兹涅佐夫海军上将"号虽然为俄罗斯海军第一大舰，但在1995年之前一直缺乏可用的舰载机。1995年12月，第一个团24架Su-33（由Su-27K改名）调试完毕，该舰才前往地中海进行了为期90天的远航训练，正式形成战斗力。卡莫夫设计局后来还在Ka-27型直升机上加装搜索雷达，称为Ka-31预警直升机，强化"库兹涅佐夫海军上将"号的侦察和防空能力。但俄罗斯海军长期惨淡经营的状况还是严重影响了"库兹涅佐夫海军上将"号的舰况，在1996年初的远航后，该舰直到2003年底才重新出现在海上，随后保持每年出航一次、维持最低限度的训练和作战部署的状态，舰载的Su-33飞机则多次因事故而损失。到2007年底，"库兹涅佐夫海军上将"号终于开始了正式服役后第二次地中海远航，为期约三个月，其间进行了Su-33的起降练习，此后在2008－2009年和2011－2012年又各进行了一次远航。

从最近几年"库兹涅佐夫海军上将"号的出动情况看，其舰况较苏联解体之初已经有了明显改善，但舰载的一个团Su-33系生产于1990年代初，此后已告停产，也就是说舰载机用一架少一架，处于后继无着的状态。关于该舰的最新消息为：俄罗斯海军计划自2013年起对"库兹涅佐夫海军上将"号进行大规模改装，拆除故障频发的蒸汽轮机，改为燃气轮机甚至核动力；大而无当的SS-N-19导弹发射筒也将彻底移除，节省出的空间改为机库或弹药库；如果条件允许，甚至可能在斜角甲板安装蒸汽弹射器。不敷使用的Su-33将彻底退役，由俄印两国合资研发的MiG-29K代替，这意味着俄印两国航母在未来十几年内将搭载同一型号的战斗机。整个改装将用时3年以上，此后"库兹涅佐夫海军上将"号将继续服役至2025年，以待下一代航母开工。在可见的将来，该舰仍将是俄罗斯海军硕果仅存的一艘航母。

至于"库兹涅佐夫海军上将"级的二号舰"瓦良格"号，该舰在开工阶段并未向船厂方面支付建造费用，等于是尼古拉耶夫厂自筹资金在造船（据"瓦良格"号总建造

师谢列金的回忆）。1993年俄罗斯海军一度表示愿意出资完成剩余的工程，但乌克兰政府不仅要求俄方支付军舰全款，而且希望把该舰的前途和俄乌两国间的债务问题挂钩，遭到俄方拒绝，于是"瓦良格"号问题成为悬案。1995年俄罗斯决定将"瓦良格"号从俄罗斯海军编制退出，并且作为偿还债务的替代品送交予乌克兰；乌克兰政府则决定将"瓦良格"号交给黑海造船厂自行处置。厂方拆除了舰上已经安装的机电设备，随后在1998年以2000万美元的价格将其售予澳门创律旅游娱乐公司。因为土耳其政府拒绝批准该舰通过博斯普鲁斯和达达尼尔海峡，"瓦良格"号随后在黑海搁置了16个月之久，最终在中国与土耳其达成旅游及商贸协议后，于2001年11月由拖船拖曳穿过海峡，2002年3月抵达大连。该舰在大连造船厂搁置近3年，于2005年开始重新修复和改造，2012年

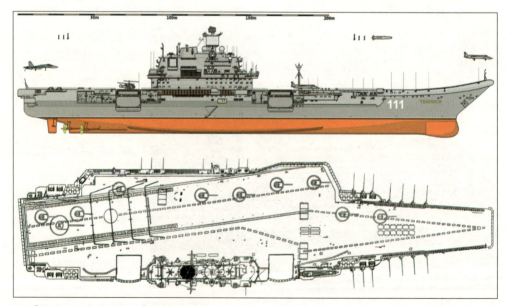

▲"库兹涅佐夫海军上将"号航母线图。

库兹涅佐夫海军上将级	
排 水 量	标准55000吨，满载70500吨
主 尺 度	304.5（全长）/270.0（水线长）×37.8×11.0米
动 力	4台PTU型蒸汽轮机，8台燃油锅炉，功率200000马力，航速31节，续航力8500海里/18节
舰载机	24架Su-33战斗机、4架Su-25UTG/UBP攻击机、11架Ka-27PL反潜直升机、2架Ka-27PS搜救直升机、4架Ka-31预警直升机，最多65架
弹射器	无
升降机	2部
火 力	12座SS-N-19反舰导弹发射架，18座8单元SA-N-9舰空导弹发射装置（备弹192枚），8座CADS-N-1弹炮合一近防系统，6门Ak-630M型30毫米近防炮，2座10管RBU-12000反潜火箭发射器
电子设备	"望天"相控阵雷达，3部"棕榈叶"导航雷达，2部"双柱"（Strut Pair）搜索雷达，1部"顶舵"搜索雷达，3部"十字剑"（Cross Sword）火控雷达，1部低频舰壳声呐；新型电子对抗设备，2部"酒碗"（Punch Bowl）卫星天线
编 制	1690人（不含航空人员）

竣工服役，成为中国海军航母训练平台"辽宁"号。

"里加"号（Riga）/"列昂尼德·勃列日涅夫"号（Leonid Brezhnev）/"第比利斯"号（Tbilisi）/"库兹涅佐夫海军上将"号（Admiral Kuznetsov）

建造厂：乌克兰尼古拉耶夫造船厂
1983.11.6开工，1984.11.18更名为"列昂尼德·勃列日涅夫"号
1985.12.5下水，1988.10更名为"第比利斯"号，1990.10.4再度更名为"库兹涅佐夫海军上将"号，1990.12.25竣工
舰名由来：最初以拉脱维亚苏维埃社会主义共和国首都里加命名。后为纪念1982年去世的苏共中央总书记列昂尼德·勃列日涅夫而改名。戈尔巴乔夫改革时代改以格鲁吉亚苏维埃社会主义共和国首都第比利斯命名，苏联解体之后改为现名

"里加"号（Riga）/"瓦良格"号(Varyag)/"辽宁"号

建造厂：乌克兰尼古拉耶夫造船厂

1985.12.6开工，1988.12.4下水
1990.6更名为"瓦良格"号，1992.1停工，1998年出售给中国，改为"辽宁"号训练舰
舰名由来：本舰为同级舰中的第二艘"里加"号，因此容易造成资料混乱。1990年，"里加"号改为俄国海军传统舰名"瓦良格"。瓦良格（古挪威语Vaeringjar，古瑞典语Vaeringar，古希腊语Varangoi，俄罗斯/乌克兰语Varyag）是古代拜占庭人和斯拉夫人对北欧人的称呼，相当于英语中的"维京"（Viking）。古代北欧人向南入侵，建立罗斯，即后世基辅罗斯和俄罗斯国家的始祖。后瓦良格人被斯拉夫人同化。帝俄海军历史上有两艘"瓦良格"号，第一艘是1862年建造的螺旋桨木壳护卫舰，第二代"瓦良格"号是1904年在朝鲜济物浦（即今日仁川港）拒绝向优势日本兵力投降、英勇战沉的巡洋舰。第三代"瓦良格"号是1965年服役的一艘"肯达"级巡洋舰，1990年退役。作为航母的"瓦良格"号为第四代。该舰被乌克兰出售给中国后，俄罗斯海军将"光荣"级巡洋舰中的"红色乌克兰"号（Chervona Ukraina）改名为"瓦良格"号，是为同名第五代舰

▲Ka-27PS搜救直升机降落在"库兹涅佐夫海军上将"号上。

▲2007年，出航前进行锅炉试车的"库兹涅佐夫海军上将"号。

乌里扬诺夫斯克级（Ulyanovsk class）多用途核动力航母

作为"库兹涅佐夫海军上将"级的后继者，1143.7型航空母舰可以说是夭折的1153型在新技术条件下的复活。它的船型和上层建筑与"库兹涅佐夫海军上将"级几乎完全相同，但舰体长1/10，斜角甲板安装有2台首次在苏联航母上出现的蒸汽弹射器，不仅能起飞满负荷的Su-33战斗机，还可以使用Yak-44固定翼预警机。不过舰船的滑跃起飞甲板也被保留下来，可能是为了综合评估滑跃甲板与弹射器的使用效率。该舰的动力采用"基洛夫"级核动力战列巡洋舰的KN-3型核反应堆，共安装4台，输出功率达28万马力，航速30节。虽然飞行甲板之下的12座SS-N-19反舰导弹发射筒依然保留下来，但从总体技术特征和用兵思路看，这种6.5万吨级的大型航母更类似美国的"尼米兹"级（或者说核动力化的"小鹰"级），假以时日，苏联或许将彻底告别"要塞舰队"，建成一支以大型核动力航母为基干的远洋海军。

1143.7型最初计划建造2艘，首舰原定舰名为"克里姆林"号，但在1988年底开工时选定的正式名称为"乌里扬诺夫斯克"号（乌里扬诺夫是列宁的原姓，其出生地辛比尔斯克（Simbirsk）在1924年改名为乌里扬诺夫斯克）。该舰计划于1991年下水，二号舰则在"乌里扬诺夫斯克"号下水后开始建造。不过到1991年夏天，动荡的政治局势和财政状况使得"乌里扬诺夫斯克"号的工程已不可能继续下去，11月1日，末代苏联海军司令切尔纳温海军上将决定取消该舰的建造。次年2月4日，完工20%的舰体开始拆毁，三年后废料出售完毕。同级二号舰则从未正式开工。有资料称，如果"乌里扬诺夫斯克"号在苏联解体后由俄罗斯支付费用继续建造，则其正式服役时的舰名很可能改为"彼得大帝"号。

"乌里扬诺夫斯克"号（Ulyanovsk）

建造厂：乌克兰尼古拉耶夫造船厂1988.11.25开工，1991.11.1停工，1992.2.4就地解体

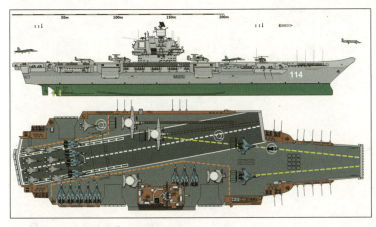

▲"乌里扬诺夫斯克"号航母线图。

乌里扬诺夫斯克级	
排 水 量	标准65000吨，满载79758吨
主 尺 度	324.6（全长）×39.8×11.0米
动 力	4台KN-3型核反应堆，4台蒸汽轮机，功率280000马力，航速30节
舰 载 机	27架Su-33战斗机、10架Su-25UTG攻击机、4架Yak-44预警机、15－20架Ka-27PL反潜直升机
弹 射 器	2台蒸汽式
升 降 机	3部
火 力	12座SS-N-19反舰导弹发射架，18座8单元SA-N-9舰空导弹发射装置（备弹192枚），8座CADS-N-1弹炮合一近防系统，8门Ak-630M型30毫米近防炮
电子设备	"望天"相控阵雷达

意大利海军航空母舰

作为二战战败国，意大利在1947年缔结的《巴黎和约》第59条中被禁止建造、购买或使用航母、现代化战列舰、潜艇以及摩托鱼雷艇，这使得原本实力就偏弱的意大利海航境况更加惨淡。但这些条款大部分仅是表面文章，进入1950年代，关于潜艇、轰炸机等现代化武器的限制在美国的默许下已经放宽，但海航的处境依旧窘迫：墨索里尼时代通过的《航空法》（1937年）规定海军不得拥有固定翼飞机，"二战"时期意大利战列舰上的水上飞机及其飞行员都是由空军提供的。即使没有盟国从外部加以限制，意大利自己的体制问题也决定了海军不可能拥有舰载航空兵及航母。

从地理格局看，意大利海军实际上要执行两种不同类型的任务：一是在南方的地中海进行传统制海作战，二是在亚平宁半岛两侧的"窄海"亚德里亚海、西西里海峡、奥特朗托（Otranto）海峡等区域担当反潜和护航行动。1960年之前，苏联在阿尔巴尼亚拥有一个潜艇基地，这使得奥特朗托海峡成为了反潜重灾区，而经济处于低谷的意大利不可能优先发展用于地中海的远洋舰队，也就只能首先解决近海的反潜问题。1957－1958年度造舰计划首先列入了3艘5000吨载机巡洋舰的预算，也就是"安德列亚·多里亚"级，它们具有"一石二鸟"的特征：首先，舰上搭载的是直升机，不受1937年《航空法》关于固定翼飞机条款的限制，可以由海军自行控制；其次，军舰既设置有航空甲板，又安装了"小猎犬"（Terrier）舰空导弹发射架，平时可以作为编队指挥舰执行近

▲1972年4－6月间，碇泊在威尼斯港的"安德列亚·多里亚"号（C553）直升机巡洋舰。

海反潜任务，战时可以在北约集团舰队中担任主力防空舰。但"安德列亚·多里亚"级吨位和主尺度过小，机库只能设置在上层建筑内，在高海况下使用"海王"大型直升机有困难，所以在建成2艘后就变更计划，转为续建7500吨的"维托里奥·维内托"级。后者拥有更宽大的航空甲板和设在舰楼以内的机库，载机量增加到6－9架，还可以发射"阿斯洛克"（ASROC）反潜导弹。以上3艘载机巡洋舰的完工是意大利海航历史上的里程碑事件，它们也被视为始自1920年代的一系列"航空巡洋舰"构想的遗产。

1969年利比亚革命后，苏联借助利比亚插足地中海的可能性骤然加强，这对意大利海军的远洋行动能力和两栖支援能力提出了挑战（意大利一直有在紧急情况下出兵攻打利比亚的打算）。而"安德列亚·多里亚"级和"维托里奥·维内托"级既要承担近海反潜任务、又要兼任远海防空舰，显然不适于在地中海两端长期作战。有鉴于此，国防部取消了"维托里奥·维内托"级二号舰"意大利"号的建造计划，并在1974年发表的

防务白皮书中再度强调了更新和扩充大型舰艇的重要性。为替换到1985年为止舰龄将超过20年的"安德列亚·多里亚"级，海军计划在1980年代新建一艘加大型航空巡洋舰（轻型航母），并在1975年通过的十年海军建设法案中获得了立项。1981年，意大利海军又提出了到1990年代为止的远期规划：海军一线兵力将扩充至2艘轻型航母、6艘导弹驱逐舰、20艘护卫舰、1艘大型训练舰、10－12艘导弹快艇、24艘水雷战舰艇、3艘补给舰和8艘潜艇，以组成两个航母特混编

▲航行中的"维托里奥·维内托"号（C550）直升机巡洋舰，航空甲板上可见4个直升机降落点，甲板顶端连接上层建筑的中央处有一座通往下层机库的升降机。

队，分别负责地中海东西两端的反潜和制海作战。

1万吨的"朱塞佩·加里波第"号轻型航母就是在这种背景下诞生的。该舰最初定于1977年开工、1985年之前服役，后来因为多次变更设计，直到1981年才开始建造，不过还是在1985年如期完工。军舰采用燃燃联合动力（Combined gas and gas，简称COGAG），预定搭载18架"海王"反潜直升机，其中12架收容于110×15.6米的机库内，以2部舷侧式升降机与甲板相通。舰艇下方安装DE-1160型低频声呐，配合2座三联装轻型反潜鱼雷发射管。为执行远海作战任务，还设置了4座"奥托马特"（Otomat）反舰导弹和2座八联装"蝮蛇"（Vipera aspis）舰空导弹发射架。

值得一提的是，"朱塞佩·加里波第"号的飞行甲板前端上翘6.5度，形成一个隐蔽的滑跃起飞甲板，对外的解释是为了防止高速航行中舰艇上浪，内里则另有玄机：意大利海军一贯重视垂直/短距起降技术的发展，早在1967年，他们就向英国霍克·西德利公司订购了50架刚刚问世的"鹞"GR.1式战斗机，但这笔订单被国会以"垂直起降飞机也属于固定翼飞机"的理由强行取消。然而海军坚持认为垂直/短距起降飞机是轻型航母大幅度提升战斗力的唯一选择，同一时期完工的英国"无敌"级和西班牙"阿斯图里亚斯亲王"级也拥有滑跃甲板，于是"朱塞佩·加里波第"号以极其迂回的方式将这一结构保留下来，以待未来对固定翼飞机的限制解禁。

▲ "朱塞佩·加里波第"号航母舰岛一景，起重机正在吊运一台叉车。

1988年，美国海军陆战队的"鹞"式在联合演习中成功地在"朱塞佩·加里波第"号上完成起降。一年后，意大利国会终于决定废止1937年的《航空法》，允许海军拥有固定翼飞机。1990年，意大利海军向美国订购了16架AV-8B战斗机，其中3架为成品，13架在意大利国内组装，后来又增购了2架TAV-8B教练机。自1994年起，"鹞"式成为"朱塞佩·加里波第"号的标准舰载机配备，在1995年索马里撤军、1999年科索沃战争、2001年"持久自由"行动（阿富汗战争）和2011年对利比亚的干涉行动中，"朱塞佩·加里波第"号的"鹞"式战斗机表现活跃，多次出动执行对地支援任务，没有任何损失。

尽管"朱塞佩·加里波第"号取得成功，计划中的第2艘航母却遭遇了难产。该舰预定的舰名为"朱塞佩·马志尼"号（Giuseppe Mazzini），原计划在1995年开工，但受"地平线"级（Horizon class）防空驱逐舰设计的一再变更、预算严重超支（最终建造的数量由8艘削减为4艘）的影响，项目代号NUM（Nuova Unita Maggiore，新型主力舰）的新航母直到1997年才开始设计工作。最初的方案与"朱塞佩·加里波第"号类似，只是滑跃甲板角度更大，因预算过高遭到否决；替代方案是14000吨的两栖登陆舰，在美国"塔拉瓦"级（Tarawa class）基础上加以小型化，没有滑跃甲板、只能使用直升机，但因战斗力不足再度遭到否决。

1998年确定的最终方案结合了之前两种设计的特点：总体布局仍与轻型舰队航母类似，舰艏设置12度滑跃起飞甲板，安装有舰空导弹垂发装置、"阿帕"（APAR）相控阵雷达和司令部设备，上层建筑为双烟囱隐形布局，体积比"朱塞佩·加里波第"号明显扩大；舰体内不单独设置登陆艇坞舱，飞行甲板在执行运输和两栖支援任务时可当作车辆甲板使用，通过舰尾的滚装跳板进行卸

▲2004年7月12日，北大西洋，与美国海军CVN-75"哈里·杜鲁门"号核动力航母一道参加北约组织"庄严之鹰（Majestic Eagle）2004"军事演习的"朱塞佩·加里波第"号航母。

▲高速转舵的"加富尔"号航母。舰艏甲板上的白色凸出物为电子干扰仪。注意舰岛后方的舷侧升降机处于收起状态。

▲2010年6月9日，那不勒斯海军节期间的"加富尔"号航母，可见舰岛后方的舷侧升降机（处于升起状态）和舰艉及舰岛下方两处的滚装平台开口（处于收起状态）。

28节，可以充任特混舰队旗舰。

NUM于2001年在拉斯佩齐亚（La Spezia）开工，采用分段式建造法以节省工时，2004年7月分段下水并进行合拢及舾装。意大利海军原计划将其命名为"路易吉·伊诺蒂"号（Luigi Einaudi，以战后意大利第二任总统命名），之后又拟命名为"安

载。因为造价被限制在10亿美元，全舰的满载排水量须控制在26500吨（实际超过30000吨，最终造价高达15亿欧元），载机量20－25架。该舰的设计理念与21世纪初流行的"大甲板航空支援舰"十分类似，可以灵活用于两栖登陆、飞机和装备运输、救灾、训练等低烈度作战环境，区别在于荷兰、西班牙、澳大利亚等国新建的大甲板航空支援舰航速通常较低，而意大利的新航母航速达

德列亚·多里亚"号（Andrea Doria，以意大利16世纪海军上将命名），最终在下水时由当时的意大利总统钱皮（Carlo Azeglio Ciampi）亲自命名为"加富尔"号。选用这一舰名不仅是因为"加富尔"号曾是意大利传统的主力舰舰名（曾有2艘战列舰使用此名），而且是因为加富尔伯爵（Camillo Benso,conte di Cavour）曾经担任意大利王国海军大臣，被视为现代意大利海军的缔

造者之一。2007年11月，AV-8B"鹞Ⅱ"式战斗机和EH-101"灰背隼"直升机在舾装中的"加富尔"号上完成了起降，该舰最终于2009年服役，意大利终于实现了同时拥有两支航母特混舰队、分别防守地中海东西两端的目标。不过考虑到现阶段意大利面临的安全形势相对宽松，而"加富尔"号预定换装的F-35B战斗机距量产还遥遥无期，未来几年中，意大利海军可能将一艘航母用于作战和常规训练、另一艘充当直升机航母和两栖支援舰。

朱塞佩·加里波第级（Giuseppe Garibaldi class）航母

与西班牙的"阿斯图里亚斯亲王"号不同，"朱塞佩·加里波第"号虽然也设置有滑跃起飞甲板、并以反潜为职能，但并未参考美国的"制海舰"设计。从基本布局和武器装备看，该舰实际上是一种放大版的航空巡洋舰，舰体结构和航速都与一般的大型作战舰艇相当，还安装了反舰导弹来加强自卫能力（2003年因上层建筑电子设备重量增加而拆除）。

受吨位和主尺度的

限制，"朱塞佩·加里波第"号很难同时执行多种任务，但高航速和完善的电子设备给了了其快速转换身份的能力：既可搭载"鹞"式战斗机、与"地平线"级防空驱逐舰一起担当区域制空和制海任务，又可搭载反潜直升机、担任反潜编队指挥舰；必要时还可装载600名登陆部队和运输直升机，充当两栖登陆支援舰和航空运输舰。从这个角度说，该舰可谓"小而精"的典范。"加富尔"号服役后，"朱塞佩·加里波第"号可能于2013年开始中期改装和大修。

"朱塞佩·加里波第"号（Giuseppe Garibaldi, C551）

建造厂：意大利芬坎蒂埃利（Fincantieri）公司蒙法尔科内（Monfalcone）船厂
1981.3.26开工，1983.6.11下水，1985.9.30竣工
舰名由来：以现代意大利国家的重要缔造者、"红衫军"领袖朱塞佩·加里波第（1807－1882）命名。本舰为同名第四代，上一代是1937年完工的轻巡洋舰

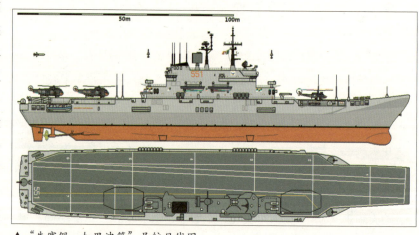

▲ "朱塞佩·加里波第"号航母线图。

"朱塞佩·加里波第"号	
排水量	标准10000吨，满载13850吨
主尺度	180.2（全长）/173.9（飞行甲板长）×30.4×6.7米
动力	4台GE/"菲亚特"（Fiat）LM-2500式燃气轮机，功率80000马力，航速29.5节；续航力7000海里/20节
舰载机	10-16架AV-8B垂直/短距起降战斗机或16-18架SH-3D反潜直升机
弹射器	无
升降机	2部
火力	4座"奥托马特"Mk.2反舰导弹发射装置（2003年后拆除），2座八联装"蝮蛇"/"海麻雀"舰空导弹发射架（备弹48枚），6门奥托·梅莱拉（Oto Melara）"达多"（DARDO）40毫米速射炮（双联×3），2座三联装324毫米反潜鱼雷发射管
电子设备	（完工时）1部RAN-3L型对空搜索雷达，1部RAN-10S型低空警戒雷达，1部SPS-52C型三坐标对空雷达，RTN-10X型火控雷达，RTN-30型火控雷达；1部DE-1160型低频舰壳声呐；SLQ-732型电子对抗设备，SADOC-2型作战指控系统
编制	舰员605人，航空人员230人

▲2004年7月12日，北大西洋，参加北约组织"庄严之鹰（Majestic Eagle）2004"军事演习的"朱塞佩·加里波第"号航母，可见略呈上翘角度的舰艇滑跃起飞甲板。

加富尔级（Cavour class）航母

本舰借鉴了流行的"大甲板航空支援舰"的理念，但总体特征更近似舰队航母。不单独设置坞舱，面积2800平方米的机库平时用于舰载机的停放（8架"鹞"式或12架EH-101），承担两栖作战任务时用作车辆甲板和人员住舱，车辆和物资可利用舰尾的70吨滚装跳板进行卸载。

该舰最初的候选舰名包括"朱塞佩·马志尼"、"安德列亚·多里亚"、"路易吉·伊诺蒂"等，下水后确定以"加富尔"命名。由于现役的16架"鹞"式逐渐老化，意大利海军计划在2016年前购入16架（原定22架）F-35B进行替换。"加富尔"号的机库最多可装载10架F-35B，另外6架须系留于甲板。考虑到意大利海军应对高烈度作战

的场合不是很频繁，"加富尔"号与"朱塞佩·加里波第"号可能一艘作为作战舰搭载战斗机、另一艘只搭载直升机，也可能都混装有战斗机和直升机，但不达到最大载机量。

"加富尔"号（Cavour, C550）

建造厂：意大利芬坎蒂埃利公司拉斯佩齐亚船厂
2001.7.17开工，2004.7.20下水，2009.6.10服役
舰名由来：以现代意大利国家的重要缔造者、统一的意大利王国首任宰相加富尔伯爵（1810－1861）命名。本舰为同名第三代，上一代是1915年完工的无畏舰。需要区分的是，航母只以"加富尔"（Cavour）为名，而上一代无畏舰的舰名是"加富尔伯爵"号（Conte di Cavour）

附：安德列亚·多里亚级（Andrea Doria class）直升机巡洋舰

本级舰列入1957－1958年度造舰计划，主要为装载"小猎犬"舰空导弹和

"加富尔"号	
排 水 量	标准27100吨，满载30000吨
主 尺 度	244.0（全长）/220.0（飞行甲板长）×39.0×8.7米
动 力	4台GE/阿维奥（Avio）LM-2500式燃气轮机，功率118000马力，航速28节；续航力7000海里/16节
舰 载 机	8架AV-8B或F-35B垂直/短距起降战斗机，12架EH-101/反潜直升机；只搭载直升机时30架
弹 射 器	无
升 降 机	2部
火 力	4座8单元"紫菀15"（Aster 15）舰空导弹垂发装置，2门奥托·梅莱拉76毫米L/62速射炮，3门"厄利孔"25毫米机炮。两栖搭载能力：舰尾4艘LCVP/LCM登陆艇；（作为两栖支援舰时）24辆"公羊"（Ariete）主战坦克或50辆AAV7两栖装甲运兵车或50辆"达多"（Dardo）IFV步兵战车或100辆VM-90多用途越野车
电子设备	1部SPY-790"阿帕"相控阵雷达，1部RAN-40L型三坐标对空雷达，1部RAN-30X型对空/对海搜索雷达，2部RTN-25X制导雷达；1部SNA-200型舰壳声呐
编 制	850人（含航空人员），另加360名陆战队员

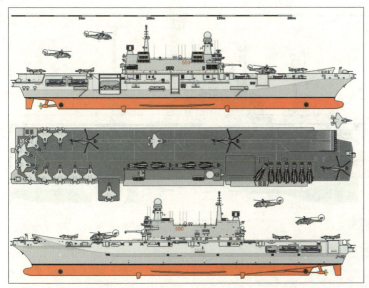

▲ "加富尔"号航母线图。

▲ 与"埃特纳"号（Etna, A5326）补给船并排航行的"加富尔"号航母。舰岛下方为右舷的60吨车辆滚装平台开口，舰岛后方的开口则是舷侧外飘式升降机，都处于收起状态。双烟囱布局也清晰可见。

▲ "加富尔"号航母甲板上有6个直升机起降点和倾斜度为12度的滑跃起飞甲板，可以起降EH-101"灰背隼"中型直升机和AV-8B"鹞Ⅱ"式战斗机。飞行甲板长220米、宽34米，面积6800平方米，起飞跑道长180米、宽14米。

"海王"直升机执行远程防空和反潜任务而设计。舰体系由3200吨的"大胆"级（Audace class）驱逐舰放大而成，尾部有30×16米的航空甲板，舰载机停放在上层建筑后部的机库内。完工后发现主尺度太小、"海王"在高海况下无法有效起降，遂改为搭载4架中型直升机。1976－1980年先后接受现代化改装，"小猎犬"由"标准"（Standard）SM-1ER替代，"卡约·杜里奥"号此后不再搭载直升机，只作为远洋训练舰使用。该型舰的设计和武器装备有许多不协调之处，原计划建造的三号舰"恩里科·丹多洛"号（Enrico Dandolo）因此取消，改为吨位更大的"维托里奥·维内托"级。

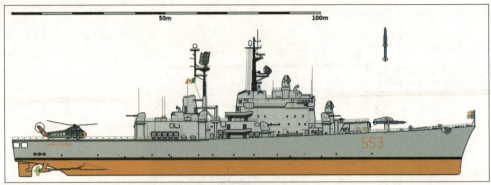

▲"安德列亚·多里亚"号直升机巡洋舰刚完工时的状态。

▲航行中的"安德列亚·多里亚"级直升机巡洋舰二号舰"卡约·杜里奥"号。舰艇可见双联装的"小猎犬"舰空导弹及其发射架。

"安德列亚·多里亚"号（Andrea Doria，C553）

建造厂：意大利CNR公司里瓦特里戈索（Riva Trigoso）船厂
1958.5.11开工，1963.2.27下水，1964.2.23竣工
1976－1978年进行现代化改装，1992.9.30退役，后出售解体
舰名由来：以热那亚共和国名将、曾任神圣罗马帝国海军统帅的安德列亚·多里亚（1466－1560）命名。本舰为同名第三代，上一代是1916年完工的无畏舰

安德列亚·多里亚级	
排水量	标准5000吨，满载6500吨
主尺度	149.3（全长）/144.0（垂线间长）×17.3×5.0米
动力	2台蒸汽轮机，4台"福斯特－惠勒尔"（Foster Wheeler）式燃油锅炉，功率60000马力，航速30节；续航力5000海里/17节
舰载机	4架AB-204直升机
火力	（完工时）1座双联装"小猎犬"舰空导弹发射架（备弹40枚），8门SMP-3型76毫米L/62速射炮，2座三联装324毫米反潜鱼雷发射管。（"安德列亚·多里亚"号1980年后）1座双联装"标准"SM-1ER舰空导弹发射架（备弹40枚），8门SMP-3型76毫米L/62速射炮，2座三联装324毫米反潜鱼雷发射管
电子设备	（完工时）1部SPS-12对空搜索雷达，1部SPS-39A三坐标对空雷达，1部SPQ-2对空/对海搜索雷达，2部SPG-55A制导雷达，4部RTN-10X火控雷达；1部SQS-39声呐；SADOC作战数据系统。（现代化改装后）1部RAN-3L对空搜索雷达，1部SPS-40对空搜索雷达，1部SPS-52三坐标对空雷达，1部SPQ-2对空/对海搜索雷达，2部SPG-55C制导雷达，4部RTN-10X火控雷达，新型电子战设备；1部SQS-23声呐；SADOC-1作战数据系统
编制	485人

"卡约·杜里奥"号（Caio Duilio，C554）

建造厂：意大利卡斯特拉马雷（Castellammare）造船厂

1958.5.16开工，1962.12.22下水，1964.11.30竣工

1978－1980年进行现代化改装，此后成为训练舰，1989.11.15退役，1992.12.31出售解体

舰名由来：以3世纪罗马共和国海军将领和执政官卡约·杜里奥（拉丁文发音为盖乌斯·杜里乌斯（Gaius Duilius））命名。本舰为同名第三代，上一代是1915年完工的无畏舰。原定三号舰以劝诱第四次十字军东征攻克君士坦丁堡的威尼斯总督恩里科·丹多洛命名

附：维托里奥·维内托级（Vittorio Veneto class）直升机巡洋舰

作为"安德列亚·多里亚"级的放大版，"维托里奥·维内托"号在"朱塞佩·加里波第"号服役前曾长期担任海军旗舰，二号舰"意大利"号在正式开工前取消计划。航空甲板尺寸增加到40×18.6米，有4个直升机降落点，机库改设在航空甲板之下，以一部升降机与上部连通，最多可以搭载6架"海王"或9架中型直升机。因为前部空间扩大，双联装Mk.10型导弹发射架下方增加了一个弹库，既可发射"小猎犬"舰空导弹，也可换用"阿斯洛克"反潜导弹；"维托里奥·维内托"号也是唯一一艘装备"阿斯洛克"的意大利军舰。1981－1984年的现代化改装增加了4座"奥托马特"Mk.2反舰导弹发射装置和3座双联40毫米速射炮，电子设备也得到更新，"小猎犬"导弹则由"标准"SM-1ER取代。该舰因此成为世界上极少数安装双联"标准"SM-1导弹发射架的军舰之一（通常为单臂式）。1985年之后"维托里奥·维内托"号主要作为训练舰使用，2003年退役后停泊在塔兰托（Taranto）港，计划改为博物馆舰。该舰和法国的"贞德"号（Jeanne d'Arc，R97）是西欧海军最后两艘在役的巡洋舰。

"维托里奥·维内托"号（Vittorio Veneto，C550）

建造厂：意大利卡斯特拉马雷造船厂

1965.6.10开工，1967.2.5下水，1969.7.12竣工

1981－1984年进行现代化改装，2003年退役，未来可能改为塔兰托港的博物馆舰

舰名由来：以特雷维索（Treviso）省的维托里奥·维内托城命名，1918年10月意大利陆军在此进行了打垮奥匈帝国的最后一役。本舰为同名第二代，上一代是1940年完工的战列舰

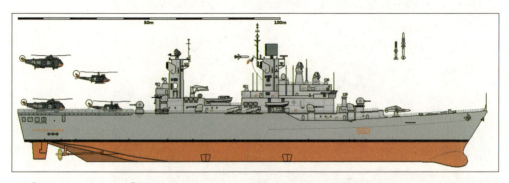

▲ "维托里奥·维内托"号直升机巡洋舰，1984年现代化改装后的状态。

"维托里奥·维内托"号	
排 水 量	标准7500吨，满载8850吨
主 尺 度	179.6（全长）/170.6（垂线间长）×19.4×6.0米
动 力	2台蒸汽轮机，4台"福斯特-惠勒尔"式燃油锅炉，功率73000马力，航速30.5节；续航力5000海里/17节
舰 载 机	6架SH-3D或9架AB-204/212直升机
升 降 机	1部
火 力	（完工时）1座双联装"小猎犬"舰空导弹/"阿斯洛克"反潜导弹发射架（备弹"小猎犬"40枚、"阿斯洛克"20枚），8门奥托·梅莱拉76毫米L/62速射炮，2座三联装324毫米反潜鱼雷发射管。（1984年后）4座"奥托马特"Mk.2反舰导弹发射装置，1座双联装"标准"SM-1ER舰空导弹/"阿斯洛克"反潜导弹发射架（备弹"标准"40枚、"阿斯洛克"20枚），8门奥托·梅莱拉76毫米L/62速射炮，6门奥托·梅莱拉"达多"40毫米速射炮（双联×3），2座三联装324毫米反潜鱼雷发射管
电子设备	（完工时）1部SPS-40对空搜索雷达，1部SPS-52三坐标对空雷达，1部SPQ-2B对海搜索雷达，2部SPG-55B制导雷达，4部RTN-10X火控雷达；1部SQS-39声呐；SADOC作战数据系统。（1984年后）1部RAN-3L对空搜索雷达，1部SPS-52三坐标对空雷达，1部SPQ-2B对海搜索雷达，2部SPG-55B制导雷达，4部RTN-10X火控雷达，2部RTN-20X火控雷达，新型电子战设备，"塔康"战术导航系统；1部SQS-39声呐；SADOC-1作战数据系统
编 制	557人

◀2001年，停泊于西班牙马拉加（Malaga）港的"维托里奥·维内托"号直升机巡洋舰。左舷舯部可见大改装后装备的"奥托马特"Mk.2反舰导弹，同样位置左右舷各安装2座。舰艇舰空导弹发射架上尚未装弹。

◀从"维托里奥·维内托"号直升机巡洋舰右舷发射装置试射"奥托马特"Mk.2反舰导弹。

西班牙海军航空母舰

二战结束之际，西班牙海军还处在内战造成的破坏当中，它的大部分主力舰是1930年代完工的，防空火力和反潜作战能力相当贫弱。过去的盟友德国和意大利已经倒台，英美等国又因为佛朗哥政权的法西斯性质和包庇纳粹的劣迹对其加以敌视，故海军装备长期得不到维护和更新。不过西班牙在地中海的战略地位毕竟至关重要，1953年，美国与西班牙达成为期十年的军事援助条约，开始根据共同防御援助计划（Mutual Defense Assistance Program，简称MDAP）向西班牙提供驱逐舰、高射炮、反潜武器和雷达，后来法国也加入到与西班牙的军事合作中。1966年，西班牙在美法两国帮助下在本国开工建造5艘"诺克斯"级（Knox class）导弹护卫舰和2艘"桂神树"级柴电潜艇（后又增建2艘），标志着造船工业的全面复苏和层次提升。

为更好地实施对直布罗陀海峡和西地中海的反潜控制，1967年，西班牙向美国提出了租借2艘轻型航母的要求，考虑到西班牙海军已多年未曾操作过大型战舰，最终方案改为1艘轻型航母和1艘小型两栖攻击舰。前者即"独立"级轻型航母"卡波特"号，完工于1943年，1959年后一直作为飞机运输舰使用，当时已封存两年；后者则是"卡萨布兰卡"级护航航母"忒提斯湾"号（CVE-90），1959年改

为两栖攻击舰LPH-6，已封存三年。但舰况检查中发现"忒提斯湾"号舰体结构老化严重，主机也需要更换，西班牙最终放弃了该舰，只租借"卡波特"号。"卡波特"号在正式移交前对飞行甲板和升降机进行了加固，拆除一号和三号烟囱，加装新的电子设备，西班牙将其命名为"迷宫"号。

与法国海军的"拉法耶特"号和"贝洛森林"号一样，"迷宫"号从一开始就受到飞行甲板尺寸过小、旧式弹射器无法使用现代化舰载机等问题的困扰。西班牙海军让其搭载20架"海王"直升机，执行反潜任务，租借满五年后改为正式购买。1972年8月，英国霍克－西德利公司的试飞员驾驶"鹞"GR.3战斗机从检修中的"迷宫"号上成功起飞，这引起了西班牙方面的强烈兴趣，但在当时的政治环境下，英国议会不可能批准向佛朗哥政权出售"鹞"式飞机，马德里只能再度向美国求助。1976年，6架新的单座AV-8A和2架双座TAV-8A教练机由美国转手售予西班牙海军（其中一架后来因事

▲1988年6月1日，航行中的"迷宫"号航母，飞行甲板后部可见4架"鹞"式战斗机，中部和前部停放着"海王"和AB-212直升机。该舰在"阿斯图里亚斯亲王"号服役以前曾长期担任西班牙海军旗舰。

▲1982年2月13日，停泊在西班牙南部罗塔（Rota）美国海军基地的"迷宫"号航母，中间与其并排停泊的是美国海军两栖船坞运输舰"罗利"号（USS Raleigh, LPD-1），最上方的是美国海军两栖攻击舰"塞班"号（USS Saipan, LHA-2）。

▲1992年5月5日，地中海意大利萨丁尼亚海域，西班牙海军航母"阿斯图里亚斯亲王"号参加代号为"龙之锤"（Dragon Hammer）的北约年度演习。

年佛朗哥去世后，英国和西班牙的关系得到改善，在购得美国转手的飞机之后，西班牙又从英国直接购入了另外5架AV-8S（出厂代号Mk.55）。

受"迷宫"号如期服役的鼓舞，西班牙海军在1973年1月制定的远期规划中提出了自主建造1艘轻型航母的计划，但他们毕竟缺乏经验，不得不向美国的吉布斯－考克斯（Gibbs & Cox）公司求助。后者参与过朱姆沃特上将倡导的制海舰（SCS）项目的论证，因此拼命向西班牙人兜售这一概念。按照美国人的说法，这种为反潜而设计的制海舰既能搭载大型直升机、又可以使用垂直/短距起降战斗机，动力系统简洁高效，可以在长度不足200米、排水量16000吨的条件下实现英国"无敌"级（19500吨、长209米）的战斗力，造价仅为1亿美元左右。不过西班牙人希望新舰可以更好地起降"鹞"式，要求加上12度滑跃甲板，所以最终完工的新航母其实是美国的制海舰设计添加滑跃甲板的外形。

故损毁），西班牙称其为VA.1"斗牛士"（Matador），正式型号为AV-8S，1980年交付了第二批4架单座型。为了起降"鹞"式，"迷宫"号在一号升降机之后的飞行甲板上铺设了一层金属材料，以承受"飞马"（Pegasus）发动机的高温高压气流。1975

1979年，新航母在西班牙国营巴赞

（Bazan）造船公司（现名纳凡蒂亚（Navantia）造船公司）开工，三年后由索菲亚（Sofia）王后主持下水，胡安·卡洛斯一世（Juan Carlos I）国王亲自将其命名为"阿斯图里亚斯亲王"号。1988年"阿斯图里亚斯亲王"号正式服役，接替老迈的"迷宫"号担任海军旗舰，后者在一年后正式退役。

▲2004年7月12日，北大西洋摩洛哥外海，参加北约组织"庄严之鹰2004"联合军事演习的西班牙海军航母"阿斯图里亚斯亲王"号。

新航母具有175.3×29米的飞行甲板，最多可以搭载29架飞机（17架在机库内，12架系留于甲板），西班牙海军一般让其混载6－8架AV-8S和8－16架直升机，与6艘"圣玛利亚"级（Santa Maria class）导弹护卫舰（美国"佩里"级〔Oliver Hazard Perry class〕的西班牙国产型）组成"阿尔法"（Alpha）特混大队，活动于亚德里亚海，支援此地区的维和行动。

进入21世纪，西班牙海军的两艘美制

▲2010年5月24日至6月2日期间，在西班牙西北费罗尔水域进行海试的"胡安·卡洛斯一世"号航母。

"新港"级（Newport class）坦克登陆舰即将退役，在替换舰问题上，海军决定借鉴流行的大甲板航空支援舰概念，建造一艘多用途"战略投送舰"，平时作为两栖登陆舰和直升机运输舰使用，必要时可以搭载垂直/短距起降战斗机、协助"阿斯图里亚斯亲王"号执行制海作战任务。新舰依然由纳凡蒂亚公司（原巴赞船厂）承建，于2003年提交最终设计案。230.82米长、排水量27000吨的舰体使此前的海军第一大舰"阿斯图里亚斯亲王"号变成了侏儒，舰体内部设置的坞舱使其干舷极为高大，202米长的飞行甲板最前端具有12度滑跃甲板，甲板上设置8个停机位，138.5×22.5米的机库可以容纳12架CH-47直升机或10架"鹞"式。机库之下是1400平方米的车辆甲板，可以装运46辆"豹2"（Leopard 2）主战坦克；舰体前半部还有一个69.8×16.8米的坞舱，可以容纳一艘LCAC气垫登陆艇或4艘LCM机械化登陆艇，利用舰尾门进行出入。该舰还采用了流行的柴燃联合动力加喷水推进方式作为动力，作为航母使用时航速21节，平时巡航时使用柴油机、航速19.5节。

2005年5月，这艘集成了诸多新技术的战略投送舰终于在费罗尔（Ferrol）船厂开工，2009年9月下水，由西班牙王后索菲亚命名为"胡安·卡洛斯一世"号，一年后服役，其造价达到了惊人的46.2亿欧元，超支约10亿。西班牙海军最初只打算将"胡安·卡洛斯一世"号作为两栖登陆舰使用，不过因为军费大幅度削减，"阿斯图里亚斯亲王"号被迫在2013年初退役，由"胡安·卡洛斯一世"号接任舰队旗舰，并搭载由"阿斯图里亚斯亲王"号转移过来的AV-8S战斗机执行制海任务。鉴于"阿斯图里亚斯亲王"号的使用时间并不长，舰况也较佳，该舰暂时不会被拆毁，而是停航封存，待经济形势好转后进行现代化改装，然后重新服役。

美制独立级（Independence class）轻型航母

1980年代末"迷宫"号曾计划加装滑跃起飞甲板和"梅罗卡"（Meroka）近防系统，后因舰况不佳而取消。1989年退役后被西班牙海军交还给美国，封存在新奥尔良港，列为美国历史标志物。美国民间的军事爱好者希望把该舰作为海上博物馆保存下来，但未能筹集到

▲ "胡安·卡洛斯一世"号航母剖视图。

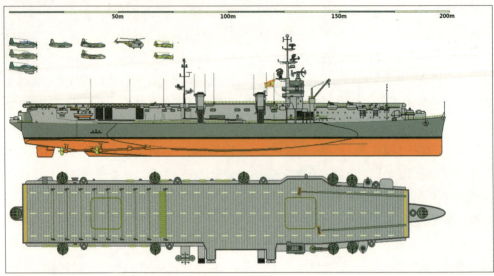

▲ "迷宫"号航母线图。

"迷宫"号	
排 水 量	标准13000吨，满载16416吨
主 尺 度	189.9（全长）/182.9（水线长）×21.8×7.9米
动　　力	4台GE式蒸汽轮机，4座"巴布科克－威尔考克斯"式燃油锅炉，功率100000马力，航速31节（后期24节）；载燃油1800吨，续航力7500海里/15节
舰 载 机	AV-8S垂直/短距起降战斗机8架、SH-3D反潜直升机8架、AB-212反潜直升机4架，合计20架
弹 射 器	2台液压式
升 降 机	2部
火　　力	26门"博福斯"40毫米机炮（四联×2，双联×9）
电子设备	1部SPS-6型对空搜索雷达，1部SPS-8型测高雷达，1部SPS-10型对海搜索雷达，1部SPS-40型对空搜索雷达，Mk.28和Mk.29型火控雷达，"塔康"战术导航系统
编　　制	1112人（含航空人员）

"卡波特"号（USS Cabot，CVL-28）/"迷宫"号（SNS Dedalo，R01）

建造厂：美国纽约造船公司
1942.3.16开工，1943.4.4下水，1943.7.24服役
1967.8.30租借给西班牙并更名为"迷宫"号，1972.12.5正式出售，1989.8.5退役，1999.9.10出售解体，2002年解体完成
舰名由来：以希腊神话中囚禁怪兽米诺陶（Minotaur）的克里特岛迷宫代达罗斯（Daedalus，西班牙语写作Dedalo）命名。西班牙海军第一艘水上飞机母舰就命名为"迷宫"号，本舰的舰名代表了西班牙海航传统的延续

▲1988年6月1日，执勤中的AV-8S战斗机正飞越母舰"迷宫"号上空，左侧并行的是一架美国海军的A-7攻击机。

高昂的维护基金，最后"迷宫"号在1999年被美国海事法庭强制拍卖，出售给拆船商解体。该舰的战斗情报中心和飞行员待机室被整体拆卸下来，保存在得克萨斯州航空博物馆。

阿斯图里亚斯亲王级（Principe de Asturias class）轻型航母

因为舰体较为窄小、航空人员居住空间受限，该舰的舰载机定数虽为24架，实际一般只配备18架。同样受舰体尺寸的限制，二号升降机无法像一号一样布置于舷侧，只能安装在舰尾，形成独特的外观。因为需要执行多重作战任务，"阿斯图里亚斯亲王"号的"鹞"式挂载的武器相当多元

化，包括AIM-9"响尾蛇"（Sidewinder）近程空空导弹、AIM-120"阿姆拉姆"（AMRAAM）中程空空导弹、AGM-88"哈姆"（HARM）高速反辐射导弹、AGM-65"小牛"（Maverick）空地导弹等。

虽然其实是一种美国舶来品，但"阿斯图里亚斯亲王"号在完工之际受到分析家和评论人士的高度赞誉，几乎成为巴赞船厂的"名片"。在印度、巴西、中国等国的航母发展历程中，都曾出现过巴赞船厂代表的身影，兜售的正是"阿斯图里亚斯亲王"号的各种改型，而泰国也最终在1990年代中期采购了"阿斯图里亚斯亲王"号的紧凑版"差克里王朝"号（HTMS Chakri Naruebet）。但20年过去，当大甲板航空支援舰的概念在

各国海军中大行其道，就连西班牙本国也建造了"胡安·卡洛斯一世"号之时，"阿斯图里亚斯亲王"号却已黯然退役，且再未获得后续的订购意向，反差可谓明显。

　　归根结底，制海舰毕竟是一种1970年代的概念，它在美国海军中是一种执行低烈度

护航和反潜任务的廉价辅助航母，对生存性和系统完善度的要求不是很高。但对西班牙这样的中小地区强国而言，即使是廉价的轻型航母也必须担当舰队中枢和执行制海、指空任务的主力，这使得吨位和主尺度过小的制海舰往往不堪重负。对1970－1980年代的

▲2010年5月23日，驻泊在西班牙西北部港口拉科鲁尼亚（La Coruna）整补的"阿斯图里亚斯亲王"号航母，似乎也正开放让民众参观。它随后将前往法国诺曼底参加6月10日开始的法国海军航空兵百年纪念活动。

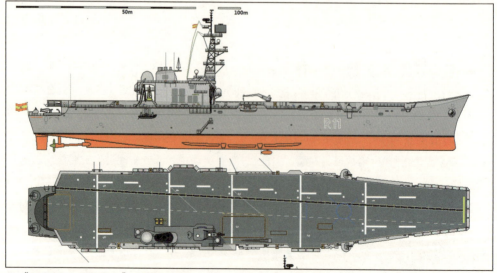

▲"阿斯图里亚斯亲王"号航母线图。

"阿斯图里亚斯亲王"号	
排 水 量	标准15912吨，满载16700吨
主 尺 度	195.9（全长）/187.5（垂线间长）×24.3×9.4米
动 力	2台GE/"巴赞"LM-2500式燃气轮机，功率46400马力，航速26节；续航力6500海里/20节
舰 载 机	AV-8S垂直/短距起降战斗机6~8架、SH-3H或AB-212反潜直升机16架
弹 射 器	无
升 降 机	2部
火 力	4座"梅罗卡"近防系统，12门"厄利孔"20毫米机炮
电子设备	（完工时）1部SPN-35A型进场控制雷达，1部SPS-52C型三坐标对空雷达，1部SPS-55型对海搜索雷达，1部SPG-M2B型火控雷达，"塔康"战术导航系统
编 制	830人（含航空人员）

"阿斯图里亚斯亲王"号（SNS Principe de Asturias，R11）

建造厂：西班牙巴赞造船公司费罗尔船厂

1979.10.8开工，1982.5.22下水，1988.5.30竣工

2013.2.6退役封存

舰名由来：阿斯图里亚斯是西班牙西北一地区名，"阿斯图里亚斯亲王"是西班牙王储的传统头衔，类似英国的"威尔士亲王"。该舰原定命名为"卡雷罗·布兰科海军上将"号。路易斯·卡雷罗·布兰科（Luis Carrero Blanco）海军上将为西班牙法西斯政权的情报机构头目，被独裁者佛朗哥视为党内接班人，并出任首相职务，但在1973年12月20日被巴斯克（Basque）分裂主义组织"埃塔"（Euskadi Ta Askatasuna，简称ETA）炸死。佛朗哥虽然规定在他死后西班牙恢复君主制，并以波旁（Bourbon）家族的胡安·卡洛斯王子为国王，但对胡安·卡洛斯能否继承"长枪党"的路线并不放心。佛朗哥原本计划以布兰科作为"监国"，确保胡安·卡洛斯时代的西班牙继续走法西斯老路，但布兰科遇刺导致西班牙在佛朗哥去世后顺利实现民主化。而预定作为西班牙海军旗舰、法西斯味道浓厚的"卡雷罗·布兰科海军上将"号，也在民主化时代顺理成章地改名为"阿斯图里亚斯亲王"号。

◀1991年10月7日，参加北约联合军演"展示决心（Display Determination）91"的各国军舰，由前向后：西班牙航母"阿斯图里亚斯亲王"号、美国两栖攻击舰"黄蜂"号（USS Wasp，LHD-1）、美国航母"佛瑞斯特"号（USS Forrestal，CV-59）以及英国航母"无敌"号（HMS Invincible，R05）。

美国海军来说，花1亿美元建造一艘当作易耗品使用的辅助航母不是很大的开支，但小国购买这样一艘"巨舰"无疑希望使用相当长时间，从整个寿命周期看，制海舰的成本优势并不明显（尤其当它频繁用于一线正面作战时）。该舰的舰载机也是一个问题——几乎所有基于制海舰概念的轻型航母都只能搭载"鹞"式战斗机，后者已经处于服役生涯的末期，维修和零配件获得将越来越难；美国的F-35B是最可能的替代选项，但这种飞机迄今还未量产，价格势必高昂，采购还容易受政治因素影响。

对中国、印度甚至巴西这样的国家而言，既然购买一艘航母要使用25年以上的时间，不如提升系统的水平，获得性能更加平衡的大中型航母，而不是一艘潜力有限的小航母；而对其他更小的国家而言，一艘可以执行多种低烈度作战和支援任务、同时可以附带使用垂直/短距起降战斗机的大甲板航空支援舰（不管是两栖攻击舰还是船坞登陆舰）比功能单一的制海舰更加实用，"阿斯图里亚斯亲王"号的后继无人也就成为必然了。

胡安·卡洛斯一世级（Juan Carlos I class）多用途航母

"胡安·卡洛斯一世"号既可作为两栖登陆和支援舰使用，也可搭载"鹞"式战斗机、作为轻型航母执行制海任务。该型舰在俄国新型两栖攻击舰的竞标中不敌法国的"西北风"级（Mistral class），不过在2007年赢得了澳大利亚海军的2艘订单，称为"堪培拉"级（Canberra class）。"堪培拉"级的舰体将在费罗尔船厂建造完成，随后拖往澳大利亚、由澳方完成最后的舾装作业。

"胡安·卡洛斯一世"号	
排 水 量	满载27079吨
主 尺 度	230.82（全长）×32.0×6.9米
动 力	1台GE/"纳凡蒂亚"LM-2500式燃气轮机，2台MAN式柴油机，2具喷水推进装置，航速21节；续航力9000海里/15节
舰 载 机	10架AV-8S或F-35B垂直/短距起降战斗机，12架CH-47、NH-90或SH-3D直升机，最多30架
弹 射 器	无
升 降 机	2部
火 力	4门20毫米机炮，4挺12.7毫米机枪，未来可能安装发展型"海麻雀"舰空导弹垂发单元。两栖搭载能力：（坞舱内）4艘LCM-1E登陆艇或1艘LCAC-1型气垫登陆艇；（车辆甲板）46辆"豹2"主战坦克
电子设备	1部Lanza-N型三坐标对空雷达，1部ARIES型对海搜索雷达
编 制	518人（含航空人员），另加913名陆战队员

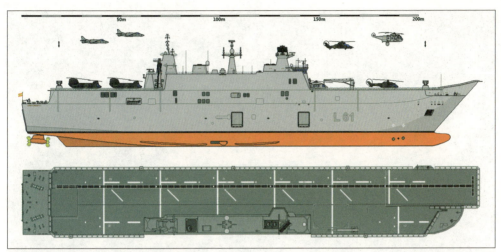

▲ "胡安·卡洛斯一世"号航母线图。

"胡安·卡洛斯一世"号（SNS Juan Carlos I，L61）

建造厂：西班牙纳凡蒂亚造船公司费罗尔船厂
2005.5开工，2009.9.22下水，2010.9.30服役
舰名由来：以现任西班牙国王胡安·卡洛斯一世（1938—）命名

▲ "胡安·卡洛斯一世"号航母飞行甲板全貌。

印度海军航空母舰

印度海军航空母舰发展史

尽管皇家印度海军（Royal Indian Navy，简称RIN）也构成二战中英联邦海军的一部分，但这支部队到1946年为止只拥有11000名官兵，装备7艘巡逻舰、9艘护卫舰、14艘近海扫雷舰和数十艘小艇，与加拿大海军、澳大利亚海军这样同属英联邦的庞然大物不可同日而语。1947年印巴分治时，RIN大约一半的舰艇被划给了新组建的巴基斯坦海军，留给印度的只有4艘护卫舰和5艘扫雷舰。

印度海军基础虽差，但拥有地理政治方面的优势：南亚次大陆位于欧亚大陆"心脏地带"和外围大洋之间，是内陆强国苏联与海上强国英美争夺的目标；但当印度作为一个独立的权力中心崛起时，它可以在苏联和英美之间左右逢源，同时获得双方在军事科技和装备方面的帮助。加上东印度群岛把印度洋东部和太平洋分隔了开来，广袤的印度洋腹地再无其他强国，到处是新德里挺进的前沿，这使得印度自独立之日起就追求建设一支远洋海军。

1950年1月26日，皇家印度海军正式改名为印度海军。1954－1958年，它向英国订购了8艘新型护卫舰，充实了一线舰艇。1955年，海军又制订了建

设两支航母特混舰队的计划，准备将其分别部署在孟加拉湾和阿拉伯海，对东、西巴基斯坦形成遏制；后来因为预算不足，决定先组建阿拉伯海舰队。

购买航母的第一去处自然是曾经的宗主国英国，而伦敦也给予了印度同加拿大、澳大利亚这两个英联邦成员国相当的待遇：印度海军可以选择一艘二战末期开工、下水后未完成舾装的"尊严"级航母加以改造，军舰在完工时就可搭载喷气式战斗机。相比之下，荷兰、巴西、阿根廷乃至法国得到的却是战争末期已经完成的"巨人"级，只能搭载直升机和活塞式战斗机。这种做法背后有着深刻的政治经济原因：巴西、阿根廷等国需要的只是充当海军象征或反潜编队核心的小型航母，搭载的是美国军援的S2F"追踪者"（Tracker）反潜机和"海蝙蝠"（Seabat）直升机，直通甲板的"巨人"级已经可以满足要求；即使要换装新型舰载机，在荷兰对航母进行改造也比英国来

▲1984年时的"维克兰特"号，电子设备尚未得到更新，也没有加装滑跃甲板。飞行甲板前端可见7架"海鹰"战斗机，舰尾机翼收折的是"贸易风"反潜机，4架"海王"反潜直升机停放在舰岛之后。

得便宜。而印度、澳大利亚等国军费开支相对宽松，不仅可以请英国造船厂对航母进行重新设计和施工，未来还倾向于采购英制舰载机；英国把过剩的航母提供给这些国家，有助于维持在这些国家的传统影响力。

1957年1月，印度海军选中了1945年下水后一直未进行舾装的"大力神"号，该舰的船体随后从泰恩河口拖到贝尔法斯特（Belfast），在哈兰－沃尔夫船厂进行改造。"大力神"号的改装方案与澳大利亚的"墨尔本"号相同，除了斜角甲板、蒸汽弹射器、助降透镜等常规设备外，还额外安装了用于热带地区的空调和隔热设备。1961年3月，改造工程全面结束，印度海军将其更名为"维克兰特"号。为了尽快形成战斗力，印度还在1959年向英法两国订购了24架"海鹰"（Sea Hawk）FGA.6喷气式战斗轰

炸机和12架"贸易风"（Alize）反潜机，组建了两个舰载机中队。1961年5月18日，海军上尉塔希利安尼（Radhakrishna Hariram Tahiliani）驾驶"海鹰"在"维克兰特"号上完成了第一次起降，他后来担任过"维克兰特"号舰长和印度海军参谋长，以上将军衔退役。1961年11月3日，"维克兰特"号抵达孟买，正式加入印度海军。

1961年12月，印度出兵收复葡属果阿（Goa），刚刚服役一个月的"维克兰特"号与轻巡洋舰"德里"号（INS Delhi）、"迈索尔"号（INS Mysore）一同参加了行动。1965年第二次印巴战争爆发时，该舰正在入坞检修，巴基斯坦海军一度宣称"维克兰特"号已被击沉，六年后他们为此付出了代价——1971年第三次印巴战争中，"维克兰特"号出动4300架次"海鹰"和

▲2007年9月7日，孟加拉湾，"马拉巴尔（Malabar）2007"军演中，美国海军的F/A-18E/F"超级大黄蜂"战斗机、印度空军的"美洲豹"（Jaguar）攻击机和印度海军的"海鹞"FRS.51战斗机飞越"维拉特"号航母上空。

"贸易风"对东巴基斯坦（今孟加拉）的吉大港（Chittagong）和柯克斯巴扎尔（Cox's Bazar）狂轰滥炸，投弹300余吨，击沉巴基斯坦小型舰艇8艘，还炸沉和俘获43艘巴基斯坦商船，对胜利作出了直接贡献。此役之后的1973－1974年，该舰进行了在役期间第一次全面大修。

早在1972年，霍克－西德利（Hawker Siddeley）公司的试飞员就驾驶"鹞"式飞机在"维克兰特"号上进行了展示性起降，但印度海军装备的"海鹰"多达74架，只能分批替换。到1977年，印方开始研究为"维克兰特"号购买新的垂直/短距起降战斗机，可选的机型有两种：一是苏联的Yak-38M"铁匠-A"（Forger-A），二是英国的"海鹞"（Sea Harrier）。前者价格较低，但可靠性有待观察（因为只有苏联一个国家装备）；后者则已赢得英美两个海上大国的青睐，西班牙、意大利等国也有意进口。有鉴于此，印度在1979年最终决定购买6架"海鹞"FRS.51，其中4架为单座战斗型、2架为双座教练型；1985年又订购第二批10架。此举也使得印度成为"海鹞"唯一的进口国。

顺便说一句，印度购买的"海鹞"是英国宇航公司1978年在霍克－西德利公司的"鹞"式基本型基础上

开发的，主要用于舰队制空，和马岛战争中皇家海军使用的型号相同；西班牙购买的第一批AV-8S是霍克－西德利"鹞"式的出口型，用于对地攻击，与英国的"鹞"GR.1及美国的AV-8A相同；意大利购买的AV-8B则是美国麦道公司1985年在AV-8A基础上开发的，可兼顾对空和对地作战，严格地说这是三个不同的子型号。

为了搭载"海鹞"，"维克兰特"号在1979－1982年进行了现代化改装，拆除弹射器和拦阻索，加固飞行甲板，更新电子设备，并对多次故障的主机进行了检修。但因为缺少滑跃甲板，1983年开始交付的"海鹞"只能以垂直起飞方式升空，弹药和燃料搭载量受到限制。为解决此问题，印度海军在1987－1989年再度对"维克兰特"号进行改装，在舰艇左侧增加了一道长40米、宽13米、上翘9.7度的滑跃起飞甲板，两年后又更新了作战指挥系统、雷达和声呐。

▲近处拍摄的"维拉特"号舰岛。烟囱前方的圆柱形桅杆顶端安装有RAWL-02对空雷达，烟囱之后的四脚桅设置"塔康"（Tacan）战术导航系统。

虽然如此，"维克兰特"号还是与巴西海军的"米纳斯吉拉斯"号、阿根廷海军的"五月二十五日"号两艘准同型舰一样，在服役30年后进入了海上生涯的尾声。与生俱来的轻结构缺陷和伤筋动骨的改造是这些"1942型轻航母"难于像现代大型航母一样服役40年以上的主要原因；而从印度海军的特殊情况看，他们的维护与保养水平历来受到质疑，"维克兰特"号设计欠佳的滑跃甲板（完工仅一年就出现开裂和下陷，不得不进行结构强化）也令飞行员胆战心惊，这一切都使得采购第二艘航母成为必然。

1984年底，印度海军开始就新航母问题进行讨论，备选方案包括在意大利订购"朱塞佩·加里波第"号（ITS Giuseppe Garibaldi，C 551）轻型航母的同型舰以及购买一艘英制"无敌"级航母，但这两个方案的成本都在1.5亿英镑以上。恰好英国皇家海军准备停用马岛战争功勋舰"竞技神"号，后者虽然舰龄较长，但同样具有滑跃起飞甲板和较优的舰况，价格只相当于新舰的1/3弱，立即引起印度方面的兴趣。1985年7月，印度海军签署了以5000万英镑购买"竞技神"号的合同，次年4月更名为"维拉特"号，并出资1500万英镑在德文波特船厂进行大修和电子设备更新；1985年11月，印方再度订购12架"海鹞"FRS.51，搭载在"维拉特"号上。

1987年5月12日，"维拉特"号正式加入印度海军，新德里梦寐以求的双航母编队终于建成。但表面上的光鲜掩盖不了人员素质和基础设施水平存在的缺陷：老旧的"维克兰特"号在1997年退役，由于印度海军没有足够资金将其改造成训练舰，"维克兰特"号在2006年成为了孟买港的海上博物馆。多次翻新的"维拉特"号也不是省油的灯，该舰在1993年9月发生主机舱进水事故，不得不提前入坞进行延寿改装，其间又发生了火灾。到"维克兰特"号已经退役的1999年，因为获得新一代航母的前景还不明朗，"维拉特"号又进行了为期两年的第二次延寿改装，升级了动力和电子设备，以继续服役至2010年。2003-2004年，该舰进行了加装"巴拉克-1"（Barak-1）点防御舰空导弹的第三次延寿改装，2009年又在科钦（Cochin）船厂进行了第四次改装。印度海军预期该舰可以继续服役至2020年，但考虑到"维拉特"号趴在港口和船厂的时间已经远多于海上巡航，这种"服役"的质量值得怀疑。

与"维拉特"号一起老化的还有曾是印度海航骄傲的"海鹞"战斗机，在这方面，印度海军惊人的事故发生率和维修保养水平着实令人汗颜。从1983年起，印度海航累计购入30架"海鹞"，到2009年8月为止已坠毁17架，造成7名飞行员死亡，剩余13架中也只有11架可用，以至于海军不得不下令停航该型机、进行彻底检修。2006年印度曾计划与以色列合作对15架"海鹞"进行改进，或者购买8架英国海航的二手"海鹞"FA.2，以继续维持这种飞机的使用，但英国海军在同一年决定退役全部"海鹞"（由皇家空军的"鹞II"GR.7和GR.9接替，这两种飞机在2011年之前也全部停用），意味着这种飞机已缺乏继续改进的价值。把旧航母和旧飞机一同更换掉才是最明智的做法。

正是因为对新型航母和舰载机的极度渴望，印度海军在21世纪初做了一笔离谱的交易——1998年12月，俄罗斯普里马科夫（Yevgeny Maksimovich Primakov）内阁向印度政府提交一份备忘录，宣称俄方愿意将因锅炉故障停用的"戈尔什科夫海军上将"号航母免费赠送给印度，印度须自行出资在俄罗斯对其进行改装，并投资参与俄方的MiG-29K战斗机改进项目。印度海军本来打算购买法国退役的"克莱蒙梭"号航母，闻听此议不禁大为心动：从舰龄上说，"戈尔什科夫海军上将"号比"克莱蒙梭"号晚服役1/4个世纪，真正使用的时间还不到8年；从舰载机上说，MiG-29K明显好过"克莱蒙梭"号上1957年问世的"十字军战士"（Crusader），印度还可借此彻底更新海军一线战斗机，并实现航空工业升级。所以自2000年起，双方就展开紧锣密鼓的谈判，最终于2004年1月达成协议：俄方正式将"戈尔什科夫海军上将"号免费转让给印度，印方须投资9.74亿美元在北德文斯克（Severodvinsk）北方机械制造厂（苏联时代的第402船厂）对该舰进行改装，并花费5.26

亿美元订购12架研发中的MiG-29K战斗机，此即印度海军历史上第三艘航母"维克拉玛蒂亚"号。

"维克拉玛蒂亚"号的前身"戈尔什科夫海军上将"号原系俄国特色的"载机巡洋舰"，前甲板安装有大量反舰导弹，斜角甲板只能用于直升机和Yak-38M"铁匠"的起降。为了使该舰成为可搭载MiG-29K的正规航母，俄国船厂拆除了前甲板所有的导弹发射架和舰桥最前端的火炮，装上一个长50米、上翘14.3度的滑跃甲板模块，舰体左侧的斜角甲板也增加了外飘结构，这使得该舰飞行甲板的总面积达到了10200平方米，比原"戈尔什科夫海军上将"号的6200平方米增加近60%。原机库面积大致不变，最多可以容纳14架MiG-29K和4架直升机，加上系留在甲板的部分，最大载机量可达24架MiG-29K、4架Ka-31预警直升机和6架反潜直升机，与法国的"夏尔·戴高乐"号相差无几。电子设备方面保留了俄制"蛋糕台"

▲2008年12月4日，结束船体施工、准备移出船坞的"维克拉玛蒂亚"号航母。

(Cake Stand) 战术导航系统、"平网"（Flat Screen）远程对空雷达和"顶板"（Top Plate）三坐标雷达，拆除了性能不尽如人意的"望天"（Sky Watch）相控阵雷达系统，加上繁冗的反舰/防空导弹几乎一扫而空，军舰外观变化极大。

2010年2月，"维克拉玛蒂亚"号结束了舰体改造和主机、锅炉的更换工事，进入最后舾装阶段，但此时该舰已成为印度朝野上下一致抨击的对象，原因就是不断延迟的交付日期和日渐攀升的价格——最初俄方承诺在2008年完成全部改造，但在2007年4月却提出因为工程难度大、人工费用上涨等原因必须延期，印度海军则要支付6亿－8亿美元的增加费用；加上美元贬值等因素，"维克拉玛蒂亚"号的改装费从最初的不到10亿美元增加到了25亿美元。经过讨价还价，2009年7月双方重新确定军舰改造总费用为

22亿美元，但俄方故伎重演，在当年晚些时候提出加价1.2亿美元的要求，最终确定的总价格为23.5亿美元。2012年5月，"维克拉玛蒂亚"号终于开始海试，但年底锅炉又出现故障，最终于2013年11月16日正式服役，虽然仍比新建一艘同吨位航母便宜，但也被结结实实宰了一刀。

俄印双方在"维克拉玛蒂亚"号交易上的博弈，情节之复杂离奇堪称商学院案例：本来俄国已无资金更新陈旧的Su-33舰载战斗机，在大型航母的改装和建造方面经验也很匮乏（苏联时代的航母都在乌克兰尼古拉耶夫船厂建造）。自从拉来印度这个冤大头，不仅成功解决了MiG-29K的进一步研发和量产问题——俄国从中获益甚多，因为"库兹涅佐夫海军上将"号（Admiral Kuznetsov）上停产的Su-33随后可以由MiG-29K接替，俄国下一代航母也可能采用MiG-29K作为舰载机——而且用"维克拉玛蒂亚"号练手，摸索和恢复了对大型航母进行现代化改装的能力，费用则全由印度人买单。

印度海军当初若不是被"免费航母"的诱饵弄昏了

▲ "维克拉玛蒂亚"号上起降试验中的MiG-29K战斗机。

头,本来还可以把"克莱蒙梭"号或意大利、西班牙等国的设计方案作为备选,至少可以压低俄方的报价。而到2007年俄国变脸涨价时,国际市场上已无多余旧航母在售,放弃整个项目则意味着先期投入的数亿美元打了水漂,印度海军不得不打肿脸充胖子,答应俄方一再攀升的要价。最终,新德里虽然获得了一艘比新建航母价格低1/3、性能也达到世界中上水平的军舰(至少还能使用25年),也解决了舰载机更新换代的问题,却在国际上丢足了面子。考虑到印度在建造国产核潜艇、购买Tu-22M3轰炸机等问题上还要继续仰赖俄国的"帮助",这种形同勒索的交易绝不会是最后一桩。

当然,印度不是没有意识到外购航母容易受制于人的缺陷。早在1989年,印度海军就提出了新建3艘航母取代"维克兰特"号和"维拉特"号的构想,称之为"防空舰"(Air Defence Ship,简称ADS),计划于1997年完成第一艘。在前期招标中,法国海军造舰局提出了一个基于"夏尔·戴高乐"号中型航母设计、但换用常规动力和滑跃甲板的方案,排水量28000吨,搭载在研的"阵风"M

战斗机。印度希望由本国科钦造船厂来承建新舰,但该厂唯一的船渠需要进行扩建和改造、在1997年之前都不可能完成工事,该方案遂告流产。1991年,意大利芬坎蒂埃利(Fincantieri)公司也提出了基于"朱塞佩·加里波第"号轻型航母的简化版设计,排水量12000吨,部分船体采用商船标准建造,这样工程难度和造价都能满足印度现有的水平,但这一方案也因1991年印度的经济危机无果而终。

到了1999年,ADS项目终于重新启动,称为"第71号工程",由科钦造船厂在芬坎蒂埃利公司协助下展开联合设计,在2001年拿出了基本方案。此后因为印度海军种种挑剔,该方案的排水量不断增加,到2006年重新定名为"国造航空母舰"(Indigenous Aircraft Carrier,简称IAC),最终排水量高达近40000吨。

▲ "维克拉玛蒂亚"号的飞行甲板,右侧可见新增加的信号桅杆。

▲2012年6月8日，首次出海试航的"维克拉玛蒂亚"号航母。背景中可见等待解体的核动力巡洋舰"乌沙科夫海军上将"号（Admiral Ushakov）。

▲2011年12月29日，科钦船厂，被强行下水的新"维克兰特"号舰体。舷侧上有数个大开口，内部机械设备明显尚未安装。该舰被移出船渠后搁置在舾装码头近一年之久，随后拖回船台继续施工。

IAC实际上是意大利第二艘航母"加富尔"号（ITS Cavour, C 550）的放大版本，外形、布局和动力设计与后者几乎一模一样，但吨位和主尺度更大，安装俄欧两系的武器和电子设备。机库尺寸增加到135×27米，可以容纳17架MiG-29K战斗机和5架直升机，最大载机量达到37架；印度还希望在该舰上搭载国产"光辉"（Tejas）轻型多用途战斗机，即LCA（Light Combat Aircraft）战斗机的舰载版本，以逐步实现舰载机的国产化。

IAC工程可谓雷声大、雨点小的典型——首舰IAC-I于2009年初在科钦造船厂开工，采用模块化施工法，印度海军高调宣称该舰将在2010年底下水、2013年交付。但到2010年秋天为止，舰体部分的建造刚刚完成1/3，进度大大滞后。更诡异的是，2011年12月29日，科钦造船厂突然将尚未完成建造的IAC-I舰体（当时排水量约17500吨）推下了水，宣称要腾出船渠用于建造商船。这个没有安装机械设备的残缺船体直到第二年才被重新拖上船台、恢复施工，并于2013年8月12日重新下水，命名为"维克兰特"号（第二代）。考虑到"维克兰特二世"尚未

安装大部分机电设备，费用也已超支，该舰可能到2018年为止都无法投入使用。至于命名为"维沙尔"号的IAC-II，该舰虽然已经在2012年7月举行了开工仪式，但其排水量高达65000吨，设计比IAC-I又有所变更，可以肯定在2022年之前不会完工。两艘步履维艰的国产航母连同钓鱼工程"维克拉蒂亚"号，清楚地折射出了印度海军的雄心壮志与眼高手低之间巨大的鸿沟。

英制尊严级（Majestic class）轻型舰队航母

"维克兰特"号是英国1942型轻航母中唯一保存下来的一艘，也是美国和中国以外唯一一个由航母改造而成的海上博物馆。不过该舰在改为纪念舰后并未得到必要的维护和定期检修，舰体的腐蚀和破败状况相当惊人。2010年，孟买市所属的马哈拉施特拉（Maharashtra）邦政府曾公开承认：没有一家印度造船厂愿意对"维克兰特"号进行定期维护和保养，如果该舰的破败状态继续维持下去，未来将不得不出售解体。

▲在孟买港作为博物馆舰对外展出的"维克兰特"号。舰艇左侧加装的滑跃甲板上翘9.2度，但因为船体结构强度不足，实际使用效果不佳。

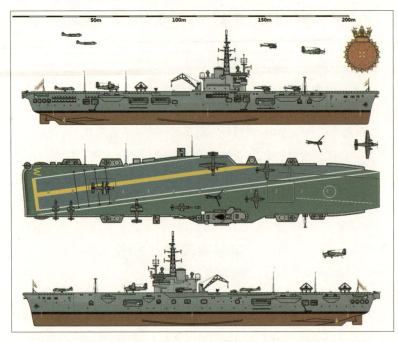

▲ "维克兰特"号，1961年状态。

"维克兰特"号	
排 水 量	标准16000吨，满载19500吨
主 尺 度	213.4（全长）×39.0×7.3米
动 力	2台"帕森斯"式蒸汽轮机，4座"海军部"式三鼓重油锅炉，功率40000马力，航速23节；载燃油3200吨，续航力12000海里/14节
舰 载 机	（1970年代）10架"海鹰"FGA.6战斗机、4架"贸易风"反潜机、2架"云雀Ⅲ"直升机；（加装滑跃甲板后）5－7架"海鹞"FRS.51垂直/短距起降战斗机、4架"海王"反潜直升机、2架"云雀Ⅲ"或"猎豹"（Chetak）直升机
弹 射 器	1台蒸汽式（1982年后拆除）
升 降 机	2台
火 力	15门"博福斯"40毫米机炮（双联×4、单装×7，逐步减少至8门）
电子设备	（完工时）1部293型搜索雷达，3部277Q型测高雷达，1部978型航海雷达；（1986年后加装）1部DA-05型对空/对海搜索雷达，1部ZW-06型航海雷达；（1989年后加装）1部LW-08型三坐标对空雷达
编 制	（战时）1345人

"大力神"号（HMS Hercules，R49）/"维克兰特"号（INS Vikrant，R11）

建造厂：英国维克斯－阿姆斯特朗公司泰恩河船厂

1943.11.12开工，1945.9.22下水，1946.5停工

1957.1出售给印度并更名为"维克兰特"号，在哈兰－沃尔夫船厂进行改装，1961.3.4正式服役

1979－1982年进行现代化改装，1987－1989年加装滑跃甲板，1997.1.31退役，作为纪念舰保存于孟买

舰名由来："维克兰特"来自梵语"Vikranta"，意为跨越、勇敢或胜利

英制半人马座级（Centaur class）垂直/短距起降航母

"维拉特"号	
排　水　量	标准23900吨，满载28700吨
主　尺　度	226.9（全长）/198.1（垂线间长）×48.8×8.8米
动　　　力	2台"帕森斯"式蒸汽轮机，4座"海军部"式三鼓重油锅炉，功率76000马力，航速28节；载燃油4200吨
舰　载　机	"海鹞"FRS.51垂直/短距起降战斗机18架、"海王"反潜直升机9架、Ka-31预警直升机3架
弹　射　器	无
升　降　机	1台
火　　　力	（第三次延寿改装后）2座8单元"巴拉克-1"舰空导弹垂发装置，2座Ak-230型30毫米近防炮，2门"博福斯"40毫米机炮
电　子　设　备	（第三次延寿改装后）1部RAWL-02型对空搜索雷达，1部RAWS-08型对空/对海搜索雷达，2部Rashmi型航海雷达，1部EL/M-2221 STGR型火控雷达，1部904型火控雷达，"塔康"（Tacan）战术导航系统；1部184M型舰壳声呐；LINK-10战术数据链，1部电子对抗装置，2座干扰箔条发射器
编　　　制	舰员1830人，航空人员270人

▲ "维拉特"号，1996年状态。

▲正在进行直升机反潜训练的"维拉特"号。与"海王"直升机和"海鹞"的尺寸相比，该舰的飞行甲板并不宽敞，部分出于这一原因，"维拉特"号的"海鹞"中队以事故率奇高著称。

"竞技神"号（HMS Hermes，R12）/"维拉特"号（INS Viraat，R22）

建造厂：英国维克斯－阿姆斯特朗公司巴罗因弗内斯船厂
1944.6.21开工，1953.2.16下水，1959.11.18竣工
1986.4.19出售给印度并更名为"维拉特"号，1987.5.12正式服役
1993－1995年进行延寿改装，1999－2001年进行第二次延寿改装，2003－2004年进行第三次延寿改装，2009年进行第四次延寿改装，2012－2013年进行第五次延寿改装，预定于2020年退役
舰名由来："维拉特"在梵语中意为巨人

苏联制基辅级（Kiev class）航母

因为拆除了前甲板的大量导弹发射装置、增加了滑跃甲板，电子设备也得到更新，该舰的外观已经与俄罗斯海军时代的"戈尔什科夫海军上将"号有了明显区别。不过两部形状不规则的升降机没有变更，舰岛后方增加了一座独立的辅助桅杆，上方安装有数据链天线、进场控制雷达和近程对海搜索雷达。

值得一提的是，"维克拉玛蒂亚"号实际上是在"戈尔什科夫海军上将"号的舰体上搭配了"库兹涅佐夫海军上将"号的飞行甲板，原"戈尔什科夫海军上将"号的舰岛并不紧靠舷侧，与飞行甲板最右端之间留有一个相当宽的过道，这一结构在改造时没有变更。所以"维克拉玛蒂亚"号的轴向甲板后段异常狭窄，对飞行员和航空人员的技术提出了相当大的考验。

"戈尔什科夫海军上将"号（Admiral Gorshkov）/"维克拉玛蒂亚"号（INS Vikramaditya, R33）

建造厂：乌克兰尼古拉耶夫造船厂

1978.12.26开工，1982.4.1下水，1987.12.11竣工

1996年停用，2004年转让给印度并更名为"维克拉玛蒂亚"号，次年开始现代化改装，2013年11月16日正式在印度海军中服役

舰名由来："维克拉玛蒂亚"在梵语中意为"如太阳般勇敢"，也是湿婆神降临时的神子之名。古印度孔雀王朝的旃陀罗笈多二世等著名君主都曾以维克拉玛蒂亚作为尊号

▲2013年11月16日，俄罗斯北德文斯克北方机械制造厂，印度海军旗在舰尾升起，"维克拉玛蒂亚"号航母正式服役。

"维克拉玛蒂亚"号	
排 水 量	满载45400吨
主 尺 度	273.1（全长）/242.8（水线长）×32.7×10.2米
动 力	4台KVG-ZD型蒸汽轮机，8台燃油增压锅炉，功率180000马力，航速32节；载燃油7000吨，续航力7000海里/18节
舰 载 机	16架MiG-29K战斗机（最多24架）、4－6架Ka-31预警直升机、4架Ka-28反潜直升机
弹 射 器	无
升 降 机	2台
火 力	4－6座CADS-N-1近防系统，4座8单元"巴拉克-1"舰空导弹垂发装置
电 子 设 备	1部"顶板"三坐标对空雷达，1部"平网"三坐标对空雷达，1部"蛋糕台"战术导航雷达，2部EL/M-2221 STGR型火控雷达
编 制	舰员1612人，航空人员430人

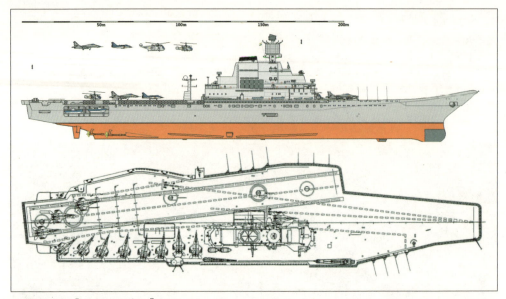

▲改装后的"维克拉玛蒂亚"号航母。

▲2014年1月8日，印度西部海域，刚从俄罗斯回到本土的"维克拉玛蒂亚"号航母，左侧一架"海鹞"战斗机伴行。

维克兰特级（Vikrant class）航母

IAC-I"维克兰特"号二代系意大利"加富尔"号航母的放大版，换用MiG-29K作为主力舰载机。印度希望该舰能搭载国产"光辉"战斗机，但考虑到LCA项目的一波几折，可能到军舰完工为止"光辉"还无法量产。在遭遇科钦造船厂的强行"被下水"后，该舰在2012下半年重新拖回船台施工，于2013年8月12日再度下水，预计2018年服役。二号舰"维沙尔"因为排水量增加到65000吨，工期将更漫长。该舰虽然在2012年举行了开工仪式，但至今尚未有铺设龙骨的记录，预期正式开始建造可能要到2016年以后，最终服役时间更将在遥远的2025年。

"维克兰特"号（INS Vikrant，第二代）

建造厂：印度科钦造船厂
2009.2.28开工，2011.12.29第一次下水，2013.8.12第二次下水
预定于2016年完工、2018年服役
舰名由来：以印度第一艘航母"维克兰特"号命名

"维沙尔"号（INS Vishal）

建造厂：印度科钦造船厂
2012.7.17开工，预定于2025年服役

▲新"维克兰特"号航母完工效果图。该舰的外观和基本设计酷似意大利新航母"加富尔"号，但吨位更大，部分安装俄制电子设备。

"维克兰特"号	
排 水 量	满载37500吨
主 尺 度	252.2（全长）×56.0（飞行甲板宽）×8.4米
动 力	4台LM-2500式燃气轮机，功率108000马力，航速28节
舰 载 机	12架MiG-29K战斗机、8架"光辉"轻型战斗机、4架Ka-31预警直升机、6架Ka-28或"海王"反潜直升机
弹 射 器	无
升 降 机	2台
火 力	2座8单元"巴拉克-1"舰空导弹垂发装置，4门"奥托·梅莱拉"（OTO Melara）76毫米L/62速射炮，2－3座CADS-N-1近防系统
电子设备	1部RAN-40L型三坐标对空雷达，2部早期预警雷达
编 制	1500人（含航空人员）

▲2013年8月12日，科钦船厂，第二次下水仪式上的新"维克兰特"号。

欧美其他国家海军航空母舰

荷兰皇家海军航空母舰

荷兰在19世纪初拿破仑战争之后就沦为军事上的弱国，但它毕竟是一个老牌殖民国家，在印度洋和东南亚有着广泛的海外利益。出于维护殖民地权益的需要，荷兰海军在20世纪30年代后期即计划参照德国的"沙恩霍斯特"级（Scharnhorst class）建造三艘威力强大的战列巡洋舰，常驻于东印度群岛（今印度尼西亚），但该计划因二战爆发和德国入侵而未能实现。

二战结束后，航空母舰代替战列舰和战列巡洋舰，成为彰显国威、投射军事力量的绝佳平台。1946年3月，荷兰海军从英国租借了14000吨的护航航母"奈拉纳"号（HMS Nairana，D05），更名为"卡雷尔·多尔曼"号，用于海军航空人员的训练。两年后，第一批合格的机组已经培训完毕，"奈拉纳"号遂被归还给英国，由"巨人"级轻型航母"可敬"号接替。后者依然被命名为"卡雷尔·多尔曼"号，担任荷兰

海军旗舰。第二艘"卡雷尔·多尔曼"号的起飞跑道长度、内部空间宽裕度、航速和载机量都超过前一代，荷兰为其配备了与澳大利亚、加拿大等国航母相同的英制"海怒"（Sea Fury）FB.11战斗轰炸机和"萤火虫"（Firefly）AS.4/5反潜战斗机（均购自英国皇家海军），后来还以许可证方式引进生产了23架"海怒"FB.51。

"卡雷尔·多尔曼"号虽然舰龄较短，但毕竟是二战结束前完工的直通甲板航母，在进入喷气式飞机时代后性能已经落后。1955－1958年，该舰在荷兰国内的威尔顿－费耶诺德（Wilton-Fijenoord）船厂进行了大规模现代化改装，拆除旧式高射炮，加装8度斜角甲板、助降透镜、拦阻索和1部蒸汽弹射器，舰岛结构也重新设计，布置了与"德鲁伊特"级（De Ruyter class）防空巡洋舰类似的细长烟囱。烟囱前方是一座新的三脚桅，顶端安装有荷兰信号公司开发的LW-01对空搜索雷达和DA-01目标指示雷达，烟囱之后则设置有VI-01测高雷达。此次改装后，"卡雷尔·多尔曼"号的上层建筑更类似巡洋舰，与其他国家海军中的"巨人"级明显不同。后来巴西也请费耶诺德船厂参照"卡雷尔·多尔曼"号的方案，对"米纳斯吉拉斯"号航母进行改装。

1958年之后，"卡雷尔·多尔曼"号的舰载机由1个中队"海怒"和1个中队"萤火虫"更换为1个中队

▲1960年代的"卡雷尔·多尔曼"号航母。

挂"响尾蛇"空空导弹的"海鹰"FGA.6喷气式战斗轰炸机和1个中队TBM-3S/W"复仇者"。1960年，印度尼西亚企图吞并新几内亚岛西部（今印尼巴布亚和西巴布亚省，原本为荷属新几内亚的一部分，当时荷兰正安排新几内亚作为一个整体独立），"卡雷尔·多尔曼"号奉命率2艘驱逐舰前往南太平洋进行"炮舰外交"。除本舰飞行队外，该舰还搭载了12架增援新几内亚守军的"猎人"（Hunter）战斗机。不过印尼的扩张行动受到苏联的鼓励，埃及也是印尼的友好国家，为防止纳赛尔总统拒绝荷兰舰队通过苏伊士运河，"卡雷尔·多尔曼"号绕行了非洲南端的好望角。该舰在澳大利亚弗里曼特尔（Fremantle）港整补检修时，港口的左翼工会拒绝为"殖民主义者"提供拖船，最后军舰只能以极其危险的方式自行减速入港碇泊。

印尼空军得到"卡雷尔·多尔曼"号即将驶往新几内亚的消息后，准备了6架挂有AS-1"狗窝"（Kennel，北约代号）空舰导弹的苏制Tu-16KS-1轰炸机，计划对该舰发动突袭。后来经过联合国调停，危机以双方互相让步而告终，荷兰方面从新几内亚撤军，当地人在联合国监督下举行独立公投。但"卡雷尔·多尔曼"号的远

航可以说毫无效果，因为到了1962年，印尼还是出兵吞并了西新几内亚；"卡雷尔·多尔曼"号反而因为日本左翼社团的抗议，被迫取消了前往横滨参加日荷建交350周年庆祝活动的安排。

到1964年，因为荷兰已无太多海外利益需要维护，荷兰海军改变了战略指导，主要在北约框架内执行反潜和巡逻任务。"卡雷尔·多尔曼"号也卸载了喷气式战斗机，改为搭载8架S2F-1"追踪者"（Tracker）反潜机和6架HSS-1N"海蝙蝠"（Seabat）直升机，作为反潜指挥舰使用。该舰的"跟踪者"和"海蝙蝠"大部分是美国海军根据共同防御援助计划（Mutual Defense Assistance Program，简称MDAP）提供的，还有一些是从加拿大低价购买的库存（由加拿大按许可证方式生产的CS2F-1）。值得一提的是，根据北约的核共享政策，"卡雷尔·多尔曼"号在必要时还将部署战术核武器。该舰的"追踪者"可以挂带美国生产的B-57型

▲从一架正要降落的飞机上拍摄的"卡雷尔·多尔曼"号航母全貌。

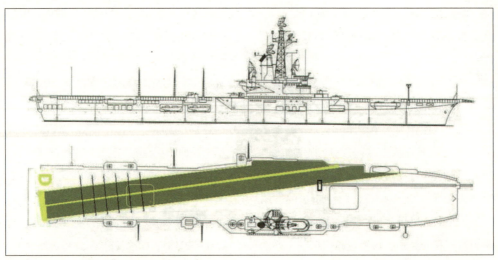

▲"卡雷尔·多尔曼"号航母线图。

核深水炸弹（弹头为1万吨当量），弹体和核装药平时储存在英国，由美方监管，战时航母须首先驶往英国、将核深弹运上舰方可使用。

1965－1966年，因为动力装置状况不佳，"卡雷尔·多尔曼"号在费耶诺德船厂更换了一半锅炉，替换上的是低价收购来的英国"尊严"级航母"利维坦"号（1945年下水后始终未能完工，1967年开始解体）拆下的陈年"新品"。当时荷兰国防部认为该舰的维护费用过于高昂，计划在1975年前后将之退役，改由岸基的"大西洋"和P-2巡逻机来执行反潜任务。不过到了1968年4月26日，"卡雷尔·多尔曼"号在检修机舱时意外发生大火，

另一半锅炉也告损坏，鉴于完全修复成本太高，海军最终决定提前停用该舰。同年10月，"卡雷尔·多尔曼"号被急需更新航母的阿根廷买下，在费耶诺德船厂换装了"利维坦"号的另一半剩余锅炉，成为阿根廷海军的"五月二十五日"号。而荷兰海军在1991年建成的"卡雷尔·多尔曼"号导弹护卫舰和2011年建造、预计2014年服役的"卡

▲1966年秋，鹿特丹费耶诺德船厂，刚完成大修的"卡雷尔·多尔曼"号航母。

"可敬"号（HMS Venerable, R63）/"卡雷尔·多尔曼"号（HNLMS Karel Doorman, R81）

建造厂：英国卡梅尔－莱尔德船厂

1942.12.3开工，1943.12.30下水，1944.11.27竣工

1948.4.1出售给荷兰并更名为"卡雷尔·多尔曼"号，1955－1958年进行现代化改装，1968.10.15出售给阿根廷

舰名由来：以太平洋战争中牺牲于荷属东印度群岛的海军少将卡雷尔·多尔曼（1899－1942）命名。本舰为同名第二代，上一代"卡雷尔·多尔曼"号是1946年从英国租借的护航航母

"卡雷尔·多尔曼"号	
排 水 量	标准15892吨，满载19896吨
主 尺 度	211.3（全长）/192.0（垂线间长）×24.4×7.6米
动 力	2台"帕森斯"式蒸汽轮机，4座"海军部"式三鼓燃油锅炉，功率40000马力，航速23.5节；续航力12000海里/14节
舰 载 机	（1950年代）10架"海鹰"FGA.6战斗机、14架TBM-3S/W反潜机、2架HSS-1N反潜直升机；（1964年后）8架S2F-1反潜机、6架HSS-1N反潜直升机
弹 射 器	1台蒸汽式
升 降 机	2部
火 力	（现代化改装后）12门"博福斯"40毫米机炮
电子设备	（现代化改装后）1部LW-01对空搜索雷达，1部LW-02对空搜索雷达，1部DA-01对空/对海搜索雷达，2部VI-01测高雷达，1部ZW-01导航雷达
编 制	1462人

雷尔·多尔曼"号多用途供应舰都继续用卡雷尔·多尔曼海军少将的名字命名，以纪念其业绩。

加拿大皇家海军航空母舰

今天的加拿大在政治和军事上只是海上强国里的配角。但在第二次世界大战时期，加拿大曾是美国援助物资运往欧洲的主要出发地，战斗在大西洋的英国护航运输队中，有近40%的船员来自加拿大，还有两艘英国护航航母"土官"号（HMS Nabob, D77）和"拳击者"号（HMS Puncher, D79）由加拿大海军人员操纵。二战结束之际，加拿大海军拥有2艘万吨级巡洋舰、6艘驱逐舰和

大批中小型舰艇，尽管大型战舰的日常运行花销甚巨，但东临大西洋、北接北冰洋的地理位置以及美苏"冷战"的现实都使得加拿大极需维持其传统强项——反潜作战能力。

就当时而言，航空反潜是最有效的手段。加拿大遂于1946年初向英国求租刚刚完工的"巨人"级轻型航母"英勇"号，重新命名为"勇士"号。但这艘战争末期建造的航母在磨合期出现了许多故障，加拿大方面认为是军舰的质量所导致，遂于1948年将"勇士"号退货，改为租借"尊严"级的"庄严"号。后者的飞行甲板面积和内部空间比"勇士"号有所改善，防护也更可靠一些。加拿大为该舰配备了英制"海怒"FB.11战斗轰炸机和"萤火虫"AS.4

▲航行中的"邦纳文彻"号航母舰岛一景。

反潜战斗机，后来又用美国制造的TBM-3E"复仇者"取代了"萤火虫"。苏伊士运河危机中，该舰曾运送维护部队前往埃及。

　　进入喷气机时代后，加拿大又希望获得能起降大型固定翼反潜机和喷气式战斗机的斜角甲板航母，可取的做法有两种：一是把"庄严"号送往英国改装，在此期间将无航母可用；二是选择英美等国的封存或未完工军舰，按照加拿大海军的要求加以改造。当时另外5艘"尊严"级在舰体下水后处于停工状态，英国同意以优惠价格将其中一艘出售给加拿大，并为军舰加装蒸汽弹射器、斜角甲板和助降透镜。这就是"尊严"级的五号舰"有力"号，于1952年4月23日购入，随后在哈兰－沃尔夫船厂进行大规模改装，于1957年正式完工，更名为"邦纳文彻"号。该舰搭载的34架飞机全部为美国海军的现役型号：一个中队是F2H-3"女妖"（Banshee）喷气式战斗机，一个中队

是CS2F-1/2"追踪者"反潜机（由加拿大以许可证方式生产），还有一个中队是HO4S-3"契卡索"直升机。

　　在"邦纳文彻"号完工后，已经改为飞机运输舰的"勇士"号归还给了英国。不过"尊严"级的斜角甲板还是太短，在降落"女妖"这种高速战斗机时容易发生事故，在与美国举行联合演习时，美国海军的"女妖"驾驶员甚至拒绝在"邦纳文彻"号上降落。1962年9月，"女妖"中队从该舰撤出；一个月后，"邦纳文彻"号搭载着8架"追踪者"和13架"契卡索"参加了北约军舰在古巴海面的"隔离"行动（配合美国在古巴导弹危机中的海上封锁）。此后该舰主要以"追踪者"搭配直升机进行反潜巡逻，以4架CS2F加2架直升机编成一个分队，可以维持200海里范围内的对潜接触和攻击。

　　1966－1967年"邦纳文彻"号在魁北克进行了为期18个月、耗资1100万美元的中期改装，更换了电子设备和部分舱面设施，但根据1968年颁布的《武装力量重组法案》，加拿大海陆空三军的军种区隔将被取消，改由机动、海洋、空中、运输、训练五个司令部指挥，固定翼飞机由空中司令部管辖，军舰则由海洋司令部指挥，"邦纳文彻"号的"追踪者"因此在1969年12月转移到陆上。此后该舰仅搭载6架"海王"直升机，作为运输和补给舰使用。1970年"邦纳文彻"号

因预算不足提前退役，一年后在我国台湾地　去，用于"墨尔本"号航母的维修和改装。
区拆毁，舰上弹射器的配件被澳大利亚买

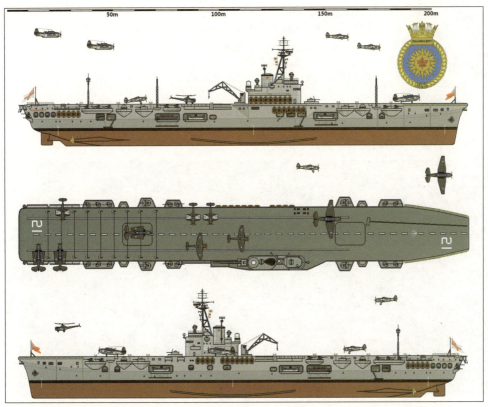

▲"庄严"号航母，1952年状态。

【巨人级】

"勇士"号（HMCS/HMS Warrior, R31）/"独立"号（ARA Independencia, V-1）

建造厂：哈兰－沃尔夫船厂
1942.12.12开工，1944.5.20下水，1946.1.24服役
1946－1948年租借给加拿大，1954.12－1956.8安装斜角甲板
1958.7.4出售给阿根廷并更名为"独立"号,1971.3.17出售解体

【尊严级】

"庄严"号（HMS Magnificent, R36）/"庄严"号（HMCS Magnificent, CVL21）

建造厂：哈兰－沃尔夫船厂
1943.7.29开工，1944.11.16下水后停工
1948.3.21租借给加拿大并先期服役,1948.5.21竣工
1957.6.14归还英国，1965.7出售解体

"有力"号（HMS Powerful，R95）／"邦纳文彻"号（HMCS Bonaventure，CVL 22）

建造厂：哈兰－沃尔夫船厂
1943.11.27开工，1945.2.27下水后停工
1952年出售给加拿大后复工并更名为"邦纳文彻"号，1957.1.17建成服役
1970.7.1退役，1971年出售给台湾解体
舰名由来："邦纳文彻"为英国皇家海军传统舰名，但在加拿大海军中的舰名则来自魁北克省的邦纳文彻岛，该岛系以13世纪意大利神学家、方济各会第八任总会长圣博纳文图拉（San Bonaventura，1221－1274）命名

注：以上各舰性能数据同前，此处不再重复。

▲正在接受补给的"邦纳文彻"号航母。

澳大利亚皇家海军航空母舰

作为英联邦中另一海上强国，澳大利亚海军在1945年拥有3艘巡洋舰及5艘驱逐舰。和加拿大一样，澳大利亚人也有过操作护航航母的经验，因此当加拿大在1946年率先租借"勇士"号时，澳大利亚国防委员会也制订了组建以航母特混编队为中心的战后大海军的计划，准备从英国购买3艘新航母，其中2艘保持作战状态、1艘作为备用舰。不过澳大利亚议会在1947年6月只批准了275万澳元的预算（实际因为"墨尔本"号的改装工程严重超支，最后的价格达到了830万澳元），3艘航母的方案遂减少为2艘。派赴英国本土的海军代表团挑中了二战末期下水、此时已停止施工的"尊严"级三号舰"可怕"号与首舰"尊严"号。前者作为旗舰建造，增加司令部人员住宿和通讯设施，于1948年12月服役，定名为"悉尼"号。这一舰名取自1941年11月19日在澳大利亚西海岸战沉的"悉尼"号轻巡洋舰，当时澳国民众

曾集资42.6万澳元、交给海军建造该舰的替代舰，取这一舰名有感谢民众支持的意味。"悉尼"号也是最后一艘在英王乔治六世时期入役的澳大利亚军舰。"尊严"号恢复施工后增加了一个6度斜角甲板、蒸汽弹射器和透镜助降系统，进度大大放缓，直到1955年才告完成，更名为"墨尔本"号。该舰也是第三艘在完工时就安装有喷气式飞机起降设备的航母（前两艘是英国的"皇家方舟"号和美国的"佛瑞斯特"号）。为了填补"墨尔本"号推迟完工造成的空窗期，澳大利亚在1952年租借了与"悉尼"号十分类似的"巨人"级航母"复仇"号，使用到三年后"墨尔本"号正式服役。

1951年8月底，"悉尼"号奉英国第一海务大臣之令驶往朝鲜西海岸，接替"光荣"号轻型航母承担对地支援任务，当时搭载有2个"海怒"战斗轰炸机中队（22架）和1个"萤火虫"AS.4反潜战斗机中队（12架）。本舰与1艘美军护航航母合编为TE95.11，在10月11日创造了舰载机日飞行89架次、最多时有31架同时在空中的纪录。不过该舰在14日遭遇了一场台风，有1架"萤火虫"被卷入海中，其余6架飞机损坏。10月25－26日，又有3架"萤火虫"被击落。该舰在11月又损失了1架"海怒"，12月损失5架飞机、超过30架受损。"悉尼"号在朝鲜一直待到1952年1月16日，其间舰载机共起飞1623架次，3人战死、飞机损失13架（其中9架被击落），舰员和机组人员共获颁4枚杰出服务十字勋章、1枚杰出服务奖章；1953年6月，该舰还前往英国本土，接受新加冕的伊丽莎白二世女王的检阅。1954年澳大利亚海军计划对"悉尼"号进行现代化改装，安装与"墨尔本"号一样的斜角甲板、助降透镜和蒸汽弹射器，但因预算不足取消。此后该舰作为训练舰使用，1962年重新划分为快速人员运输舰（A214），弹射器、拦阻索和飞机起降设备全部拆除，常年往返于澳大利亚和东南亚之间，为进驻越南的澳军运送给养、直升机和弹药，1969年之后还搭载了6艘LCM机械化登陆艇。到1972年底停航为止，该舰总共向越南运送了16902名士兵、5753吨物资、2375辆车辆和14架飞机，后来被澳大利亚国防部补授"越南后勤与服务奖章"（1992年设立）。

"墨尔本"号于1956年5月抵达澳大利

▲1980年4月，停泊在所罗门群岛首府霍尼亚拉（Honiara）港的"墨尔本"号航母。

▲1953年2月6日至13日，霍巴特（Hobart）港，在"皇家霍巴特帆船赛"期间担任旗舰的"悉尼"号航母。

亚，接替"悉尼"号担任海军旗舰，当时该舰搭载有1个"海毒"（Sea Venom）喷气式战斗轰炸机中队（8架）和2个"塘鹅"（Gannet）AS.4反潜机中队（12架）。1958年2月到7月，该舰完成了一次25000海里的远程航行。1959年12月澳国防部宣布变更海军战略，将专注反潜战能力的强化，现役航母自1963年底起停用。不过到了1963年7月，海军决定自英国采购27架"威塞克斯"（Wessex）反潜直升机，加上越南战争扩大化，"墨尔本"号被重新确定为未来反潜舰队的核心，并以从美国购买的S-2E"追踪者"反潜机和A-4G"天鹰"（Skyhawk）攻击机对舰载机进行更新。1967－1969年，该舰进行了现代化改装，更换美国和荷兰制造的雷达（弹射器在1971年更换，使用了加拿大的"邦纳文彻"号和美国的"珊瑚

海"号的零件），舰载机组成也变为4－8架"天鹰"、6架"追踪者"和10架"威塞克斯"。

不过"墨尔本"号舰运不佳，三次发生重大事故，因此被称为"受诅咒之船"（Hoodoo Ship）。1964年2月10日20:56，"墨尔本"在新南威尔士州的贾维斯（Jervis）湾海域进行小修之后的适航试车时，将突然左转横切其航线的澳海军"航行者"号（HMAS Voyager，D04）驱逐舰拦腰撞沉，造成82人死亡，为和平时期澳大利亚最大的海难。1969年"墨尔本"号参加东南亚条约组织"海洋精神"（Sea Spirit）演习时，于6月3日3:15在中国南海撞沉美国驱逐舰"法兰克 E. 埃文斯"号（USS Frank E. Evans，DD-754），美军死74人。1976年12月5日发生在阿尔巴特罗斯（Albatross）

海军航空站的一次火灾则烧毁了"墨尔本"号13架S-2反潜机中的12架（停放在陆上机场），"墨尔本"号不得不紧急驶往加州圣迭戈基地，补充美国海军的库存机作为替换。

"墨尔本"号在1972－1973年和1976年再度进行改装，不过该舰飞行甲板过小、航速不足的缺陷已经彰显无遗，为其寻找替代舰的工作因此启动。最初的计划是购买一艘美国的"埃塞克斯"级CVS或者英国的"竞技神"号，但这个方案吨位太大、需要较多人员和维护经费，超出了澳大利亚的承受范围。1979年，替代舰方案缩小到三个：美国"硫黄岛"级两栖攻击舰的改进型、意大利的"朱塞佩·加里波第"级轻型航母，或者美国的"制海舰"方案，都使用垂直/短距起降战斗机，在本国船厂建造。澳方本来倾向于选择方案一，但英国政府在1981年7月突然提出愿意以1.75亿英镑出售新完工的

"无敌"号轻型航母，澳大利亚遂决意采购该舰，更名为"澳大利亚"号，并在未来为其采购"海鹞"战斗机。但1982年马岛战争爆发后，英国决定将"无敌"号留作自用。此后英方再度向澳军推销"竞技神"号，但澳方对该舰的舰龄和过多的人员需求表示不满，最终拒绝，而"墨尔本"号则按照预定计划在1982年退役，三年后以140万澳元的价格出售给中国，不久之后解体拆毁。澳大利亚海军保有航空母舰的历史自此告一段落。

进入21世纪，伴随美国亚太战略的调整和澳大利亚战略地位的上升，为澳国海军装备航母的意见重新流行。但从当今世界的趋势看，只有美、英、法等大国依然坚持装备舰队航母，西班牙、意大利等具有建造航母能力的中等国家更倾向于用大甲板多用途航空舰（两栖攻击舰、船坞登陆舰等）来代替正规航母。这些军舰通常航速较低，部

▲航行中的"墨尔本"号航母，停在舰艉的机群是A-4G"天鹰"攻击机，舰岛侧边的则是S-2E"追踪者"反潜机。

分船体采用商船标准建造，造价比航母要经济；但其排水量达到2万－3万吨，内部有坞舱或车辆甲板，有的还安装了滑跃起飞甲板，平时可以广泛用于两栖支援、运输、救灾、反潜、训练等任务，战时则叮搭载垂直/短距起降飞机和直升机执行作战任务。澳大利亚也采纳了这种策略，2009年他们开始建造2艘2.7万吨级的"堪培拉"级（Canberra class）两栖攻击舰，定于2014年全部完工。"堪培拉"级可视为法国"西北风"级两栖攻击舰和西班牙"胡安·卡洛斯一世"号航母的合体，拥有13度滑跃甲板，平时搭载16－24架直升机，未来可能装备美制F-35B"闪电Ⅱ"垂直/短距起降战斗机。如果F-35B真的落户"堪培拉"级，澳大利亚海航使用固定翼战斗机的历史又将延续下去，"悉尼"号和"墨尔本"号也将后继有人。

【巨人级】

"复仇"号（HMS/HMAS Vengeance，R71）/"米纳斯吉拉斯"号（NAeL Minas Gerais，A11）

建造厂：英国斯旺·亨特船厂
1942.11.16开工，1944.2.23下水，1945.1.15服役
1952.11.13租借给澳大利亚海军，1955.8.13归还，1955.10.25退役
1956.12.14出售给巴西并更名为"米纳斯吉拉斯"号

【尊严级】

"可怕"号（HMS Terrible，R93）/"悉尼"号（HMAS Sydney，R17/A214/P241/L134）

建造厂：英国德文波特海军船厂
1943.4.19开工，1944.9.30下水后停工，1947.6出售给澳大利亚后复工，1948.12.16先期服役并更名为"悉尼"号，1949.2.5竣工
1955.4.22改为训练舰，1962.3.7改为快速人员运输舰，1973.11.12退役，1975.10.28出售给韩国解体
舰名由来：纪念1941年11月19日战沉于澳大利亚西海岸的"悉尼"号轻巡洋舰。本舰为同名第三代

▲2013年8月30日，威廉斯城（Williamstown）船厂，进入最后舾装的"堪培拉"号两栖攻击舰。

绰号：头顿轮渡（Vung Tau Ferry，头顿为南越地名，此为越战时期搭乘"悉尼"号航母前往越南的澳军士兵所取的绰号）

"尊严"号（HMS Majestic，R77）/"墨尔本"号（HMAS Melbourne，R21）

建造厂：维克斯－阿姆斯特朗公司巴罗因弗内斯船厂

1943.4.15开工，1945.2.28下水后停工，1947.6出售给澳大利亚后复工，1955.10.28完工服役并更名为"墨尔本"号

1982.6.30退役，1985.2出售给中国解体

注：以上各舰性能数据同前，此处不再重复。

▲1960年代，航行中的"墨尔本"号航母，拍摄地点可能为美国加州圣迭戈，远处陆地上的机群是P-5"马林鱼"（Marlin）水上飞机。

巴西海军航空母舰

作为南美洲传统军事大国，巴西拥有漫长的海岸线，在历史上曾与阿根廷、玻利维亚、巴拉圭等国争夺过地区领导权。因为这一原因，巴西海军历来重视新装备的采购，他们是南美第一支装备无畏舰的海军，二战期间还派兵前往欧洲参战。1950年代，巴西开始扶植舰载航空兵，尽管驱逐舰、护卫舰和岸基巡逻机对该国海军具有更加实际的效用，但巴西政府还是在1956年12月向英国购买了第一艘航母，耗资900万美元。

这种做法和20世纪初二等国家采购无畏舰来装备海军的先例没有本质区别，当时巴西、阿根廷、智利、土耳其等国都曾从英国或美国购买过1－2艘新型的无畏舰。不过，购买航母与购买无畏舰有很大的区别：运行一艘航母不仅要购买军舰本身，还要组建相应的飞机中队，包括要根据航空技术的进步对舰载机和舰上设备进行更新，这决定了只有那些拥有一定海洋利益、同时经济尚有余力的地区强国才会决定采购航母。而巴西在走出这试探性的一步后，也就再拔头筹，继

▲1984年7月3日，参加第25届全美洲联合军事演习的"米纳斯吉拉斯"号航母。该演习由美国创始于1959年，成员国包括巴西、智利、哥伦比亚、厄瓜多尔、秘鲁、美国、乌拉圭和委内瑞拉。

成为南美第一个装备无畏舰的国家后，又成了本地区第一个购买航母的国家。

　　巴西购买的实际上是一艘"三手"航母，那就是1952－1955年短暂租借给澳大利亚的"复仇"号，"墨尔本"号服役后归还给英国。当时该舰仍维持二战末期的状态，不能使用新型舰载机。巴西买下该舰后，于1957年送往荷兰鹿特丹的福尔默（Verolme）船厂，进行加装8.5度斜角甲板、蒸汽弹射器、助降透镜和新型电子设备的改装。该厂采用了与荷兰海军"卡雷尔·多尔曼"号相仿的改造方案，在两年半内完成全部工程，不过因为加装的新设备种类较多，费用达到了惊人的2700万美元，相当于舰体价格的3倍。1960年12月6日，新航母在鹿特丹编入巴西海军，和巴西第一艘无畏舰一样命名为"米纳斯吉拉斯"号，次年1月返回国内。巴西海军为其购买了6架美制S2F-1反潜机和6架HSS-1直升机作为舰载

机，这也是同一时期小国轻型航母的标准装备。

　　"米纳斯吉拉斯"号甫一服役，即遭到本国空军的抵制。巴西空军是在1946年由原海军航空队和陆军航空队合编而成的，掌握着该国所有的航空力量；1963年重新建立的海军航空兵虽然陆续购买了38架飞机，但空军拒绝为其颁发准航证，也不肯为海军培训飞行员。海航只好以民间公司名义从法国购买12架T-28C教练机，在自己的基地训练飞行员；空军则威胁说，如果海航的飞机擅自起飞，空军将马上将其击落。在一次"意外事故"中，巴西空军居然真的打下了一架海军的直升机，事后空军部长被迫辞职。所以在"米纳斯吉拉斯"号服役的头几年，该舰根本没有舰载机可用，出航时甲板和机库空空如也，这倒也符合巴西海军用该舰装点门面的初衷。最终海航和空军在总统的斡旋下达成妥协：海航可以保留现有的反潜直升

机，但必须将所有固定翼飞机转交给空军，包括"米纳斯吉拉斯"号的"追踪者"反潜机。航母搭载固定翼飞机出航时，由空军派飞行员随舰，听从海军舰长的指挥。

1976－1980年，"米纳斯吉拉斯"号接受了在巴西期间第一次现代化改装，加装数据链和新的雷达设备，此后主要作为反潜航母使用，舰载机也变更为7－8架S-2G反潜机和6－8架SH-3A/D"海王"直升机。1986年阿根廷的"五月二十五日"号因主机故障停航后，"米纳斯吉拉斯"号成为南美唯一一艘可用的航母，但该舰也已垂垂老矣，在1987年12月唯一的一台弹射器发生故障后，军舰只能作为训练舰和直升机航母使用。巴西原计划新建一艘4万吨级中型航母来取代该舰，但因技术难度过大而放弃，最后只能在1991－1993年再度改装"米纳斯吉拉斯"号。在这次改装中，该舰增加了SICONTA作战数据系统、新型导航雷达和"西北风"点防御舰空导弹，旧式高射炮则悉数移除。

为了恢复使用"米纳斯吉拉斯"号起降固定翼舰载机的能力，1995年巴西购买了从"五月二十五日"号上拆下的弹射器，安装到该舰上，1997

年又从阿根廷租借了一个中队A-4Q"天鹰"进行起降测试。1999年，巴西海军最终决定耗资7000万美元从科威特购买20架二手A-4KU和3架TA-4KU，部署到"米纳斯吉拉斯"号上，这也是该舰自服役以来第一次拥有完全由海航人员驾驶的固定翼舰载机。但23架"天鹰"在2000年交付完毕时，"米纳斯吉拉斯"号已经成为全世界在役的最老航母，预期寿命剩下不到10年，当务之急变成了为该舰寻找后继者。

可选择的方案有两个：一是购买法国即将退役的"福煦"号中型航母，该舰采用常规布局、蒸汽弹射模式，可以继续搭载刚刚购入的A-4飞机；另一个方案是购买英国即将退役的"无敌"级轻型航母，顺带进口一批二手"海鹞"，其战斗力和灵活性要强于A-4。但巴西此前从未使用过垂直/短距起降飞机，如果购买"无敌"级，刚刚服役的23

▲1996年10月27日，从UH-13"松鼠Ⅱ"直升机上拍摄的"米纳斯吉拉斯"号航母舯部甲板情景，当时只有一架UH-14"超级美洲豹"停在甲板上。

▲2004年6月8日，美国海军"罗纳德·里根"号（CVN-76）核动力航母经合恩角前往太平洋途中，与巴西航母"圣保罗"号结伴航行。

架"天鹰"将处于极其尴尬的位置，这势必受到空军和舆论的质疑。最后，海军于2000年9月拍板：出资1200万美元（不含舰载机）买下"福煦"号，报废"米纳斯吉拉斯"号。同年11月15日，"福煦"号正式移交给巴西，更名为"圣保罗"号；第二年10月16日，"米纳斯吉拉斯"号退役，三年后拖往印度阿朗港（Alang，那里是许多名舰的归宿地）拆毁。

"圣保罗"号虽然保全了巴西作为南美洲唯一一个航母拥有国的

▲"米纳斯吉拉斯"号航母服役后期以反潜功能为主，舰上配备"海王"反潜直升机与"追踪者"固定翼反潜机。

"米纳斯吉拉斯"号	
排 水 量	标准15890吨，满载19890吨
主 尺 度	211.8（全长）/190.0（垂线间长）×24.4×7.5米
动 力	2台"帕森斯"式蒸汽轮机，4座"海军部"式三鼓燃油锅炉，功率40000马力，航速24节；续航力12000海里/14节
舰 载 机	（1990年代）6架S-2G反潜机、4-6架SH-3A反潜直升机、2架UH-13"松鼠Ⅱ"（Esquilo Ⅱ）直升机、3架UH-14"超级美洲豹"（Super Puma）直升机
弹 射 器	1台蒸汽式
升 降 机	2部
火 力	10门"博福斯"40毫米机炮（四联×2，双联×1）；（1990年代）2座双联"西北风"S1近程舰空导弹发射架，2门"博福斯"40毫米机炮（双联×1）
电子设备	（1990年代）1部SPS-40B型对空搜索雷达，1部AWS-4型对海搜索雷达，1部ZW-06型导航雷达，2部SPG-34型火控雷达，1部Mil-Par型进场控制雷达；SICONTA作战数据系统
编 制	约1300人（含航空人员）

地位，但该舰毕竟也是一艘服役超过40年的老舰，机电设备老化严重。巴西海军在2005－2010年对该舰进行了全面的改装和大修，检修主机、锅炉、油柜和弹射器，更换2台升降机，加装新型数据链、敌我识别器和电子对抗设备。12架A-4KU也进行了耗资1.4亿美元的全面升级，以发射MMA-1B和"蟒蛇-4"（Python-4）空空导弹；海航还计划将4架S-2T巡逻机改造成早期预警机。经过这次改装，"圣保罗"号将至少服役至2020－2025年，但巴西国内对是否应当继续保留该舰的争论始终没有停止。

巴西海军航母的服役史可以视为中小国家采购和运行航母困境的一个缩影。这些国家通常有一定的军事和经济基础，但对航母这种高端的制海武器和力量投送平台并没有迫切的需求，采购第一艘航母往往是出于心血来潮或攀比心理。此后运行航母所需的技术和经济要求日益彰显，这些国家难以完全

承担，为面子起见又不可能彻底放弃，只能"缝缝补补又三年"，继续背着老化的航母这个包袱。

仍以巴西海军为例，"圣保罗"号的采购过程简直是一个"水多加面，面多加水"的恶性循环：购买二手"天鹰"本来是为了提升"米纳斯吉拉斯"号的战斗力，但飞机到货时，母舰却已陈旧；为了不浪费飞机，不得不购入安装弹射器的"圣保罗"号；为了保持该舰的运行，不得不再度投入重金进行改装，"天鹰"也必须继续升级来适应新航母。再进一步说，A-4毕竟是一种1956年开始服役的小型飞机，战斗力和剩余价值相当有限，而"圣保罗"号在服役至2020年后，也将面临"米纳斯吉拉斯"号曾经出现过的结构老化、小病不断等问题。届时巴西能否把南美唯一航母国家的牌子继续撑下去，完全取决于其实际的经济状况和国防政策。

"复仇"号（HMS Vengeance，R71）/"米纳斯吉拉斯"号（NAeL Minas Gerais，A11）

建造厂：英国斯旺·亨特船厂

1942.11.16开工，1944.2.23下水，1945.1.15竣工

1956.12.14出售给巴西并更名为"米纳斯吉拉斯"号，1957.6－1960.12进行现代化改装

1976－1980年进行第二次现代化改装，1991.7－1993.10进行第三次现代化改装

2001.10.16退役，2004年出售给印度解体

舰名由来：米纳斯吉拉斯、圣保罗和里约热内卢是巴西经济最发达的三个州，1906年巴西向英国订购的三艘无畏舰即以三州命名（当时的巴西总统阿方索·莫雷拉·彭纳（Afonso Augusto Moreira Pena）来自米纳斯吉拉斯州），从而使其成为巴西海军主力舰的传统舰名

"福煦"号（Foch，R99）/"圣保罗"号（NAeL Sao Paulo，A12）

建造厂：法国圣纳泽尔大西洋船厂/布雷斯特海军船厂

1957.2开工，1959.7.13在大西洋船厂下水，1963.7.15服役

2000.11.15退役，随后出售给巴西并更名为"圣保罗"号，2005－2010年进行现代化改装

◀2010年7月27日，正在里约热内卢港内进行锅炉试车的"圣保罗"号，烟囱中排放出滚滚浓烟。该舰在加入巴西海军之前已服役近40年，因此舰体老化问题不容忽视。2005年5月17日，"圣保罗"号就在停泊时发生蒸汽管道爆裂事故，造成1死7伤。

"圣保罗"号	
排 水 量	标准22000吨，满载32780吨
主 尺 度	265.0（全长）/238.0（垂线间长）×31.7×8.6米
动 力	2台"帕森斯"式蒸汽轮机，6座燃油锅炉，功率126000马力，航速32节，续航力7500海里/18节
舰 载 机	12－14架A-4KU攻击机、4－8架S-2T巡逻/预警机、6架S-70B直升机，最多39架
弹 射 器	2座BS-5型蒸汽弹射器
升 降 机	2部
火 力	2座八联装"海响尾蛇"舰空导弹发射架，4门Mod 1953型100毫米高平炮
电子设备	1部DRBV-23B型对空哨戒雷达，1部DRBV-15型对空监视雷达，1部NRBA-50型着舰控制雷达，1部DRBI-10型测高雷达，4部DRBC-32C型火控雷达，1部DRBN-34型导航雷达
编 制	1920人（含航空人员）

阿根廷海军航空母舰

与巴西相比，阿根廷采购航母固然是为了在与智利等国的海上岛屿和资源争端中更好地维护本国利益，但跟风色彩也很明显：从19世纪起，阿根廷就在与巴西争夺本地区头号大国及海上强国的地位，1906年巴西从英国购买无畏舰之后，阿根廷马上在美国订购了2艘更大、更好的新舰，"海军假日"期间还从意大利购买了2艘重巡洋舰。左翼的庇隆（Juan Domingo Peron）政府在1955年被推翻后，阿根廷国内政局动荡，军人的发言权日益增强，这也为阿根廷海军再度扩张提供了契机。

1958年7月4日，阿根廷海军与英国签署了购买"巨人"级航母"勇士"号的协议，这也是一艘几经转让的"三手"航母，1946－1948年曾租借给加拿大作为训练舰。因为购舰费用超支，阿根廷人动用了出售报废战列舰"莫雷诺"号（ARA Moreno）、"里瓦达维亚"号（ARA Rivadavia）

和装甲巡洋舰"普埃伦多"号（ARA Pueyrredon）舰体的收入来填补缺口。与"巨人"级基本型相比，"勇士"号的舰岛内部空间更大，在1957年已经加装了新型拦阻索和5度斜角甲板（没有更换弹射器）。1958年8月6日，该舰被重新命名为"独立"号，11月4日在朴茨茅斯港升起了阿根廷海军旗。由于需要对机电设备进行启封和检修，"独立"号直到1959年6月8日才完成首次起降试验，一个月后正式加入阿根廷海军。

由于阿根廷人缺乏足够资金来更新航母设备，"独立"号推力不足的弹射器一直没有得到更换，所以只能使用活塞式飞机和直升机。该舰最初搭载24架美制F4U-5"海盗"战斗机，后来被6架S2F-1"追踪者"和14架HSS-1"海蝙蝠"取代。F4U在阿根廷海军中一直使用到1965年，是世界上最晚退役的二战舰载机之一。当时阿根廷海军也购买了美制F9F-2"黑豹"（Panther）和F9F-8T"美洲狮"（Cougar）等喷气式战斗机，但它们只能部署在陆上基地。1963年8月，戈菲（Cesar Goffi）中校驾驶一架"黑豹"

▲1959年12月6日，正从"独立"号航母上弹射起飞的一架F4U-5"海盗"战斗机。

在"独立"号上成功降落，但无法重新起飞，只能待母舰回港后以起重机卸下。

因为"独立"号实际上无法起降新型舰载机、只能当作训练舰使用，在该舰服役后的十年里，阿根廷海军一直尝试对其进行改装或更新，恰好荷兰在1968年决定停用锅炉损坏的"卡雷尔·多尔曼"号航母，阿根廷认为购买并修复这艘进行过彻底现代化改造的军舰比大动干戈地翻修"独立"号更加经济，因此决定买下"卡雷尔·多尔曼"号，让"独立"号提前退役。1968年10月15日，更名为"五月二十五日"号的"卡雷尔·多尔曼"号正式加入阿根廷海军，完成修复后于次年9月3日进行了首次飞机起降；"独立"号遂于1970年底停航，1971年出售给拆船商解体。值得一提的是，为了向阿根廷推销新问世的"鹞"式垂直/短距起降战斗机，1969年9月"五月二十五日"号从荷兰返航前，英国霍克－西德利公司特地让一架"鹞"GR.1在该舰上进行了起降，不过囊中羞涩的阿根廷人最终拒绝了这种昂贵的新飞机。

与老迈的"独立"号相比，拥有完善电子设备和138.7×15.9米机库的"五月二十五日"号显然更适于执行制空和制海任务。1972年，阿根廷从美国购买了16架二手A-4Q"天鹰"攻击机来装备该舰（替代旧式的F9F），其余舰载机还

包括4架S-2A反潜机和2架SH-34J直升机。1978年12月22日，为夺取比格尔（Beagle）海峡东南部的争议岛屿，阿根廷军政府计划对智利发动代号为"主权行动"（Operation Soberania）的全面进攻，"五月二十五日"号也将出动舰载机参战，不过因为罗马教皇若望·保罗二世（John Paul II）以个人名义进行调停，行动在正式开始前几个小时取消。

1979年，"五月二十五日"号对飞行甲板进行了翻修和重建。1981年底阿根廷军政府决定占领马岛时，该舰已经搭载了5架刚刚从法国购买的"超级军旗"攻击机，但"五月二十五日"号的弹射器推力不足，电子设备也无法为"超级军旗"提供必要的引导和数据支持，所以战争期间阿根廷的"超级军旗"实际上是从火地岛的里奥格兰德（Rio Grande）机场起飞的，并不配备在航母上。"五月二十五日"号参加了1982年4月2日对斯坦利（Stanley）港的攻占行动，当时担任登陆编队母舰。后来因为英国核潜

▲在荷兰进行现代化改装的"五月二十五日"号航母。阿根廷在1968年10月15日买下此舰后即就地委托荷兰进行改装工作。

▲1982年5月2日清晨，马岛战争期间"五月二十五日"号航母上即将出动的一架A-4攻击机，甲板工作人员在一枚500磅炸弹上面写上了"英舰无敌号"的字样。

▲停泊在贝尔格拉诺（Belgrano）港基地的"五月二十五日"号航母。

艇击沉了"贝尔格拉诺海军上将"号（ARA General Belgrano）巡洋舰，为了保护迟缓脆弱的"五月二十五日"号，阿根廷海军将其调回国内、不再出动，舰上的A-4"天鹰"则转移到里奥格兰德机场。后来这些飞机炸沉了英国护卫舰"热心"号（HMS Ardent, F184）。

马岛战争结束后，阿根廷于1983年再度对"五月二十五日"号进行改装，增加新的电子设备以起降"超级军旗"，还安装了荷兰生产的SEWACO武器控制系统，用于指挥从德国购买的MEKO 360型护卫舰。但1986年6月"五月二十五日"号的主机再度发生故障，被迫停航，海军曾考虑在1988年对其进行为期两年的改装，更换全柴动力或柴燃联合动力系统，一家意大利公司还提供了备选方案。但"五月二十五日"号脆弱的舰体结构、过小的飞行甲板和原始的设计已经不堪重负，即使更换主机，也难以服役到2000年之后。所以在1991年10月，阿根廷海军最终宣布"五月二十五日"号将于1995年停用。自1993年起，阿根廷海航的"超级军旗"攻击机和"搜索者"反潜机将在巴西航母"米纳斯吉拉斯"号上进行起降训练，以继续保持战斗力；作为交换，"五月二十五日"号上的弹射器被拆下来卖给了巴西，用于"米纳斯吉拉斯"号的维修。1997年"五月二十五日"号退役，三年后以32.1万美元的低价出售给印度拆船商，在阿朗港拆毁。

英国巨人级	
排 水 量	标准15892吨，满载19896吨
主 尺 度	211.3（全长）/192.0（垂线间长）×24.4×7.6米
动 力	2台"帕森斯"式蒸汽轮机，4座"海军部"式三鼓燃油锅炉，功率40000马力，航速24节；载燃油3200吨
舰 载 机	（"独立"号）F4U"海盗"战斗机、SNJ-5C"得克萨斯人"（Texan）教练机、S2F-1"追踪者"反潜机、TF-9J"美洲狮"（Cougar）喷气式教练机；（"五月二十五日"号，马岛战争期间）5架"超级军旗"攻击机、10架A-4Q攻击机、5架S-2A反潜机，合计20架
弹 射 器	1台蒸汽式
升 降 机	2部
火 力	12门"博福斯"40毫米机炮
电子设备	（服役末期）1部LW-08型对空搜索雷达，1部LW-02型对空搜索雷达，1部DA-08型对空搜索雷达，1部ZW-01型导航雷达，1部"雷卡－德卡"（Racal Decca）1226型导航雷达，1部VI/SGR-109型导航雷达，1部MM/SPN-720型进场控制雷达，"塔康"战术导航系统
编 制	（"独立"号）1075至1300人；（"五月二十五日"号）1250人

　　"五月二十五日"号退役之际，巴西海军曾打算把"米纳斯吉拉斯"号出售给阿根廷作为替代。不过后者同样是一艘年过半百的老舰，剩余寿命极其有限，加上1997年之后阿根廷经济状况恶化，这一动议最终无果而终。而"米纳斯吉拉斯"号也在2004年被拖到阿朗港，与"五月二十五日"号魂归同处。到今天为止，阿根廷战斗机和反潜机依

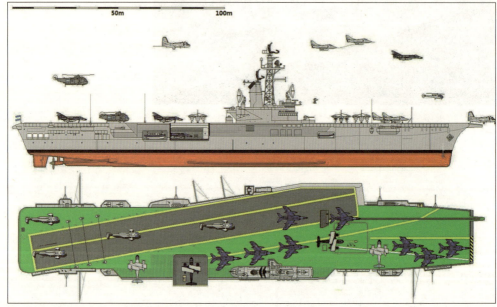

▲"五月二十五日"号航母线图。

然周期性地在巴西航母"圣保罗"号和前往南太平洋的美国航母上进行起降训练，30年前获得的"超级军旗"攻击机也作为阿根廷海航的象征继续服役到今天。

"格林戈－高乔演习"（Gringo-Gaucho，格林戈在拉丁美洲国家指不会说西班牙语的外国人，尤指美国；高乔牧人则是阿根廷的标志）从1990年开始已举行7次，通常利用美国航母在东西海岸调动的机会举行（一般来说是在东海岸完成大修调往西海岸时）。美国南方司令部将其称为"南海演习"（Southern Seas）。因美国航母无法穿越巴拿马运河，需绕道合恩角，在驶抵南大西洋时即开始该演习，由阿根廷海军航空兵的"超级军旗"攻击机、S-2反潜机、"云雀"和"海王"直升机在美国航母上进行"触地重飞"的起降训练。2001年的演习原本预定由"尼米兹"号航母参加，但因阿根廷政府财政危机而取消。

▲1970年代的"五月二十五日"号航母，左舷斜角甲板上的是A-4Q攻击机，舰艏还可看见2架"云雀"和1架"海王"直升机。

"勇士"号（HMS Warrior，R31）/"独立"号（ARA Independencia，V-1）

建造厂：英国哈兰－沃尔夫船厂
1942.12.12开工，1944.5.20下水，1946.1.24服役
1946－1948年租借给加拿大并更名为"勇士"号
1958.2退役，同年7.4出售给阿根廷并更名为"独立"号
1959.7.8正式服役，1970年退役，1971.3.17出售解体

"卡雷尔·多尔曼"号（HNLMS Karel Doorman，R81）/"五月二十五日"号（ARA Veinticinco de Mayo，V-2）

建造厂：英国卡梅尔－莱尔德船厂
1942.12.3开工，1943.12.30下水，1944.11.27竣工
1968.10.15出售给阿根廷并更名为"五月二十五日"号，1969.3.12正式服役
1983年进行现代化改装，1997年退役，2000年出售给印度解体
舰名由来：以阿根廷国庆日（1810年爆发反西班牙起义、宣布独立的纪念日）命名

亚洲其他国家海军航空母舰

泰国王家海军航空母舰

泰国王家海军采购航空母舰实际上是被"忽悠"的结果。这支海军自"二战"结束起就沦为近岸防御力量，最大的主力舰是一艘1650吨的英国亚罗（Yarrow）船厂造的护卫舰（完工于1973年）。直到1980年代末，泰国才开始替换那些"二战"末期完工的英美火炮护卫舰，在中国订购了4艘"江湖Ⅲ"型（北约代号）导弹护卫舰，后来又加购了2艘改进型"纳莱颂恩"级（Naresuan class）。但总的来看，由于防务政策被置于东南亚国家联盟的框架之内，又与美国保持了友好关系，泰国没有必要采购昂贵的一流作战舰艇，便宜、实用的反潜护卫舰搭配若干巡逻艇已经是上限。

1989年11月，泰国春蓬府遭遇台风袭击，沉没渔船187艘，死530人、失踪2000

人，15万人无家可归，造成经济损失近3亿美元。而泰国海军的4艘二战美制坦克登陆舰在救灾中表现拙劣，由于缺乏起降直升机的能力，它们只能在灾区徒劳地奔波、充当运输舰，有鉴于此，泰国自1990年起即寻求一艘具有起降直升机能力的多功能支援舰。他们希望获得的这种军舰和今天的大甲板航空支援舰十分类似，都具有强大的通讯能力和多个直升机起降点，可以执行救灾、疏散、捕盗、快速补给等多种任务，不以传统制海作战为第一要务。但在当时的环境下，海军舰艇的设计潮流依然受到冷战遗风的熏陶，对非传统安全问题的重视程度也不及今日，泰国海军并未获得满意的设计案。德国不来梅－伏尔坎（Bremer Vulkan）公司在1991年提出了一个7800吨级的多用途直升机支援舰方案，但因为平台小而设备多，价格不甚实惠，在同年7月20日被否决。

正在四处推销其招牌制海舰的西班牙

▲2001年6月28日，暹罗湾，航行训练中的"差克里王朝"号航母。甲板上可见一架S-70反潜直升机。

巴赞集团乘机对泰国海军展开游说，他们宣称：一艘与"阿斯图里亚斯亲王"号相仿的轻型航母可以完美满足泰国海军的全部要求，它既可以搭载直升机执行两栖支援和非战斗任务，又可以使用"鹞"式飞机进行快速制海作战；如果在船体若干部位采用商船标准，整艘航母的造价甚至可以控制在2亿美元左右（实际为3.36亿美元），不比一艘新型护卫舰更贵；西班牙在设计和建造轻型航母以及使用"鹞"式飞机方面积累了丰富的经验，可以确保新舰充分发挥战斗力。经此蛊惑，泰国方面顿时对采购航母、实现海军力量的"跨越式发展"大感兴趣，1992年3月27日，他们正式签署了采购"离岸巡逻直升机航母"的合同，两年后工程全面开始。

泰国的这艘航母可以视为"阿斯图里亚斯亲王"号的紧凑版，其满载排水量只有11485吨，是当今世界上最小的航母。军舰全长刚过182米，只比美国历史上第一艘航母"兰利"号（USS Langley, CV-1）略长，采用比"阿斯图里亚斯亲王"号更经济的燃气轮机加柴油机动力配置，最大航速25.5节。舰艇依然拥有12度滑跃起飞甲板，升降机也是一部在前甲板、一部在舰尾的布局，100米长的机库可以容纳12架"鹞"式战斗机或14架直升机，非关键部位、内部管线和电气设备采用民品标准以降低成本。借助这种能省则省的方式，新航母成功缩短了工时，开工后一年半即告下水，由泰国王后诗丽吉（Sirikit）亲自命名为"差克里王朝"号。1997年3月底，该舰驶抵梭桃邑（Sattahip），泰国也就此成为亚洲继印度之后第二个拥有航母的国家。

为了使"差克里王朝"号的战斗力最大化，1997年泰国向西班牙购买了7架二手

▲2001年4月3日，南中国海，演习中的"差克里王朝"号航母，一架AV-8S停在甲板起飞线上。

的单座型AV-8S垂直/短距起降战斗机和2架双座TAV-8S，组建了第一个航母舰载机中队。但同一年爆发的亚洲金融危机严重地打击了泰国经济，由于开支紧缩，海军不仅没有预算为"鹞"式采购零备件和训练设施，就连"差克里王朝"号预定要安装的Mk.41导弹垂发装置和"密集阵"近防炮也不得不暂时搁置。新完工的航母因为燃料受限，只能在梭桃邑基地"趴窝"。到1999年，9架"鹞"式已经只剩1架处于可用状态。2003年泰国曾决心放弃这批二手货、改自英国采购状况更好的"海鹞"FA.2，也因财政问题而告吹。2006年泰国海军最终宣布退役全部"鹞"式，"差克里王朝"号成为直升机航母。

到2013年初，"差克里王朝"号完工已经超过了15年。最初的新鲜感和冲击力淡化之后，该舰在泰国海军中的地位越来越尴尬：由于"鹞"式退役，滑跃甲板等于白白浪费，只能起降直升机；而大舰的人员需求和油耗都十分惊人，即使只用柴油机巡航，该舰平均每个月也只出港训练一天。除去偶尔搭载直升机与美国海军举行联合演习外，这艘航母更多作为救灾中的运输舰使用，在2004年印度洋海啸和2010年、2011年泰国洪水中都有所表现，但航母的运行成本相对于吨位更大的两栖支援舰毕竟太高了，效果还不一定更佳，因为节省成本造成的内部空间狭小使得该舰永远无法像大型运输舰那样在灾区长期驻停。除去救灾活动外，"差克里王朝"号平时的另一大功能是充当泰国国王及王室成员出巡南部各府时的座舰，因此受到舆论不点名的批评，被斥为"特大号王家游艇"。由此可见，对那些安全需求相对模糊、财力也不甚宽裕的小国来说，航母未必是"国威"或"面子"的象征，反倒有可能成为巨大的负担。

"差克里王朝"号（HTMS Chakri Naruebet，911）

建造厂：西班牙巴赞造船公司费罗尔船厂
1994.7.12开工，1996.1.20下水，1997.8.10服役
舰名由来：Chakri Naruebet意为"向差克里王朝致敬"。该王朝自1782年至今始终是泰国的统治者

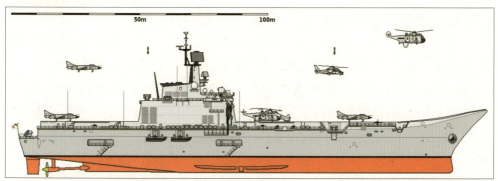

▲ "差克里王朝"号航母线图。

"差克里王朝"号

排 水 量	满载11485吨
主 尺 度	182.6（全长）/164.1（水线长）×22.5×6.2米
动 力	2台GE/"巴赞"LM-2500式燃气轮机，功率44250马力，航速25.5节；巡航时使用2台"巴赞"MTU 16V 1163 TB83式柴油机，功率11780马力，航速17.2节。续航力10000海里/12节
舰 载 机	9架AV-8S垂直/短距起降战斗机、4－6架S-70B反潜直升机；仅搭载直升机时14架
弹 射 器	无
升 降 机	2部
火 力	1座8单元Mk.41"海麻雀"舰空导弹垂发装置（未安装），2座"密集阵"近防炮（未安装），2挺12.7毫米机枪，3座六联装"西北风"舰空导弹发射架
电子设备	1部SPS-52C型三坐标对空雷达，1部SPS-64型对海搜索雷达，1部STIR型火控雷达，2部1007型导航雷达；4座干扰箔条发射器；1部中频舰壳声呐
编 制	舰员455人，航空人员146人

▲2001年4月3日，南中国海，与美国航母"小鹰"号举行联合演习的"差克里王朝"号航母。

日本海上自卫队直升机航母

　　第二次世界大战期间，日本一度拥有世界上最强大的航母舰队之一，在运用航母执行制海任务方面成果也相当丰硕。但1945年战败之后，帝国海军残存的航母被迫解体，1952年成立的海上保安厅警备队（两年后改编为海上自卫队）也被限制不得拥有正规舰

队航母。但警备队是作为美国第7舰队的反潜和水雷战辅助部队被创建出来的，在美国海军已经开始利用大型航母搭载直升机、执行反潜任务的背景下，日本方面对直升机反潜航母产生兴趣也成为自然。1952年，由旧海军末代军务局长山本善雄主持的Y委员会（负责海军重建指导）最早提出了组建"对潜扫讨群"的构想，准备在1953年向美国租借1至2艘护航航母和1至2艘反潜航母，先行

编练2—4个"扫讨群",但这一建议被美方驳回。1954年,保安厅再度提出建造一艘"驱逐航空母舰"的设想,但在海上自卫队正式编成后取消。

1957年,海上自卫队开始从美国接收S2F"追踪者"反潜机,当时一批日本飞行员在美国反潜航母"普林斯顿"号(CVS-37)上随舰训练,对该舰的作用评价颇高,海上自卫队遂产生租借"埃塞克斯"级的想法。但当时日本刚刚恢复近岸海上活动,人手和预算都不足以重新操作大型舰只,可取

▲2008年6月26日,环太平洋演习(RIMPAC)期间访问珍珠港的"榛名"号驱逐舰。

▲2009年11月17日,太平洋,平成二十一年(2009)日美联合演习中的"比睿"号驱逐舰和舰载直升机。

的方案是建造2万吨左右的直升机航母,混合搭载反潜直升机和数架固定翼飞机,不仅可以协助美军对苏联核潜艇进行搜索和攻击,未来还可以为本国大型水面舰艇提供反潜掩护。1959年8月,防卫厅技术本部拿出了代号为CVH(直升机航母)的设计案,其排水量降低到8000吨,拥有155×26.5米的直通式飞行甲板,112.5×22米的机库可以装载18架"海王"反潜直升机。由于日美系安保同盟,海上自卫队方面希望美方承担舰体19.5%的建造费用和舰载机52.2%的采购支出。

1960年,第一艘CVH列入"二次防"(第二次防备力整备计划,在1962—1966财年实施)的讨论议程,计划在1961财年开工,但时任防卫厅防卫局长海原治(1950—1970年代防卫厅最有权势的官僚,山崎丰子小说《不毛地带》中"贝冢防卫厅官房长官"的原型)表示了激烈反对,他宣称:美日同盟存在的最重要基础是日本对美国的军事依附,在战败不到20年的情况下,贸然装备航母必将引起美方的疑虑,进而整个国防计划都会受影响,海上自卫队不能因一己之私置国家前途于不

顾。在这位实权人物表态后，CVH不得不刹车。

进入1970年代，日本海上自卫队在"三次防"（1967－1971年）和"四次防"（1972－1976年）中开始建立"8舰6机体制"的护卫队群，即在横须贺、舞鹤、佐世保三个基地各成立一个反潜特混大队（后来增加到4个），每个大队辖8艘驱逐舰，其中2艘为直升机驱逐舰（DDH），每舰搭载3架"海王"反潜直升机。三次防列入的是2艘4700吨级DDH的预算，即"榛名"级，分别在1968和1970财年开工；"四次防"列入的则是"榛名"级的放大版、2艘5200吨的"白根"级，在1975和1976财年开工。为强化舰队防空和航空反潜能力，"四次防"还计划单独建造大型防空驱逐舰和直升机航母各一艘，后者对外称为"大型护卫舰"（DLH），排水量8300吨，安装10万马力的

蒸汽轮机，搭载6架反潜直升机，未来将用于"海鹞"垂直起降战斗机。但当时日本经济正因第三次中东战争后的全球石油危机而陷入低谷，加上已经升任国防会议事务局长的海原治继续鼓吹韬光养晦的路线，DLH项目还是无果而终。

平心而论，海原治反对海上自卫队装备航母绝非冥顽不化。他深知美国在亚洲只愿意发展和维持双边军事同盟，每一组双边关系中，依附一方都须为美国的利益服务，一旦流露出尾大不掉、要与主子平起平坐的倾向，必然招致政治和安全方面的压力；而如果日本被美国抛弃，它根本没有能力独自面对苏联的尖牙利齿。此外，航母和核武器一样属于政治上的红线，一旦轻易触碰，左翼政党的攻讦足以造成铺天盖地的批判。所以与其在防务上鼓吹自主，不如安心做好第7舰队的反潜分队这一"本分"。当然，也

▲航行中的"白根"号直升机驱逐舰。

有不开窍的人，比如防卫厅防卫局在1973年就曾私下进行长期防卫构想的研究，扯出了"解除日美安保条约、改订相互防御条约"之类鬼话，甚至宣称要装备核潜艇和攻击型航母。这个方案被著名的"刺头议员"社会党人大出俊搞到，在国会提出公开质询，结果自卫舰队司令官北村谦一在发言时居然"诚实"地承认"将来希望拥有攻击型航母"，酿成轰动一时的政治事件。最后海上幕僚长（海上自卫队参谋长）石田舍雄——他是"神风特攻队"始作俑者有马正文中将的女婿——不得不公开谢罪，并与北村一起提前退役。

从1970年代末开始，苏联Tu-22M"逆火"式（Backfire，北约代号）超音速轰炸机和Kh-22空舰导弹的威胁日益上升，防卫厅在1986年成立了防卫改革委员会，论证新形势下的防务和军备政策。该委员会下属的"洋上防空体制研究会"提出应当为每个反潜特混大队配备1艘"宙斯盾"（Aegis）防空驱逐舰，并提出了建造"载机护卫舰"（DDV）的想法。DDV实际上是美国制海舰的变种，排水量15000－20000吨，搭载10架"鹞"式战斗机、数架反潜直升机和"海王"预警直升机，用于对苏联轰炸机进行早期预警和拦截（实际上很难实现）。结果美国海军干脆地回应：如果日本坚持建造DDV，美方就拒绝提供"宙斯盾"系统。海上自卫队考虑到毕竟"宙斯盾"舰才是提升防空能力的核心，又一次自行废止了DDV方案。不过"反潜用防御型航母"这一概念自此保留下来，成为13500吨级直升机驱逐舰（"日向"级）的主要技术渊源。

DDV项目虽然被放弃，但两艘最老的DDH"榛名"级在1998年将达到25年寿限，为其寻找替代者的任务已经刻不容缓。因为驱逐舰型的DDH在起降多架直升机以及夜间/恶劣海况下的整备能力存在缺陷，海上自卫队决定不再建造这一布局的载机舰，效仿美国两栖攻击舰采用全通式飞行甲板。为了给即将建造的新型DDH提供技术

▲2011年11月14日，日本海上自卫队直升机驱逐舰"鞍马"号离开珍珠港－希卡姆联合基地加入Koa Kai 12-1演习。

验证，海上自卫队变更了原定于1993财年开工的新型运输舰"大隅"号的设计，在这艘8900吨级的船坞登陆舰上布置了全通甲板和右舷岛式上层建筑。不过"大隅"号的飞行甲板宽度不足、上层建筑又很大，实际上只能在甲板前后端进行直升机起降，不能用于垂直起降战斗机。尽管如此，该舰在完工时还是遭遇了亚洲各国的普遍敌意，中韩等国媒体纷纷指责该舰存在加装滑跃甲板、改造为轻型航母的可能性（此说似有点夸张），是建造更大吨位的轻型航母的序曲（这一判断则完全正确）。

"大隅"号的尝试解决了新型DDH的总体布局和甲板验证问题，另一个问题自然是舰载机。虽然搭载直升机执行反潜任务一直是DDH的主要功能，但海上自卫队始终没有放弃采购垂直起降战斗机的打算。2003年10月2日，他们向众议院安保委员会提出了在未来五年内从美国采购17架AV-8B的计划草案，并希望在第二个五年内再购买36架，最终保有53架同型机，不过遭到了防卫

厅长官石破茂的否决；购买V-22偏转翼飞机的可能性则得到保留。此时建造"榛名"级代舰的工作已是刻不容缓，2000年12月，内阁会议最终确定为号称"高新技术指挥舰"的新DDH立项。

新DDH最初有三个备选设计，一是传统的前部驱逐舰舰体、后部飞行甲板方案，二是上层建筑位于中央、前后各有一个航空甲板的方案，三是全通甲板方案。鉴于在"大隅"号及其两艘同型舰上已经进行了多次直升机起降试验，方案三的中选可谓众望所归。一号舰DDH-181的费用被列入2004财年预算，于2006年5月正式开工，2009年3月服役，定名为"日向"号；二号舰DDH-182本来应列入2005财年预算，不过因为海上自卫队的预算受到整体削减，最终推迟列入2006财年；2008年5月30日，该舰开始建造，15个月后下水，2011年3月交付，命名为"伊势"号。

继"日向"级之后，海上自卫队还将建造2艘更大的19500吨级DDH来替代即将

▲ "大隅"号（JDS Osumi, LST-4001）运输舰。

▲2009年11月17日，与美国海军第7舰队举行年度联合演习的"日向"号。当时该舰正在进行反潜搜索，并肩飞行的直升机隶属于美军第14直升机反潜中队。

▲2012年11月16日，东海，编队航行的日本海上自卫队"伊势"号直升机驱逐舰、"春雪"号驱逐舰（中）、"阿武隈"号护卫舰。摄于日美联合军事演习"利剑（Keen Sword）2013"期间。

▲2013年8月6日，"出云"号直升机驱逐舰的下水典礼。

退役的"白根"级，它们的全长达到248米，搭载直升机的数量从"日向"级的11架增加到14架，车辆和人员运输能力也更强化。出于政治考虑，新DDH依然不设置滑跃起飞甲板。首舰建造费用列入2010财年预算，并于2012年1月在播磨造船横滨工厂开工、2013年8月下水；二号舰的预算也在2012年4月获得通过，预定于

349

2014年开工。到2018年初，海上自卫队将拥有4艘直升机航母，届时采购F-35B的计划也可能提上日程。

榛名级（Haruna class）直升机驱逐舰

"三次防"列入的反潜特混大队旗舰，是世界上第一种能搭载3架大型直升机的驱逐舰。前半段外观与普通驱逐舰无异，但上层建筑后部有巨大的机库，尾部为占舰长1/3的飞行甲板，设计上借鉴了法国"贞德"号直升机巡洋舰的外形，设置在中心线左侧的烟囱是其主要识别特征。因为舰体尺寸较小，没有安装反舰导弹。

"榛名"号（はるな/JDS Haruna，DDH-141）

建造厂：日本三菱长崎造船厂
1970.3.19开工，1972.2.1下水，1973.2.22服役
2009.3.18退役
舰名由来：以与赤城山、妙义山并称"上毛三山"的神道教名山榛名山命名。本舰为同名第二代，第一代"榛名"号是1915年完工的战列巡洋舰

"比睿"号（ひえい/JDS Hiei，DDH-142）

建造厂：石川岛播磨重工东京第一工场
1972.3.8开工，1973.8.13下水，1974.11.27服役
2011.3.16退役
舰名由来：以位于日本海军发源地萨摩藩、拥有大小22座火山群的比睿山命名。本舰为同名第二代，第一代"比睿"号是1914年完工的战列巡洋舰

▲2010年6月11日，太平洋，正在进行美日两国海军官校生交换训练的美国海军"阿利·伯克"级（Arleigh Burke class）导弹驱逐舰"马斯廷"号（USS Mustin，DDG-89）和日本海上自卫队直升机驱逐舰"比睿"号，同时庆祝美日同盟缔结50周年，可见日舰上舰员排成"50"字样。两国海军官校生交换训练始自1971年，旨在促进两国海官生的相互了解与友谊，这次的训练将各有20名该国海官生交换在两舰上接受训练。

榛名级	
排水量	标准4700吨，满载6300吨
主尺度	159.0（全长）/153.0（垂线间长）×17.5×5.2米
动力	2台蒸汽轮机，2座燃油锅炉，功率70000马力，航速31节
舰载机	3架"海王"或SH-60J反潜直升机
火力	2门73式127毫米L/54主炮，1座8联装"阿斯洛克"（ASROC）反潜导弹发射架，2座三联装Mk.32型324毫米反潜鱼雷发射管；（现代化改装后增加）1座8联装"海麻雀"舰空导弹发射架，2座"密集阵"近防炮
电子设备	1部OPS-11型对空雷达，1部OPS-17型对海雷达（后由OPS-28替换）；1部OQS-3型舰壳声呐
编制	370人

白根级（Shirane class）直升机驱逐舰

"四次防"列入的反潜特混大队旗舰，系"榛名"级加大版，完工时就安装有"海麻雀"舰空导弹发射架，舰载机由"海王"更换为SH-60J"海鹰"（Seahawk）。该型舰的上层建筑分成前后两部分，有两个烟囱，这是它们区别于"榛名"级的特征。

"白根"号和"鞍马"号分别在2007－2009年及2010年进行了维修和改装，预计将服役至"出云"级DDH完工。

"白根"号（しらね/JDS Shirane，DDH-143）

建造厂：日本石川岛播磨造船厂
1977.2.25开工，1978.9.18下水，1980.3.17服役
舰名由来：以南阿尔卑斯山主峰、日本第二高峰白根山命名。本舰为同名第一代

白根级	
排水量	标准5200吨，满载6800吨
主尺度	159.0（全长）×17.5×5.3米
动力	2台蒸汽轮机，2座燃油锅炉，功率70000马力，航速32节
舰载机	3架SH-60J反潜直升机
火力	2门73式127毫米L/54主炮，1座8联装"阿斯洛克"反潜导弹发射架，1座8联装"海麻雀"舰空导弹发射架，2座三联装Mk.32型324毫米反潜鱼雷发射管；（现代化改装后增加）2座"密集阵"近防炮
电子设备	1部OPS-12型三坐标对空雷达，1部OPS-28型对海雷达；1部OQS-101型舰壳声呐，（"白根"号）1部SQS-35（J）型变深声呐，（"鞍马"号）1部SQR-18A型拖曳式声呐
编制	350人

"鞍马"号（くらま/JDS Kurama，DDH-144）

建造厂：日本石川岛播磨造船厂

1978.2.17开工，1979.9.20下水，1981.3.27服役

舰名由来：以京都以北的鞍马山命名。本舰为同名第三代，第一代"鞍马"号是1911年完工的装甲巡洋舰，第二代是二战时期的"云龙"级航母，但在开工前取消计划

▲2009年4月30日，太平洋日本近海，在"马拉巴尔2009"（Malabar 2009）联合军演中编队航行的印、日、美三国海军军舰，由近及远：日本海上自卫队直升机驱逐舰"鞍马"号、美国海军"阿利·伯克"级导弹驱逐舰"菲茨杰拉德"号（USS Fitzgerald，DDG-62）和印度海军导弹驱逐舰"兰沃"号（INS Ranvir，DDG-54），该军演由印度海军领导，每年举行一次。

日向级（Hyuga class）直升机驱逐舰

　　两艘"日向"级是迄今为止海上自卫队拥有过的最大作战舰艇。虽然主要是一种直升机航母和反潜特混大队指挥舰，它们也可执行两栖支援、运输、人道主义救援等多种任务。目前主要搭载直升机，飞行甲板满足同时起降3架直升机的条件；鉴于该舰使用

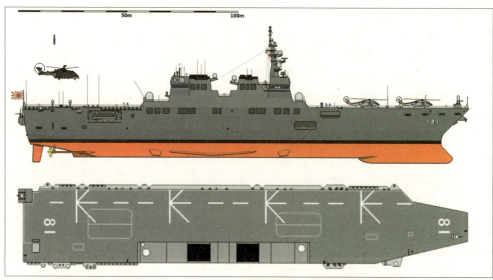

▲"日向"级直升机驱逐舰线图。

日向级	
排 水 量	标准13950吨，满载19000吨
主 尺 度	197.0（全长）×33.0×7.0米
动 力	4台LM-2500型燃气轮机，功率100000马力，航速30节
舰 载 机	3架SH-60K哨戒直升机、1架MCH-101扫雷/运输直升机，最多11架
弹 射 器	无
升 降 机	2部
火 力	1座16单元Mk.41型导弹垂发装置（可发射舰空与反潜导弹），2座"密集阵"近防炮，7挺机枪，2座三联装Mk.32型324毫米反潜鱼雷发射管
电子设备	FCS-3型主动相控阵雷达，1部OPS-20C型对海雷达，C4ISR系统；1部OQQ-21型舰壳声呐
编 制	340－360人（不含航空人员）

▲2009年11月17日，平成二十一年度（2009）联合演习中，与美国核动力航母"乔治·华盛顿"号（CVN-73）编队航行的"日向"号直升机驱逐舰，当时该舰扮演的是反潜警戒舰角色。

的MH-53E重型直升机全备重量达33.3吨，已经超过"鹞"式战斗机，该舰显然也可用于垂直/短距起降战斗机。不过海上自卫队迄今为止尚未编列购入垂直起降飞机的预算，如果将来订购F-35B，更大可能也是部署在19500吨级DDH上，"日向"级还是作为反潜直升机航母使用。

"日向"号（ひゅうが/JDS Hyuga，DDH-181）

建造厂：日本播磨造船横滨工厂

2006.5.11开工，2007.8.23下水，2009.3.18服役

舰名由来：以日本古代建国神话中的发祥地、九州东南岸的日向国命名。本舰为同名第二代，第一代"日向"号是1918年完工的战列舰，二战期间改造为航空战列舰。需要指出的是，海上自卫队"护卫舰"的舰名统一用日文假名书写，不像旧海军的舰名那样使用汉字

"伊势"号（いせ/JDS Ise，DDH-182）

建造厂：日本播磨造船横滨工厂

2008.5.30开工，2009.8.21下水，2011.3.16服役

舰名由来：以供奉天照大神的伊势神宫所在地、位于日本中部的伊势国命名。本舰为同名第二代，第一代"伊势"号是1917年完工的战列舰，二战期间改造为航空战列舰

出云级（Izumo class）直升机驱逐舰

"出云"级是"日向"级的加大版，重点提升了两栖支援和物资搭载能力，可同时起降5架直升机。由于不承担编队指挥舰功能，其电子设备和武器装备比较简单，可能用于执行两栖支援和低烈度作战任务。

"出云"号（いずも/JDS Izumo，DDH-183）

建造厂：日本播磨造船横滨工厂
2012.1.27开工，2013.8.6下水，预计2015.3服役

24DDH（建造代号）

建造厂：日本播磨造船厂
预计2014.1开工，2017.3服役

▲2013年8月6日，下水之后的"出云"号直升机驱逐舰。

出云级	
排 水 量	标准19500吨，满载27000吨
主 尺 度	248.0（全长）×38.0×7.5米
动 力	4台LM-2500IEC型燃气轮机，功率112000马力，航速30节
舰 载 机	7架SH-60K哨戒直升机、2架MCH-101扫雷/运输直升机，最多14架
弹 射 器	无
升 降 机	2部
火 力	2座"海拉姆"（SeaRAM）舰空导弹发射装置，2座"密集阵"近防炮，1座鱼雷防御装置。运输能力：作为运输舰时970名士兵；作为补给舰时燃料及淡水3300立方米；作为两栖支援舰时400名士兵加50辆3.5吨运输车
电子设备	1部OPS-50型三坐标对空雷达，1部OPS-28型对海雷达，1部航海雷达，OYQ-12型战术情报处理装置；1部OQQ-23型舰壳声呐
编 制	470人（不含航空人员）

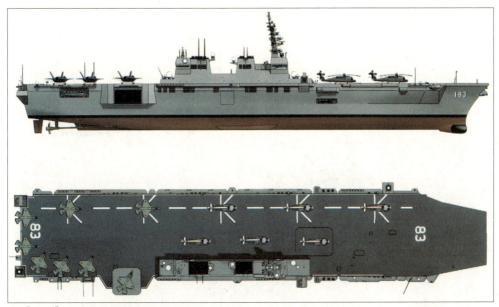

▲ "出云"号直升机驱逐舰线图。

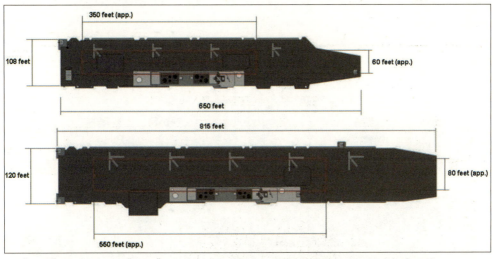

350 feet (app.)

108 feet

60 feet (app.)

650 feet

815 feet

120 feet

80 feet (app.)

550 feet (app.)

▲ "日向"级（上）和"出云"级（下）直升机驱逐舰尺寸对比图，红框为机库尺寸。

韩国海军独岛级（Dokdo class）两栖攻击舰

尽管在一些场合也被称为"轻型航母"或直升机航母，但韩国的"独岛"级基本上仍属于典型的两栖攻击舰。它是针对日本的"大隅"级设计的，借鉴了流行的大甲板航空支援舰概念，吨位和主尺度与"日向"级直升机航母相当，可以搭载15架中型直升

▲2010年7月27日，韩国东部海域，韩美联合军演中的"独岛"号两栖攻击舰和SH-60F"海鹰"直升机。

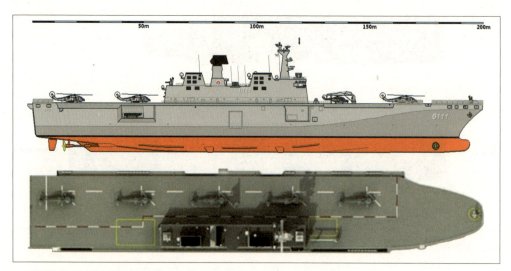

▲"独岛"号两栖攻击舰线图。

机。舰体内设有可容纳2艘LCAC-1型气垫登陆艇的坞舱，车辆甲板可搭载一个营海军陆战队（700人）、10辆坦克及16辆两栖运兵车，电子设备则满足充当编队指挥舰的需要。不过"独岛"级和大部分两栖舰艇一样以柴油机作为动力，最大航速只有23节，这限制了它参与正规海战的能力，韩国海军也没有指定为该型舰购买垂直起降战斗机的计

独岛级	
排 水 量	标准14300吨，满载18800吨
主 尺 度	199.0（全长）×31.0×7.0米
动 力	4台SEMT"皮尔斯蒂克"（Pielstick）16 PC2.5 STC式柴油机，功率32000马力，最大航速23节；续航力10000海里/18节
舰 载 机	10架SH-60F或15架UH-60直升机
弹 射 器	无
升 降 机	2部
火 力	1座RIM-116型舰空导弹发射装置，2座"守门员"（Goalkeeper）近防系统。两栖搭载能力：（坞舱内）2艘LCAC-1型气垫登陆艇；（车辆甲板）10辆K1主战坦克，16辆KAAV7两栖装甲运兵车
电子设备	1部SMART-L型三坐标对空雷达，1部MW08型低空警戒/对海搜索雷达，1部AN/SPS-95K型航海雷达，C4ISR系统，"塔康"战术导航系统
编 制	700人（含航空人员），另加700名陆战队员

▲2007年11月28日，一架美国海军的MH-60S直升机正准备降落在"独岛"号两栖攻击舰上。

划。同型舰预定要建造4艘，均以韩国与周边国家间的争议岛屿命名，但目前只有首舰完工。承建"独岛"号的韩进重工曾用该舰的设计方案参与俄罗斯海军2艘两栖攻击舰项目的竞标，败于法国的"西北风"级，不过俄方可能邀请韩进重工在北太平洋基地修

"独岛"号（ROKS Dokdo，LPH-6111）

建造厂：韩进重工影岛造船厂

2002.10开工，2005.7.12下水，2007.7.3服役

舰名由来：以韩国与日本之间的争议岛屿独岛（日本称竹岛）命名

"马罗岛"号（ROKS Marado）

建造厂：韩进重工，因预算原因尚未开工

"白翎岛"号（ROKS Baengnyeongdo）

建造厂：韩进重工，因预算原因尚未开工

"离於岛"号（ROKS Ieodo）

建造厂：韩进重工，因预算原因尚未开工

▲2010年7月25—28日，日本海，代号"无敌精神"（Invincible Spirit）的韩美联合军演期间，编队航行的"独岛"号两栖攻击舰和美国海军"阿利·伯克"级导弹驱逐舰"拉森"号（USS Lassen，DDG-82）和"钟云"号（USS Chung-Hoon，DDG-93）。

建"西北风"级的维护和保养设施。

中国人民解放军海军航空母舰

　　1980年代之前，中国人民解放军海军执行的是一种"离岸积极防御"战略，有些类似于早期苏联海军"大陆军主义"附属品的定位。当时解放军海军拥有大批鱼雷快艇、导弹快艇、柴电潜艇和数十艘老式护卫舰，负责在苏联或美国入侵时对其登陆舰艇和辅助船只发动袭击，没有能力，也没有尝试过控制远海交通线。曾任美国中央情报局局长和海军战争学院院长的斯坦斯菲尔德·特纳上将（Stansfield M. Turner）指出，"离岸积极防御"其实就是"海上人民战争"或者说海上游击战，它和经典制海权学说是对立的，在与超级大国发生战争的情况下，这种游击战的效果值得怀疑，因为在制空权无保障的情况下，单靠小型舰艇进行零敲碎打的攻击很难取得效果。特纳上将认为，如果发生设想中的这种情况，中国唯一的希望是利用国土纵深使陆上战局陷入僵持局面，而海

▲ "瓦良格"号三视图（《现代舰船》杂志供图）。

▲滞留在土耳其时的"瓦良格"号。图中可见其上层建筑基本完整，但电子设备尚未安装或已被拆卸，舰体因缺乏维护而锈迹斑斑。

"极防御"只是海上作战的一种特殊形式，从历史经验和实际效果看，经典制海权学说自有其价值，建设一支平衡的远洋舰队是大势所趋。曾留学苏联伏罗希洛夫海军军事学院的刘华清上将在1982－1988年出任海军司令员，1989－1997年担任中央军委会副主席，在他的倡导下，中国开始重视对马汉海权论的研究，对航母工程的论证也正式启动。

1985年，中国购得退役的澳大利亚航母"墨尔本"号，在该舰被最终拆毁前，解放军技术人员对其进行了测绘和研究，并拆下了舰上的蒸汽弹射器和部分未销毁的设备。这是中国海军第一次直观地认识和研究航空母舰。当时中国与西方国家的军事合作处于蜜月期，霍克－西德利公司希望把"海鹞"垂直/短距起降战斗机出售给中国海军，并说服中方订购与"无敌"级类似的滑跃甲板航母，但1980年代初的中国经济还处于起步阶段，无力承担如此高昂的采购费用，高层和军队内部对进口大宗欧美军事装备也存在不同意见，这一动议最终无果而终。

进入1990年代之后，由于西方实行军

上作战则基本上采取特种作战为主的守势作战。

"文革"后的改革开放改变了这种局面。一方面，外向型经济对海上贸易和基于远洋航运的原材料、商品的流通具有很大依赖性，这使得中国有必要建设一支实力更强、有能力保护海上贸易的远洋海军；另一方面，中国军事领导人也意识到"离岸积

事制裁，中国从欧洲和美国获得航母及舰载机技术的可能性变得微乎其微，而苏联以及其后的俄罗斯开始与中国改善关系，于是从俄国获得航母也成为一种可能性。1990年代中期，美国和欧洲媒体一度认为中国已经接近获得航母，当时流传最广的方案有三种：一是购买法国即将退役的"克莱蒙梭"级中型航母，二是在西班牙订购一艘与"阿斯图里亚斯亲王"级类似的制海舰，三是购买俄罗斯准备停用的"基辅"号载机巡洋舰。西班牙巴赞公司对推销其轻型航母方案尤为热心，1995－1996年，他们针对中国的需求拿出了SAC-200（23000吨）和SAC-220（25000吨）两个设计案，中方为此支付了咨询费。但从法国和西班牙购买航母的可能

性因为欧共体对华军售迟迟未解禁以及缺乏合适的舰载机（法国的"十字军战士"即将退役，从英国或美国购买"鹞"式又面临对华军售禁令）而告流产。购买"基辅"号的可能性同样不大：该舰的Yak-38垂直起降战斗机已经退役，只能作为直升机母舰使用；舰上安装的SS-N-12"沙箱"反舰导弹属于出口受限的战略级武器，如果中国真的购买该舰，可能要提前拆除导弹发射筒，这就使得双方无法对该舰做出准确的估价。最重要的是，中国并不需要特殊的载机巡洋舰来提供对潜保护，谈判最终破产。而"基辅"号及其姊妹舰"明斯克"号在几年后也真的来到了中国，不过已经是彻彻底底的废船，只能改造成游乐场了。

▲滞留在土耳其的"瓦良格"号，摄于2000年。舰尾依然保留着苏联时代的舰名铭牌，旁边用白漆标明了船舶注册港为KINGSTOWN（加勒比海的金斯顿）。

1990年代后期，苏联时代所有航母的设计单位圣彼得堡涅夫斯基设计局（原TsKB-17设计局）曾针对中国的需求设计了一种缩水版的"库兹涅佐夫海军上将"级航母，安装滑跃起飞甲板，预定在中国国内建造，使用购自俄罗斯的Su-27K（Su-33）作为舰载机。但考虑到当时的中国仅能自行建造5000吨左右的水面舰艇，实施这一方案的难度将极为惊人。没有迹象表明该方案进行到了操作阶段，双方也没有就价格问题达成一致。

从中国的国情看，短期内其航母要应对周边海洋权益争端和台湾问题；在更长的时期内，中国需要足够强大的远洋舰队来拓宽在西太平洋的防御纵深，保障沿海经济发达地区和主要海上贸易通道的安全，这意味着中国的理想航母势必要有强大的综合作战能力和较远的续航力，其吨位至少要达到法国"夏尔·戴高乐"号的水平。在20世纪最后十年，中国尚不具备自建此种大型航母的能力，外购又受到若干政治因素的制约，而采购吨位较小、功能单一的轻型航母性价比势必不高，这实际上已经决定了只有一艘候选舰能满足其要求，那就是搁置在乌克兰的苏联未成航母"库兹涅佐夫海军上将"级"瓦良格"号。

"瓦良格"号在1992年1月20日正式停工，当时完工程度已达67.8%，主机、锅炉和大部分舾装品已经安装上舰，只是缺少若干电子设备和武器系统。1993年俄罗斯海军一度有意出资继续完成该舰，但未能与乌克兰政府达成协议，黑海造船厂方面也认为苏联解体后军工系统的崩溃使得经济状况不佳的俄乌两国都没有能力继续完成"瓦良格"号的建造（据黑海造船厂原厂长马卡洛夫的回忆录）。1995年，两国政府最终决定把舰体托付给黑海造船厂自行出售，舰上的导弹发射装置、拦阻索、已经安装的机电设备、陀螺仪、声呐、导航设备、主机和锅炉、发

▲在拖船帮助下穿过博斯普鲁斯海峡的"瓦良格"号，2001年11月1日。

电机组、大部分管线和电缆则以保密为由先后拆除。1997年9月，乌克兰政府向全球招标拍卖"瓦良格"号的空舰壳（排水量34780吨），最终由澳门创律旅游娱乐公司以2000万美元标得，该公司宣称将把该舰改造成海上赌场和游乐场。据一些资料称，在乌克兰方面的要求下，中方还以200余万美元的价格买下了"瓦良格"号的全部图纸和遗留技术资料。

2000年6月13日晚，"瓦良格"号由9200马力的巴拿马籍拖船"南风"号（船上有乌克兰方面的技术代表）拖带驶离尼古拉耶夫，但在进入博斯普鲁斯海峡前，被土耳其政府依据1936年《蒙特勒公约》而禁止通过。土耳其方面宣称"瓦良格"号无动力的巨大船体在穿越海峡时极易发生事故、妨碍海峡畅通。实际上这一事件的背后不无国际政治因素的左右。此后"瓦良格"号在海峡入口外搁置了16个月，直到中国政府出面斡旋，并与土耳其达成商贸及旅游

等多项协议，该舰才在2001年11月1日被放行，由包括一艘俄罗斯海军拖船在内的6艘拖轮帮助通过海峡（各种费用的总和近50万美元）。两天后"瓦良格"号在爱琴海遭遇9级大风，一度因拖船钢索断裂而失控，在抢救中有一名荷兰工作人员罹难。直到11月6日该舰才恢复正常航行，绕经非洲西岸和好望角向印度洋前进（苏伊士运河不允许任何无动力船只通过）。"瓦良格"号沿途不停靠任何港口，由中国船东每个月派补给船运送食品和淡水到舰上，伴航的拖船也在海

▲ "瓦良格"号穿过横跨欧亚两大洲的博斯普鲁斯大桥。

▲ 在6艘拖船簇拥下穿过博斯普鲁斯海峡的"瓦良格"号。该舰花了7个小时才通过长约30公里的海峡。

上进行燃料补给，整个拖航过程花去500万美元。2002年3月3日，该舰终于抵达大连造船厂。

"瓦良格"号抵达中国之际，其船东的赌场经营许可证已被澳门特区政府收回，这意味着该舰不可能按照原先的计划改为赌船，此后创律公司本身也濒于破产，据称经相关部门协调，最终舰体被转交中国海军。由于此前从未改装或操作过如此巨大的舰船，中国军方和船厂方面对其进行了三年多的研究和测绘，最终在2005年6月将其送入船坞进行全面改装。由于不可能获得苏联时代的原装武器设备和舾装品，解放军海军的用兵思路也与苏俄海军不同，该舰安装的是由中国自行生产的动力系统、电子设备和武器，醒目的"望天"相控阵雷达面板预留位置和SS-N-19反舰导弹发射筒拆除后留下的

空缺也进行了改造，这使得该舰完工后的面貌与准同型舰"库兹涅佐夫海军上将"号差异甚大。2009年4月，舰体改造基本结束；一年后，军舰转移到大连港新建的30万吨级码头进行最后的舾装，中国官方随后也承认该舰将作为训练平台使用。经过10次海试后，该舰最终在2012年9月25日交付给解放军海军，并重新命名为"辽宁"号。

目前"辽宁"号尚未配备固定的舰载机部队，有消息称该舰可能采购俄罗斯的Su-33重型战斗机，但后者在俄罗斯也已停产。中国方面已经根据自乌克兰购买的T-10K试验机（Su-33原型机）和使用Su-27的经验自行改造出"歼-15"舰载战斗机，并在"辽宁"号上完成了起降试验，未来该机型可能成为航母的主力舰载机。早期预警方面，中国海军从俄罗斯购买的Ka-31

▲在大连造船厂进行改装的"瓦良格"号，舰桥刷有一层红色保护漆。

预警直升机已经现身，未来还可能使用国产"直-8"直升机改造的预警直升机。美国海军退役上校卡尔·舒斯特（Carl Otis Schuster）2012年4月在《海军学会会刊》上发表的文章认为，未来十几年中国可能利用岸基反舰导弹建立一个"反介入区"，让"辽宁"号及其后继舰在该区域内充当快速反应平台。

▲ "辽宁"号完成效果图（《现代舰船》杂志供图）。

"辽宁"号	
排 水 量	标准48500吨，满载62000吨
主 尺 度	304.5（全长）/270.0（水线长）×37.8×11.0米
动 力	4台蒸汽轮机，8台燃油锅炉，功率约200000马力，航速约28节，续航力8000海里/18节
舰 载 机	（预计）20－24架"歼-15"战斗机、4－6架教练机、6架"直-8"或Ka-27PL反潜直升机、4架Ka-31或"直-8"预警直升机
弹 射 器	无
升 降 机	2部
火 力	4座18管FL-3000N近程舰空导弹发射架，4座730型近防系统，2座12管反潜火箭深弹发射架
电子设备	远程主动相控阵雷达，1部三坐标对空雷达，1部低空搜索雷达，2部低空探测雷达，1部航空管制雷达，1部着舰引导雷达，"塔康"战术导航系统
编 制	1960名舰员，626名航空人员

"辽宁"号（Liaoning, 16）

建造厂：乌克兰尼古拉耶夫造船厂

1985.12.6开工，1988.12.4下水

1990.6更名为"瓦良格"号，1992.1停工，1998年出售给中国

2005.4在大连造船厂开始改装为航母训练平台，2012.9.25交付中国人民解放军海军并命名为"辽宁"号

舰名由来：以完成建造该舰的大连造船厂所在的辽宁省命名。另外"辽宁"二字在汉语中也有"远方安宁"之意

▲ 交付仪式举行前的"辽宁"号，2012年9月。该舰安装的是中国国产的相控阵雷达和电子设备，外观比准同型舰"库兹涅佐夫海军上将"号显得简洁。一些媒体称，该舰的SS-N-19导弹发射筒被拆除后，多出的空间可以增加机库面积。实际上"库兹涅佐夫海军上将"级的机库和导弹舱并不相通，无法连接到一起，所以"辽宁"号的载机量不会有太明显的增加。（图片来自网络）

◀ 舰体改造结束后，开始进行舰桥施工的"辽宁"号（图片来自网络）。

▲交付仪式上的"辽宁"号，2012年9月25日。

▲交付仪式上的"辽宁"号舰桥，相控阵雷达天线面板比"库兹涅佐夫海军上将"号上的俄国产品要小。

▲在拖船协助下出港进行海试的"辽宁"号。

▲在拖船协助下入港的"辽宁"号。

▲海试中的"辽宁"号（《现代舰船》杂志供图）。

▲在"辽宁"号航母上试飞的"歼-15"战斗机。

主要参考资料

Robert W. Herrick, Soviet Naval Strategy: Fifty Years of Theory and Practice (Annapolis, MD: US Naval Institute Press, 1968).

Roger Chesneau & Robert Gardiner ed., Conway's All the World's Fighting Ships, 1922-1946 (Annapolis, MD: US Naval Institute Press, 1980).

Stephen Chumbley ed., Conway's All the World's Fighting Ships, 1947-1995, Rev. Edition(Annapolis, MD: US Naval Institute Press, 1996).

Norman Polmar, Aircraft Carriers: A History of Carrier Aviation and Its Influence on World Events, Vol. II, 1946-2006 (Washington, DC: Potomac Books Inc., 2008).

В. В. Бабич, Наши авианосцы на стапелях и в дальних походах (Николаев: Атолл, 2004)

Е. А. Скворцов, Мои авианосцы (Москва: Совершенно секретно, 2009)

Ю. И. Макáров, Авианóсец (Николаев: Издатель Шамрай П.Н., 2009)

В. В. Бабич, Город Святого Николая и его авианосцы (издание седьмое, дополненное; Николаев: Атолл, 2013)

海人社编集：『世界の舰船增刊：アメリカ航空母舰史』（东京：海人社，1999年）。

木津彻编集：『世界の舰船增刊：航空母舰全史』（东京：海人社，2008年）。

福井静夫：『世界空母物语』（新装版；东京：光人社，2008年）。

海人社编集：『世界の舰船增刊：世界の扬陆舰』（东京：海人社，2009年）。

刘华清：《刘华清回忆录》第二版（北京：解放军出版社，2007年）。

本书关于"辽宁"号航母的章节，除引用前述马卡洛夫、巴比奇等亲历者的回忆外，还参考了：

瓦列里·巴比奇（原黑海造船厂航母设计部主任）、伊·维尼克（"基辅"级航母总建造师）：《苏联航空母舰总建造师访谈录》，《现代舰船》2007年10A、11A。

巴比奇、伊·尼·奥弗季延科（原黑海造船厂厂长）：《苏联航母建造专家访谈录》，《现代舰船》2008年12A。

亚·尼·谢列金（"瓦良格"号总建造师）：《"瓦良格"号停工时期的命运》，《现代舰船》2012年12B。

James R. Holmes, A Fortress Fleet for China(Whitehead Journal of Diplomacy & International Relations, Vol. 11, Issue 2, Summer/ Fall 2010).

Paul M. Barrett, China's 65,000-Ton Secret, (Bloomberg Businessweek, Jan. 25, 2012).

Carl Otis Schuster, China's Navy on the Horizon, (Proceedings Magazine, Vol. 138/4/1, Apr. 2012).

Andrew S. Erickson, Abraham M. Denmark & Gabriel Collins, Beijing's "Starter Carrier" and Future Steps: Alternatives and Implications(Naval War College Review, Vol. 65, No. 1, Winter 2012).

以及巴比奇先生的个人网站：http://www.avianosec.com/。